高等职业学校提升专业服务产业发展能力国家级项目创新教材

钢结构安装工艺及实施

主编　蔡志伟

主审　陈　彬　李国宏

U0260256

HEUP　哈尔滨工程大学出版社

内容简介

本书是高等职业专业教育服务产业发展的改革创新教材。教材内容直接体现岗位要求,把学习内容与生产任务或工程项目衔接起来,充分体现高职教育"五个对接"的改革要求。全书按七个项目展开论述了钢结构工程的安装工艺,并介绍了典型钢结构工程安装工艺的案例。七个项目分别是:项目一,钢结构安装及其施工前准备;项目二,单层钢结构工业厂房的安装;项目三,轻型钢结构的安装;项目四,高层钢结构工程的安装;项目五,网架钢结构工程的安装;项目六,大型空间钢结构的安装;项目七,大型钢结构的整体安装。每个项目都有学习要求,包括:知识内容与教学要求,技能训练内容与教学要求以及素质要求,还有工程实例和思考、讨论题及作业等,书后还附有参考资料等内容。

本书可作为高职高专钢结构类及其他成人高校相应专业的教材,也可作为建筑、机械、修造船行业相关工程技术人员的参考书。

图书在版编目(CIP)数据

钢结构安装工艺及实施/蔡志伟主编. —哈尔滨:
哈尔滨工程大学出版社,2015.1
ISBN 978 - 7 - 5661 - 0989 - 7

Ⅰ. ①钢… Ⅱ. ①蔡… Ⅲ. ①钢结构 - 建筑安装 - 高等职业教育 - 教材 Ⅳ. ①TU758.11

中国版本图书馆 CIP 数据核字(2015)第 026177 号

出版发行	哈尔滨工程大学出版社
社　　址	哈尔滨市南岗区东大直街 124 号
邮政编码	150001
发行电话	0451 - 82519328
传　　真	0451 - 82519699
经　　销	新华书店
印　　刷	哈尔滨工业大学印刷厂
开　　本	787mm×1 092mm　1/16
印　　张	15.25
字　　数	384 千字
版　　次	2015 年 1 月第 1 版
印　　次	2015 年 1 月第 1 次印刷
定　　价	33.00 元

http://www.hrbeupress.com
E-mail:heupress@ hrbeu.edu.cn

前　言

以"服务为宗旨,以就业为导向"已经成为全社会对高职教育发展的共识,如何提高高职院校专业建设服务产业发展的能力,建立适应中国经济社会发展的高职教育模式成为当前高职院校改革的重大课题。而高职教育的"五个对接"的改革要求提出了解决这一重大课题的途径。高职教育正在创新,探索出一种适应我国社会经济建设需要的高端应用型技能人才培养模式。

能否培养出适合企业或行业需求的高端型技能人才,专业是否适销对路成为关键,而构成专业的课程又是主要要素,因此,课程开发是培养模式的核心内容。课程开发必须围绕职业能力这个核心,以工程项目或任务为导向,以专业技术应用能力和岗位工作技能为主线,对课程进行优化衔接、定向选择、有机整合和合理排序,课程改革必须打破学科界限,本着强化能力、优化体系、合理组合、尊重认知规律、缩减课时的原则进行。不必过分考虑内容的系统性、完整性,而应突出课程的针对性、实用性、先进性和就业岗位群的适应性。

为了适应上述需求,本教材着力针对钢结构行业,满足企业对人才培养的需求,从岗位能力要求,到完成工作任务所需要的知识和技能以及素质要求,基于钢结构的工作过程,从钢结构安装工艺的学习到编制工艺及组织实施,让学生通过学习和训练达到岗位要求。

为了保证本教材的编写质量,船海学院组织了企业专家,院校的"双师型"骨干教师及部分青年教师等参入编写工作,他们是:

陈彬,教授,湖北武汉造船协会理事,船舶工程技术专业团队带头人,担任主审。

李国洪,高级工程师,中交集团二航局六公司副总工程师,湖北省楚天技能名师,担任主审。

蔡志伟,副教授,高级工程师,副研究员,"双师型"骨干教师,专业负责人兼课程负责人,担任主编。

李坚,副教授 "双师型"骨干教师,担任本书校对。

陈钢,讲师,武汉理工大学硕士研究生,担任部分校正工作。

涂琳,助教,武汉理工大学硕士研究生,担任部分校正工作。

在本教材的编写过程中,听取了中交集团二航局、中建三局、武昌造船厂、中铁大桥局桥梁重工、长航宜昌船厂等企业的有关专家和技术人员的意见和建议,部分优秀学生也参加了资料的收集和整理工作,在此一并表示衷心地感谢。

　　本教材从公开发表的有关杂志、书籍、网站中引用了大量的相关资料,在此对涉及到的原文作者,表示衷心的感谢!

　　由于编写时间仓促,加之作者水平有限,书中难免有不当之处,敬请提出宝贵意见。

编　者

2014 年 12 月

目　　录

绪　　论

本章学习要求

一、知识内容与教学要求

1. 了解钢铁业的发展对钢结构行业的影响；
2. 了解钢结构工程的安装概况；
3. 了解钢结构安装工艺与实施课程设计。

二、技能训练内容与教学要求

1. 熟悉钢结构行业的发展状况；
2. 熟悉钢结构安装的主要类型；
3. 熟悉钢结构安装工程的承包方式；
4. 掌握本课程的学习方法。

三、素质要求

1. 要求学生养成求实、严谨的科学态度；
2. 培养学生热爱行业，乐于奉献的精神；
3. 培养与人沟通，通力协作的团队精神。

　　钢结构是现代建筑工程中较普通的结构形式之一。我国是最早用铁制造承重结构的国家，远在秦始皇时代（公元前246～公元前219年），就已经用铁做简单的承重结构，而西方国家在17世纪才开始使用金属承重结构。公元3～6世纪，聪明勤劳的我国人民就用铁链修建铁索悬桥，著名的四川泸定大渡河铁索桥，云南的元江桥和贵州的盘江桥等都是我国早期铁体承重结构的例子。我国虽然早期在铁结构方面有卓越的成就，但由于2000多年的封建制度的束缚，科学不发达，因此，长期停留于铁制建筑物的水平。直到19世纪末，我国才开始采用现代化钢结构。新中国成立后，钢结构的应用有了很大的发展，不论在数量上或质量上都远远超过了过去。在设计、制造和安装等技术方面都达到了较高的水平，掌握了各种复杂建筑物的设计和施工技术，在全国各地已经建造了许多规模巨大而且结构复杂的钢结构厂房、大跨度钢结构民用建筑及铁路桥梁等，我国的人民大会堂钢屋架，北京和上海等地的体育馆的钢网架，陕西秦始皇兵马俑陈列馆的三铰钢拱架和北京的鸟巢等（见图0-1），都说明我国钢结构建筑已达到世界先进水平。

图 0 - 1   典型钢结构建筑
(a)建设中的人民大会堂;(b)上海体育馆;
(c)陕西秦始皇兵马俑陈列馆;(d)建设中的北京的鸟巢

0.1   钢铁业的发展及其对钢结构的影响

世界钢铁协会发布报告称,2011 年全球粗钢产量达到 14.9 亿吨,同比增长 6.8%,创下全球粗钢产量新纪录。其中,中国以 6.955 亿吨位居全球第一位,占全球钢产量的 45.5%。

近几年,按国民经济增长的比例和社会对钢结构的市场需求计算,钢结构产量会以较快速度增长。2008 年由于受到横扫全球的金融危机影响,我国钢结构的产量与上年基本相同。2009 年,我国的"节能减排"继续成为经济发展的一项重要工作,是可持续发展的一个基本国策,因而具有节能、环保、绿色优势的钢结构被市场看好。2010 年我国钢结构行业已达 3 000 ~ 4 000 万吨制造能力。现在市场地域变化已经显现,北方市场随着奥运会的结束开始需求趋缓,长三角市场保持平稳,广东市场呈发展态势。上海世博项目结束后,上海地区的重大项目投资将减少,国家的重点项目将集中在环渤海经济区、珠江三角洲、长三角经济区及北部湾等地区,企业的经营触角必须随着地域的变化而变化。《钢结构行业"十二五"发展规划建议书》继续打造钢结构制造产业,使钢结构产量在 2010 年 2 500 万吨的基础上,到 2015 年翻一番以上,达到 5 000 ~ 6 500 万吨。力争钢结构产量达到全国粗钢总产量的 10% 目标,钢结构制造企业综合技术能力达到国际先进水平。

被举世公认为绿色环保产业的钢结构必将得到可持续发展,它会不断扩大应用面,尤其是建筑行业,由钢结构而形成的产业链必将促进国民经济的更快发展。

0.2　钢结构安装工程概况

0.2.1　钢结构安装工程的主要结构

改革开放以来,钢结构安装工程得到快速发展,尤其是 2000 年以后,钢结构行业异军突起,大跨度、大空间钢结构层出不穷,钢结构安装工程的主要结构有:

(1)网架结构

由多根杆件按照一定的网格形式通过节点连接而成的空间结构。具有空间受力、质量轻、刚度大、抗震性能好等优点;网架结构广泛用作体育馆、展览馆、俱乐部、影剧院、食堂、会议室、候车厅、飞机库、车间等的屋盖结构。

(2)框架结构

由梁柱(如:T 型梁、工字梁、箱型梁等)构成的框架结构。构件截面较小,因此框架结构的承载力和刚度都较低,它的受力特点类似于竖向悬臂剪切梁,楼层越高,水平位移越小,高层框架在纵横两个方向都承受很大的垂直载荷。

传统的结构如木结构、砖木结构、砖混结构、钢筋砼框架结构、钢筋砼框架剪力墙结构、钢筋砼框架筒体结构等已广泛应用,其局限性越来越凸显,而钢结构的优势越来越明显。其中重钢结构多用于石化厂房设施、电厂厂房、大跨度的体育场馆、展览中心,高层或超高层钢结构。轻钢结构主要在钢材缺乏年代时用于不宜用钢筋混凝土结构制造的小型结构,现已基本上不采用,所以现在钢结构设计规范修订中已倾向删除,并逐渐被专项或专业规范所取代。

0.2.2　钢结构工程承建承包方式

目前我国建筑施工企业组织结构可以简单归结为以下三个层次：①工程总承包企业；②独立承包的施工企业；③非独立承包的专业劳务施工企业。

在土建行业中,钢结构是一个技术相对密集的领域,从理论分析、结构设计到制作安装,都有其特点,特别是近年来 CAD,CAM,CIMS 技术已渗入钢结构,房屋的建造周期越来越短,因而对钢结构企业的素质要求也越来越高。根据这些情况,为了提高生产效率和保证产品质量,钢结构生产一般都走专业化、集约化的道路。显而易见,钢结构公司处于第二层次。

从我国目前的实际情况看,已建和在建的高层钢结构的设计和总承包几乎全部由国外企业承担,钢材几乎全部从国外进口,而钢结构制作和安装则主要由国内单位承担。鉴于目前我国的大部分钢结构安装公司不具备在大型工程中担负工程施工总承包的能力(也有业主自身的偏见原因),且没有自己的构件加工企业,同时,因为钢结构工程技术难度大,质量要求高,业主在发包工程时,要求总承包商将工程分包给专业承包商。基于钢结构工程是主体工程的重要组成部分,为体现其重要性,称其分包方为钢结构主承建方。

钢结构工程主承建的承包类型,其实质仍是一种分包关系,是一种分包形式,但从内容上看,作为分包单位又有其自身的相对独立性,区别于合伙或联合承包的方式,却又带有一些相似性。因此,钢结构主承建方式施工中的项目管理除了具有钢结构工程施工的一般特点外，又有其自身的特殊性：

①要求从管理上接受总包的领导，协助总包工作；

②在分包施工的范围内，要按项目管理的要求，用一整套现代管理方法指导施工；

③在一个大型公共建筑施工中，分包单位不只1个，必须做好分包单位之间的协调管理工作；

④在混合结构施工中，钢结构工程与混凝土工程的技术配合与协调也是工程管理的重要方面；

⑤钢结构主承建方因其所处的特殊合同地位，加强项目的合同管理对项目施工具有重要意义。

0.2.3 我国钢结构发展态势

以上海亚太经合会议展馆为代表的流线型设计风靡全球，随后"鸟巢"的横空出世，让钢构建筑的魅力为世人所知。而随着国家区域振兴计划的相继推出，其带来的产业转移机会，以及基础设施投资在未来几年的确定性增长，钢结构产品即将迎来一轮爆发式的需求增长。

（1）轻型钢结构前景广阔

目前建筑钢结构项目可分为空间钢结构、重钢结构和轻钢结构。一般来说，空间钢结构和重钢结构较为复杂，施工难度大，对公司的设计能力、工人的现场拼装和焊接能力，以及钢结构配件的制作能力要求都较高。据了解，培养一个熟练的焊工或操作工至少需要5年的时间；由于施工难度大，业主对承建商的过往业绩、资质以及技术的要求均较高，需要公司有较强的技术创新能力和大批熟练的焊接工和装配工；另外，一般空间钢结构和重钢结构的投资额都比较大，对垫资和履约保证金等的要求也就比较高。总的来说，空间钢结构和重钢结构由于对技术、资金、资质和业绩等的要求较高导致行业壁垒也较高，因此市场竞争相对缓和；而轻钢结构则行业壁垒低，市场竞争激烈。

未来几年，我国的钢结构需求应该仍以工业厂房、桥梁、火车站、轨道交通站、机场以及体育场、大剧院等公共建筑为主。轻钢结构产品受益于近年沿海向内地产业转移的趋势，在工业厂房领域的应用前景值得期待。

（2）空间钢结构发挥示范效应

作为建筑钢构的空间钢结构主要应用于大型文体场馆、机场、车站等公共设施。一般来说，跨度超过20 m的钢结构建筑都要用到空间钢构。最有代表性的空间钢结构建筑非"鸟巢"莫属。而世博会场馆项目建设期间，空间钢构也获得了大量的应用。法国馆钢结构工程是由精工钢结构集团上海项目部承建的。

空间钢结构在近几年经历奥运会、世博会的大规模应用之后，是否已经达到需求的高峰，这个问题目前还不好下定论，因为其示范性效应或许能带动更广阔领域的应用。目前，在经济较为发达、金融服务业逐渐成熟的沿海地区，商业地产、办公地产的蓬勃发展等对钢结构产品的需求已经开始启动。

从奥运会举办后的效果来看，鸟巢（用钢4.8万吨）的惊艳亮相给全国的体育馆建设起到了一个示范作用，目前体育馆的建设绝大部分为钢构建筑。尤其是随着众多高铁项目的动工，高铁新建车站对钢结构产品需求增长的拉动作用也具有充分的想象空间。据了解，武汉高铁车站即采用了大跨度空间钢构结构。

（3）钢结构公司各具优势

目前 A 股上市公司的业务主要集中在建筑钢构领域。公司排名见表 0 - 1。

表 0 - 1　A 股上市公司的建筑钢构企业排名

实力排名			价值排名		
排序	代码	企业	排序	代码	企业
1	002541	鸿路钢构	1	002541	鸿路钢构
2	600496	精工钢构	2	600496	精工钢构
3	002135	东南网架	3	002135	东南网架
4	600477	杭萧钢构	4	002524	光正钢构
5	002524	光正钢构	5	600477	杭萧钢构
6	002314	雅致股份	6	002314	雅致股份

以 2010 年 12 月 17 日上市的光正钢构（002524）为例,目前实力排在倒数第二,虽然规模不大,却有可能借助新疆未来几年基建投资爆发式增长的东风,获得较为独立广阔的发展空间。

国家制定了加快西部发展的战略,2011 年新疆钢结构需求达到 87.88 万吨。目前,在自治区建设厅备案的疆内钢结构企业 163 家,外地企业 51 家,占全国钢结构企业总数的比例很小。但相比于内地市场,新疆市场钢结构产品的加工费与安装费要高出 300 ~ 500 元/吨。另外,同水泥一样,受到销售半径的限制,钢结构行业具有本地化销售的特征。钢结构企业在对外扩张的过程中,通常采取新建钢结构加工基地或委托当地钢结构企业加工等方式。光正钢构此前披露,精工钢构、杭萧钢构、上海冠达尔等来自发达地区的大型钢结构企业在新疆地区承接的多个项目均委托光正钢构进行钢结构加工。

与以上主要生产建筑钢构的厂商不同的是,鸿路钢构涵盖了设备钢构、桥梁钢构和建筑钢构三大领域。目前,其设备钢结构产品主要供应印度和非洲等新兴市场。2010 年上半年设备钢结构业务占公司总收入仅为 24.29%,但该部分产品的利润占公司总利润的比重却达到 39.77%,显示出极强的盈利能力。设备钢结构主要以电力和水泥设备钢结构为主,目前主要应用在海外市场。从另一个角度来说也意味着国内的潜在发展空间很大。同时,公司募资建设的主要项目,年产 3.6 万吨特种钢结构生产项目,不仅将扩大设备钢结构的生产规模,重钢钢结构、桥梁钢结构产品也将涉及其中。

（4）桥梁钢结构产品剧增

据行业专家的简要可行性分析,未来数年,我国的桥梁与钢结构产业有着巨大的发展空间,钢结构用钢市场前景十分广阔。一是全国的"节能减排"工作的全面推进,节能、环保、绿色的钢结构大有用武之地,拉动绿色钢材的需求。2009 年,我国的"节能减排"继续成为我国经济发展的一项重要工作,是可持续发展的一个基本国策,因而具有节能、环保、绿色优势的钢结构被市场看好。二是钢结构应用领域不断扩大,钢构市场迅速增大,对钢结构用钢需求日趋增长。目前,我国钢构市场主要分布在冶金、电力、化工、道桥、海洋工程、房屋建筑、大型场馆、民用住宅、机械装备和家居用品等领域。钢构产业正在成为国民经济的重要产业之一。三是建筑业的结构调整和技术进步,是推动钢铁产品升级换代的强大动力,也是支撑钢结构用钢市场趋好的内在动力。四是我国钢结构产业快速发展,促进钢结构用钢市场稳健发展。在我国,钢构制造业是一个新兴产业。钢结构产业的发展与我国的经济发展水平和发展速度关联度很大,随着我国钢铁产量的迅速增加,以及新技术、新材料的不断出现,为钢结构产业的快速发展奠定了坚实的物质和技术基础。

0.3 钢结构安装工艺与实施课程设计

钢结构建造技术专业是在我国钢结构产业大发展的背景下开设的,课程建设起点高,根据钢结构产业发展的需要,本课程构建了与钢结构行业岗位所需的教学内容,是一门技术应用和技能训练课程,课程采用案例和任务驱动模式开展教学活动。技能训练要求学生完成一个相对复杂的钢结构安装工艺的编制及其相关操作训练。

0.3.1 教学目标

为了提高学生专业知识的应用能力,本教材是根据当前钢结构企业生产一线所需编写的,充分体现了以钢结构安装的施工工艺为主线,直接为钢结构产业发展和生产服务的高职教改方向,通过课堂讲课,案例分析,小组讨论,现场模拟,参观访问,工艺编写,归纳总结等教学环节提高学生解决实际问题的能力,并把编写钢结构安装施工工艺的相关知识融于教学之中,以使学生尽快适应岗位规范的要求,为此,确定以下核心教学目标。

(1)能力目标
◇能实施钢结构工程现场安装;
◇能进行安装前钢构件的质量分析与控制;
◇能编写钢结构吊运方案;
◇能提出预防和控制钢结构安装现场安全措施。
(2)知识目标
◇掌握钢结构安装图;
◇掌握编写钢结构安装工艺方案;
◇掌握钢结构安装的基本方法。
(3)素质目标
◇培养求实、严谨的科学态度;
◇培养团队协作精神;
◇使学生的方法能力、专业能力、社会能力适应岗位要求。

0.3.2 本教材教学法

本教程是一门实践性很强的课程,为了更好地提高学生的安装工艺编写能力,使学生乐于思考,勤于实践,该课程在实施的过程中,可用多种方法组织教学。
(1)实例教学法 采用实际钢结构工程图纸(主要是工业厂房、高层建筑)和典型场馆工程、油罐工程、桥梁工程等,进行实例教学;
(2)分组讨论教学法 每个项目教学时将学生分组,给每个组分配一套图纸或模型,学生先识读,找出问题,并通过讨论,提出初步解决方案,教师再进行讲评、归纳总结;

（3）启发引导教学法　以学生为主体，教师提出问题，引导学生在做中学，充分发挥学生的潜能；

（4）引导文法　编制安装工艺是本课程的一个主要的教学环节，每一个任务的载体都以一个项目的方式开展，老师在每一个项目中为学生提供了每一个载体的所需要的引导资料，学生在引导资料的引导下，逐步实现钢结构安装工艺的编制。

教育教学是一个复杂的过程，还可以根据实际情况采用头脑风暴法、角色扮演法等多种方式方法，并结合现代教学技术手段，努力提高教学效果。

0.3.3　课程内容设计与安排

在上述教学目标中，本课程主要目的在于着重训练学生编写典型钢结构安装工艺的能力。先从简单的单层厂房入手，再学习中等复杂的建筑钢结构的生产工艺，直到较复杂或很复杂的整体钢结构或新型钢结构生产工艺，通过一系列综合性较强的项目的训练，使学生具有较强的钢结构安装工艺的编写能力。

以贴近真实工作任务及工作过程为依据开发设计教学、训练项目，确定表0-2的学习项目。

表0-2　单元理论教学进程表

序号	学习项目	时间分配（学时）				
		讲授	工艺设计	训练	考核	小计
1	钢结构安装及其施工前的准备	4				4
2	单层钢结构工业厂房的安装	4	2			6
3	轻型钢结构（单层与多层）的安装	8	2			10
4	高层钢结构工程的安装	6	2			8
5	网架工程的安装	4				4
6	大跨度空间钢结构的安装	4	2			6
7	大型钢结构的整体安装	10				10
	总计	40	8			48

【思考题】

1.如何认识钢结构安装产业？

2.钢铁业的发展对钢结构行业有何影响？

3.目前钢结构安装涉及哪几种类型的结构？

4.钢结构工程的承包方式有哪些？

5.目前钢结构的发展态势如何？

6.钢结构行业的上市公司有哪些？

7.本课程的教学目标是什么？

8.本课程的教学方法有哪些？

9.本课程的学习项目有哪些？

10.本课程要求掌握的核心职业技能是什么？

项目1 钢结构安装及其施工前的准备

本项目学习要求

一、知识内容与教学要求

1.钢结构安装的概念及特点；

2.钢结构安装行业企业的划分；

3.钢结构工程安装前的准备工作；

4.钢结构工程施工组织及施工方案；

5.熟悉钢结构安装现场场地、人员、物质等的准备工作。

二、技能训练内容与教学要求

1.能进行钢结构安装施工前技术准备；

2.能进行钢结构安装现场场地准备；

3.能进行钢结构安装现场技术准备；

4.能编写钢结构安装准备工作计划。

三、素质要求

1.要求学生养成求实、严谨的科学态度；

2.培养学生乐于奉献、深入基层的品德；

3.培养与人沟通、通力协作的团队精神。

1.1 钢结构安装的基本理论

1.1.1 钢结构安装基本概念

（1）钢结构安装定义

钢结构安装就是使用起重机械将预制钢构件或钢构件组合单元，安放到设计位置上去的工艺过程。在传统工程中，钢结构安装工程造价在整个工程中所占比例较小，但它的工作好坏却直接影响到整个工程的质量、施工进度、工程造价等各个方面。而在现代大型建筑中，钢结构安装是装配式结构施工中的一个主导分部工程。它是指钢结构安装部分在工程造价所占比例较高或是相对独立的工程。它的工作好坏不仅将直接影响到工程质量、施工进度、工程造价等各个方面，而且直接影响企业形象，关系到企业的生存和发展。

由于钢结构的诸多优势使得全钢结构工程得到普遍青睐,我国建造的上海卢浦大桥就是一例,见图 1-1。上海卢浦大桥是当今世界第一钢结构拱桥,是世界上跨度最大的拱形桥。被誉为"世界第一钢大桥"。550 m 的跨度比排名第二的美国西弗吉尼亚大桥长出32 m。是世界上首座采用箱形拱钢结构的特大型拱桥,主拱截面世界最大,为 9 m 高,5 m宽,桥下可通过 7 万吨级的轮船。堪称"世界第一钢结构拱桥"。上海卢浦大桥获国际杰出结构大奖,2004 年度的中国建筑工程最高奖——鲁班奖。

图 1-1 上海卢浦大桥全景

(2)钢结构安装工艺施工特点

①钢结构安装工程受预制构件的类型和质量影响大;

②正确选用起重机具是完成吊装任务的主导因素;

③构件形式多样化,所处的应力状态变化多;

④施工环境复杂,高空作业多,容易发生事故,必须加强安全教育,并采取可靠措施;

⑤对作业人员的素质要求较高,施工经历和经验在安装工作中起较大作用。

(3)钢结构安装企业

国家对钢结构安装企业明确划分了等级:分一级企业、二级企业和三级企业三个等级。

一级企业:可承担各类钢结构工程(包括网架、轻型钢结构工程)的制作与安装。

二级企业:可承担单项合同额不超过企业注册资本金 5 倍且跨度 33 m 及以下、总质量1 200 t 及以下、单体建筑面积 24 000 m² 及以下的钢结构工程(包括轻型钢结构工程)和边长 80 m 及以下、总质量 350 t 及以下、建筑面积 6 000 m² 及以下的网架工程的制作与安装。

三级企业:可承担单项合同额不超过企业注册资本金 5 倍且跨度 24 m 及以下、总质量600 t 及以下、单体建筑面积 6 000 m² 及以下的钢结构工程(包括轻型钢结构工程)和边长24 m 及以下、总质量 120 t 及以下、建筑面积 1 200 m² 及以下的网架工程的制作与安装。

1.2 施工前的准备

现代企业管理理论认为,企业管理的重点是生产经营,而生产经营的核心是决策。钢结构工程项目施工准备工作是生产经营管理的重要组成部分,是对拟建工程目标、资源供应和施工方案的选择及其空间布置和时间排列等诸方面进行的施工决策。

1.2.1 钢结构安装施工准备的重要性

基本建设是人们创造物质财富的重要途径,是国民经济的主要支柱之一。基本建设工程项目总的程序是按照计划、设计和施工三个阶段进行。施工阶段又分为施工准备、土建施工、设备安装、交工验收阶段。

由此可见,施工准备工作的基本任务是为拟建工程的施工建立必要的技术和物质条件,统筹安排施工力量和施工现场。施工准备工作也是施工企业搞好目标管理,推行技术经济承包的重要依据。同时施工准备工作还是土建施工和设备安装顺利进行的根本保证。因此认真地做好施工准备工作,对于发挥企业优势、合理供应资源、加快施工速度、提高工程质量、降低工程成本、增加企业经济效益、赢得企业社会信誉、实现企业管理现代化等具有重要的意义。

实践证明,凡是重视施工准备工作,积极为拟建工程创造一切施工条件,其工程的施工就会顺利地进行;凡是不重视施工准备工作,就会给工程的施工带来麻烦和损失,甚至给工程施工带来灾难,其后果不堪设想。

俗话说"未雨绸缪",可见在开展每项工作前的准备工作是十分重要的。对于集诸多不确定因素于一体的钢结构安装工程来说,准备工作尤为重要。随着社会的不断向前发展,工程建设项目规模越来越大,功能、结构越来越复杂,造价越来越高,涉及的方方面面也越来越多,出现了像"国家大剧院"和"三峡工程"这样关系国计民生且施工工期超长的超特大型工程。因此,在工程施工前将各项施工所必需的技术、材料物资、机具设备、劳动力组织、生活设施等各方面的准备工作做好就显得越来越重要,越来越迫切了。

1.2.2 施工准备工作的分类

(1)按工程项目施工准备工作的范围不同分类

按工程项目施工准备工作的范围不同,一般可分为全场性施工准备,单位工程施工条件准备和分部(项)工程作业条件准备等三种。

全场性施工准备:它是以一个建筑工地为对象而进行的各项施工准备。其特点是它的施工准备工作的目的、内容都是为全场性施工服务的,它不仅要为全场性的施工活动创造有利条件,而且要兼顾单位工程施工条件的准备。

单位工程施工条件准备:它是以一个建筑物或构筑物为对象而进行的施工条件准备工作。其特点是它的准备工作的目的、内容都是为单位工程施工服务的,它不仅为该单位工程在开工前做好一切准备,而且要为分部分项工程做好施工准备工作。

分部分项工程作业条件的准备:它是以一个分部分项工程或冬雨季施工为对象而进行的作业条件准备。

（2）按拟建工程所处的施工阶段的不同分类

按拟建工程所处的施工阶段不同，一般可分为开工前的施工准备和各施工阶段前的施工准备两种。

开工前的施工准备：它是在拟建工程正式开工之前所进行的一切施工准备工作。其目的是为拟建工程正式开工创造必要的施工条件。它既可能是全场性的施工准备，又可能是单位工程施工条件的准备。

各施工阶段前的施工准备：它是在拟建工程开工之后，每个施工阶段正式开工之前所进行的一切施工准备工作。其目的是为施工阶段正式开工创造必要的施工条件。如钢结构的高层建筑的施工，一般可分为地下工程、主体工程、装饰工程和屋面工程等施工阶段，每个施工阶段的施工内容不同，所需要的技术条件、物资条件、组织要求和现场布置等方面也不同，因此在每个施工阶段开工之前，都必须做好相应的施工准备工作。

综上所述，可以看出：不仅在拟建工程开工之前应做好施工准备工作，而且随着工程施工的进展，在各施工阶段开工之前也要做好施工准备工作。施工准备工作既要有阶段性，又要有连贯性，因此施工准备工作必须有计划、有步骤、分期地和分阶段地进行，要贯穿拟建工程整个生产过程的始终。

1.2.3　施工准备工作的内容

工程项目的施工准备工作包括许多方面：资金准备、技术准备、物资准备、劳动组织准备、施工现场准备和施工场外准备以及机具准备等等。在此根据现代工程的实际情况略加阐述。

1.2.3.1　资金准备

现在的工程，规模大，投资也大，如果没有足够的资金准备，一旦工程正式启动，过程中没有足够的资金跟上，将会造成非常严重的后果：轻则停工待料，大量的设备、周转材料的资金以及人工工资将是一笔不菲的开支；重则完全停工，形成"烂尾楼"，造成恶劣的社会影响。

在资金准备的过程中，一定要根据工程合同的要求，做好工程项目开工前的资金准备，施工过程中的工程项目各阶段的资金准备，以及收尾工程的资金准备。

1.2.3.2　技术准备

技术准备是施工准备的核心。由于任何技术的差错或隐患都可能引起人身安全和质量事故，造成生命、财产和经济的巨大损失，因此必须认真地做好技术准备工作。施工前技术准备工作主要指把工程项目今后施工中所需要的技术资料、图纸资料、施工方案、施工预算、施工测量、技术组织等搜集、编制、审查、组织好。具体有如下内容：

（1）技术资料的搜集

施工进场前，施工单位应组织相关人员踏勘现场，搜集施工场地、地形、地质、气象等资料；对周边环境，诸如附近建筑物、构筑物及道路交通、供水、供电、通信等情况做好仔细踏勘，了解现场可能影响施工的不利因素及有利条件，做到心中有数；了解当地资源如河砂、石子、水泥、钢材、设备等的生产厂家、供应条件、运输条件等，为制订施工方案提供第一手的依据。

（2）熟悉、审查施工图纸和有关的设计资料

①熟悉、审查施工图纸的依据　建设单位和设计单位提供的初步设计或扩大初步设计（技术设计）、施工图设计、建筑总平面、土方竖向设计和城市规划等资料文件；调查、搜集的原始资料；设计、施工验收规范和有关技术规定。

②熟悉、审查设计图纸的目的　为了能够按照设计图纸的要求顺利地进行施工，生产出符合设计要求的最终建筑产品（钢构物、建筑物或构筑物）；为了能够在拟建工程开工之前，便于从事钢结构建筑施工技术和经营管理的工程技术人员充分地了解和掌握设计图纸的设计意图、结构与构造特点和技术要求；通过审查发现设计图纸中存在的问题和错误，使其改正在施工开始之前，为拟建工程的施工提供一份准确、齐全的设计图纸。

③熟悉、审查设计图纸的内容　审查拟建工程的地点、建筑总平面图同国家、城市或地区规划是否一致，以及钢构物、建筑物或构筑物的设计功能和使用要求是否符合卫生、防火及美化城市方面的要求；审查设计图纸是否完整、齐全，以及设计图纸和资料是否符合国家有关工程建设的设计、施工方面的方针和政策；审查设计图纸与说明书在内容上是否一致，以及设计图纸与其各组成部分之间有无矛盾和错误；审查建筑总平面图与其他钢结构图在几何尺寸、坐标、标高、说明等方面是否一致，技术要求是否正确；审查工业项目的生产工艺流程和技术要求，掌握配套投产的先后次序和相互关系，以及设备安装图纸与其相配合的土建施工图纸在坐标、标高上是否一致，掌握土建施工质量是否满足设备安装的要求；审查地基处理与基础设计同拟建工程地点的工程水文、地质等条件是否一致，以及钢构物、建筑物或构筑物与地下建筑物或构筑物、管线之间的关系；明确拟建工程的结构形式和特点，复核主要承重结构的强度、刚度和稳定性是否满足要求，审查设计图纸中的工程复杂、施工难度大和技术要求高的分部分项工程或新结构、新材料、新工艺，检查现有施工技术水平和管理水平能否满足工期和质量要求并采取可行的技术措施加以保证；明确建设期限、分期分批投产或交付使用的顺序和时间，以及工程所用的主要材料、设备的数量、规格、来源和供货日期；明确建设、设计和施工等单位之间的协作、配合关系，以及建设单位可以提供的施工条件。

④熟悉、审查设计图纸的程序　熟悉、审查设计图纸的程序通常分为自审阶段、会审阶段和现场签证三个阶段。

设计图纸的自审阶段。施工单位收到拟建工程的设计图纸和有关技术文件后，应尽快地组织有关的工程技术人员熟悉和自审图纸，写出自审图纸的记录。自审图纸的记录应包括对设计图纸的疑问和对设计图纸的有关建议。

设计图纸的会审阶段。一般由建设单位主持，由设计单位和施工单位参加，三方进行设计图纸的会审。图纸会审时，首先由设计单位的工程主设计人向与会者说明拟建工程的设计依据、意图和功能要求，并对特殊结构、新材料、新工艺和新技术提出设计要求；然后施工单位根据自审记录以及对设计意图的了解，提出对设计图纸的疑问和建议；最后在统一认识的基础上，对所探讨的问题逐一地做好记录，形成"图纸会审纪要"，由建设单位正式行文，参加单位共同会签、盖章，作为与设计文件同时使用的技术文件和指导施工的依据，以及建设单位与施工单位进行工程结算的依据。

设计图纸的现场签证阶段。在拟建工程施工的过程中，如果发现施工的条件与设计图纸的条件不符，或者发现图纸中仍然有错误，或者因为材料的规格、质量不能满足设计要求，或者因为施工单位提出了合理化建议，需要对设计图纸进行及时修订时，应遵循技术核

定和设计变更的签证制度,进行图纸的施工现场签证。如果设计变更的内容对拟建工程的规模、投资影响较大时,要报请项目的原批准单位批准。在施工现场的图纸修改、技术核定和设计变更资料,都要有正式的文字记录,归入拟建工程施工档案,作为指导施工、竣工验收和工程结算的依据。

（3）原始资料的调查分析

为了做好施工准备工作,除了要掌握有关拟建工程的书面资料外,还应该进行拟建工程的实地勘测和调查,获得有关数据的第一手资料,这对于拟定一个先进合理、切合实际的施工组织设计是非常必要的,因此应该做好以下几个方面的调查分析:

①自然条件的调查分析　建设地区自然条件的调查分析的主要内容有:地区水准点和绝对标高等情况;地质构造、土的性质和类别、地基土的承载力、地震级别和裂度等情况;河流流量和水质、最高洪水和枯水期的水位等情况;地下水位的高低变化情况,含水层的厚度、流向、流量和水质等情况;气温、雨、雪、风和雷电等情况;土的冻结深度和冬、雨季的期限等情况。

②技术经济条件的调查分析　建设地区技术经济条件的调查分析的主要内容有:地方建筑施工企业的状况;施工现场的动迁状况;当地可利用的地方材料状况;国拨材料供应状况;地方能源和交通运输状况;地方劳动力和技术水平状况;当地生活供应、教育和医疗卫生状况;当地消防、治安状况和参加施工单位的力量状况等。

（4）编制施工图预算和施工预算

①编制施工图预算　施工图预算是技术准备工作的主要组成部分之一,这是按照施工图确定的工程量、施工组织设计所拟定的施工方法、建筑工程预算定额及其取费标准,由施工单位编制的确定建筑安装工程造价的经济文件,它是施工企业签订工程承包合同、工程结算、建设银行拨付工程价款、进行成本核算、加强经营管理等方面工作的重要依据。

②编制施工预算　预算的编制必须依据施工图纸预算、施工图纸、施工组织设计或施工方案确定的施工方法、施工定额等文件进行编制。它直接受施工图预算的控制。它是施工企业内部控制各项成本支出、考核用工、"两算"对比、签发施工任务单、限额领料、基层进行经济核算的依据。施工预算将作为进度计划,材料供应计划和资金拨付计划编制的依据,因此要尽可能详尽,只有编制了详尽准确的施工预算,才能保证整个施工过程有序有节,指导资金筹措,不突破投资计划。

（5）编制施工组织设计和施工方案

在做好以上工作之后,就可进行施工组织设计和施工方案的编制,这是作好施工前的准备的最重要环节之一,因为施工组织设计是指导施工的纲领性文件,必须根据工程规模、结构特点、建设单位要求和国家关于工程建设的方针、政策、基本建设程序进行编制;遵循工艺和技术规律,坚持合理的施工程序;采用流水施工方法、网络计划技术等组织有节奏、均衡、连续的施工;充分利用现有机械设备,提高机械化施工程度,改善劳动条件,提高工作效率;采用国内、外最先进的施工技术,科学地确定施工方案,提高工程质量,确保安全,缩短工期,降低成本;科学合理地布置施工平面,减少材料二次转运,安装材料种类繁多,性能、规格不一,必须作好合理的进场时间安排;合理利用周边已有设施,减少临时设施,节省费用;施工方案要有针对性,不能泛泛而谈。它必须将施工单位在本工程的质量体系、施工目标、将采取的施工方法及经济技术措施阐述清楚,要做到确实对本工程施工有指导价值,不能纯粹拿来对付甲方和监理;要有安全事故和质量事故的应急预案。施工方案一旦编制好并经审定,在工程施工中必须予以贯彻执行,不得随意更改。施工方案在施工过程中可根据具体情况作适当的调整,调整后的施工方案必须重新向甲方和监理申报并取得同意。

施工组织设计是施工准备工作的重要组成部分,也是指导施工现场全部生产活动的技术经济文件。建筑施工生产活动的全过程是非常复杂的物质财富再创造的过程,为了正确处理人与物、主体与辅助、工艺与设备、专业与协作、供应与消耗、生产与储存、使用与维修以及它们在空间布置、时间排列之间的关系,必须根据拟建工程的规模、结构特点和建设单位的要求,在原始资料调查分析的基础上,编制出一份能切实指导该工程全部施工活动的科学方案,即施工组织设计。

1.2.3.3 物资准备

材料、构(配)件、制品、机具和设备是保证施工顺利进行的物资基础,这些物资的准备工作必须在工程开工之前完成。根据各种物资的需要量计划,分别落实货源,安排运输和储备,使其满足连续施工的要求。

(1)物资准备工作的内容

物资准备工作主要包括建筑材料的准备;构(配)件和制品的加工准备;建筑安装机具的准备和生产工艺设备的准备。

①建筑材料的准备 建筑材料的准备主要是根据施工预算进行分析,按照施工进度计划要求,按材料名称、规格、使用材料储备定额和消耗定额进行汇总,编制出材料需要量计划,为组织备料、确定仓库、场地堆放所需的面积和组织运输等提供依据;

②构(配)件、制品的加工准备 根据施工预算提供的构(配)件、制品的名称、规格、质量和消耗量,确定加工方案和供应渠道以及进场后的储存地点和方式,编制出其需要量计划,为组织运输、确定堆场面积等提供依据;

③建筑安装机具的准备 根据采用的施工方案,安排施工进度,确定施工机械的类型、数量和进场时间,确定施工机具的供应办法和进场后的存放地点和方式,编制建筑安装机具的需要量计划,为组织运输,确定堆场面积等提供依据;

④生产工艺设备的准备 按照拟建工程生产工艺流程及工艺设备的布置图提出工艺设备的名称、型号、生产能力和需要量,确定分期分批进场时间和保管方式,编制工艺设备需要量计划,为组织运输,确定堆场面积提供依据。

(2)物资准备工作的程序

物资准备工作的程序是搞好物资准备的重要手段。通常按如下程序进行:

①根据施工预算、分部(项)工程施工方法和施工进度的安排,拟定国拨材料、统配材料、地方材料、构(配)件及制品、施工机具和工艺设备等物资的需要量计划;

②根据各种物资需要量计划,组织货源,确定加工、供应地点和供应方式,签订物资供应合同;

③根据各种物资的需要量计划和合同,拟定运输计划和运输方案;

④按照施工总平面图的要求,组织物资按计划时间进场,在指定地点,按规定方式进行储存或堆放。

1.2.3.4 劳动组织准备

劳动组织准备的范围既有整个建筑施工企业的劳动组织准备,有大型综合的拟建建设项目的劳动组织准备,也有小型简单的拟建单位工程的劳动组织准备。这里仅以一个拟建

工程项目为例,说明其劳动组织准备工作。内容如下:

(1)建立拟建工程项目的领导机构

施工组织机构的建立应遵循以下原则:根据拟建工程项目的规模、结构特点和复杂程度,确定拟建工程项目施工的领导机构人选和名额;坚持合理分工与密切协作相结合;把有施工经验、有创新精神、有工作效率的人选入领导机构;认真执行因事设职、因职选人的原则。

(2)建立精干的施工队组

施工队组的建立要认真考虑专业、工种的合理配合,技工、普工的比例要满足合理的劳动组织,要符合流水施工组织方式的要求,确定建立施工队组(是专业施工队组,或是混合施工队组),要坚持合理、精干的原则;同时制定出该工程的劳动力需要量计划。

根据工程规模、结构特点、复杂程度,建立现场领导机构,确定领导人选;协调配备工程所需各类专业技术人员和管理人员,技术工人,特殊工种必须持证上岗。制定各种岗位责任制和质量检验制度,对要采用的新结构、新材料、新技术要进行研制、试验和请专家论证,成熟了才能采用。

(3)集结施工力量、组织劳动力进场

工地的领导机构确定之后,按照开工日期和劳动力需要量计划,组织劳动力进场。同时要进行安全、防火和文明施工等方面的教育,并安排好职工的生活。

(4)向施工队组、工人进行施工组织设计、计划和技术交底

施工组织设计、计划和技术交底的目的是把拟建工程的设计内容、施工计划和施工技术等要求,详尽地向施工队组和工人讲解交代。这是落实计划和技术责任制的好办法。

施工组织设计、计划和技术交底的时间在单位工程或分部分项工程开工前及时进行,以保证工程严格地按照设计图纸,施工组织设计、安全操作规程和施工验收规范等要求进行施工。

施工组织设计、计划和技术交底的内容有工程的施工进度计划、月(旬)作业计划;施工组织设计,尤其是施工工艺;质量标准、安全技术措施、降低成本措施和施工验收规范的要求;新结构、新材料、新技术和新工艺的实施方案和保证措施;图纸会审中所确定的有关部位的设计变更和技术核定等事项。交底工作应该按照管理系统逐级进行,由上而下直到工人队组。交底的方式有书面形式、口头形式和现场示范形式等。

队组、工人接受施工组织设计、计划和技术交底后,要组织其成员进行认真地分析研究,弄清关键部位、质量标准、安全措施和操作要领。必要时应该进行示范,并明确任务及做好分工协作,同时建立健全岗位责任制和保证措施。

(5)建立健全各项管理制度

工地的各项管理制度是否建立、健全,直接影响其各项施工活动的顺利进行。有章不循其后果是严重的,而无章可循更是危险的。为此,必须建立、健全工地的各项管理制度。常见内容如下:工程质量检查与验收制度;工程技术档案管理制度;建筑材料(构件、配件、钢材等制品)的检查验收制度;技术责任制度;施工图纸学习与会审制度;技术交底制度;职工考勤、考核制度;工地及班组经济核算制度;材料出入库制度;安全操作制度;机具使用保养制度。

1.2.3.5 施工现场准备

施工现场是施工的全体参加者为夺取优质、高速、低消耗的目标,而有节奏、均衡连续

地进行战术决战的活动空间。施工现场的准备工作,主要是为了给拟建工程的施工创造有利的施工条件和物资保证。其具体内容如下:

(1)做好施工场地的控制网测量

按照设计单位提供的建筑总平面图及给定的永久性经纬坐标控制网和水准控制基桩,进行工地施工测量,设置工地的永久性经纬坐标桩,水准基桩和建立工地工程测量控制网,作为工程轴线引测和标高控制的依据。

(2)搞好"三通一平"

"三通一平"是指路通、水通、电通和平整场地。

路通:施工现场的道路是组织物资运输的动脉。拟建工程开工前,必须按照施工总平面图的要求,修好施工现场的永久性道路(包括厂区铁路和厂区公路)以及必要的临时性道路,形成完整畅通的运输网络,为建筑材料进场、堆放创造有利条件。

水通:水是施工现场的生产和生活不可缺少的。拟建工程开工之前,必须按照施工总平面图的要求,接通施工用水和生活用水的管线,使其尽可能与永久性的给水系统结合起来,做好地面排水系统,为施工创造良好的环境。

电通:电是施工现场的主要动力来源。拟建工程开工前,要按照施工组织设计的要求,接通电力和电讯设施,做好其他能源(如蒸汽、压缩空气)的供应,确保施工现场动力设备和通讯设备的正常运行。

平整场地:按照建筑施工总平面图的要求,首先拆除场地上妨碍施工的建筑物或构筑物,然后根据建筑总平面图规定的标高和土方竖向设计图纸,进行挖(填)土方的工程量计算,确定平整场地的施工方案,进行平整场地的工作。

(3)做好施工现场的补充勘探

对施工现场做补充勘探是为了进一步寻找枯井、防空洞、古墓、地下管道、暗沟和枯树根等隐蔽物,以便及时拟定处理隐蔽物的方案,并实施。为基础工程施工创造有利条件。

(4)建造临时设施

按照施工总平面图的布置,建造临时设施,为正式开工准备好生产、办公、生活、居住和储存等临时用房。

(5)安装、调试施工机具

按照施工机具需要量计划,组织施工机具进场,根据施工总平面图将施工机具安置在规定的地点或仓库。对于固定的机具要进行就位、搭棚、接电源、保养和调试等工作。对所有施工机具都必须在开工之前进行检查和试运转。

(6)做好建筑构(配)件、制品和材料的储存和堆放

按照建筑材料、构(配)件和制品的需要量计划组织进场,根据施工总平面图规定的地点和指定的方式进行储存和堆放。

(7)及时提供建筑材料的试验申请计划

按照建筑材料的需要量计划,及时提供建筑材料的试验申请计划。如钢材的机械性能和化学成分等试验;混凝土或砂浆的配合比和强度等试验。

(8)做好冬雨季施工安排

按照施工组织设计的要求,落实冬雨季施工的临时设施和技术措施。

(9)进行新技术项目的试制和试验

按照设计图纸和施工组织设计的要求,认真进行新技术项目的试制和试验。

（10）设置消防、保安设施

按照施工组织设计的要求，根据施工总平面图的布置，建立消防、保安等组织机构和有关的规章制度，布置安排好消防、保安等措施。

（11）层层进行安全和技术交底

各项安全技术措施、质量保证措施、质量标准、验收规范以及设计变更和技术核定、工作计划，务必作到人人心中有数，增强质量、安全责任感。

1.2.3.6 施工的场外准备

施工准备除了施工现场内部的准备工作外，还有施工现场外部的准备工作。其具体内容如下：

（1）材料的加工和订货

建筑材料、构（配）件和建筑制品大部分均需外购，工艺设备更是如此。这样如何与加工部、生产单位联系，签订供货合同，做好及时供应，对于施工企业的正常生产是非常重要的；对于协作项目也是如此，除了要签订议定书之外，还必须做大量的有关方面的沟通联系工作。

（2）做好分包工作和签订分包合同

由于施工单位本身的力量所限，有些专业工程的施工、安装和运输等均需要向外单位委托。根据工程量、完成日期、工程质量和工程造价等内容，与其他单位签订分包合同，约定质量、安全、工期、保证措施，保证履约实施。

（3）向上级提交开工申请报告

当材料的加工和订货及做好分包工作和签订分包合同等施工场外的准备工作完成后，应该及时地填写开工申请报告，并上报上级批准。

综上所述，各项施工准备工作不是分离的、孤立的，而是互为补充，相互配合的。为了提高施工准备工作的质量、加快施工准备工作的速度，必须加强建设单位、设计单位和施工单位之间的协调工作，建立健全施工准备工作的责任制度和检查制度，使施工准备工作有领导、有组织、有计划和分期分批地进行，贯穿施工全过程的始终。

1.2.4 施工准备工作计划

为了落实各项施工准备工作，加强对其检查和监督，必须根据各项施工准备工作的内容、时间和人员，编制出施工准备工作计划。

施工准备工作计划和施工生产计划一样是同时制定，同时实施，同时检查的。往往在施工生产计划中包括施工准备工作计划。施工准备工作计划有开工前准备工作计划，施工过程中施工准备计划，工程收尾准备计划以及检修钢结构的施工准备工作计划等。下面专门介绍一下检修钢结构的施工准备工作。

1.2.5 钢结构检修工程的施工准备工作

钢结构检修工程是大型钢结构工程依据检修制度，实行大、中修项目的施工工程。在检修工程的施工中，对检修计划、施工准备、施工技术方案、施工安全措施、检修质量、文明检修、交工验收、开停车衔接、费用核算十分重视。检修工程施工后，做到台台设备符合质量标准，每套装置一次开车成功。对于检修工作量很大的化工装置（系统）或全厂性停车检修，应在筹备领导小组组织下做好"十落实"、"五交底"、"三运到"、"一办理"等项准备工作。

"十落实"是:组织工作落实、施工项目落实、检修时间落实、设备、零部件落实、各种材料落实、劳动力落实、施工图纸落实、政治思想工作落实,工作计划落实,检查制度落实。

"五交底"是:项目任务交底,施工图纸交底,质量标准交底,施工安全措施交底,设备零部件、材料交底。

"三运到"是:施工前必须把设备备件、材料和工机具运到现场,并按规定位置摆放整齐。

"一办理"是:检修施工前必须办理"安全检修任务书"。

落实检修的各项任务的具体要求:

(1)检修人力资源筹集决策

装置(系统)或全厂性停车修理,检修人力资源很缺,往往出现人力不足现象。如何筹集决策是企业内机动部门的一个重要工作。决策的准则是费用最少,同时又能满足检修与安全的需要。首先罗列可供决策的方向有哪些,然后决定哪种方向最理想。在决策时会遇到很多影响选择的因素,但总的准则不能放弃。

(2)检修任务的布置落实

①施工单位落实

维修工人组织形式有分散型、集中型和综合型。现在主要介绍综合型维修组织的维修任务及施工单位的落实。

车间维修组,检修工种主要是以钳工为主,有少量的电焊工等,维修设备以传动设备为主。维修车间检修力量比较强,检修工种和装备比较全,能承担生产车间不能承担的加工任务和大修任务。

装置(系统)或全厂性停车大修,维修项目多,落实施工是一项细致复杂的工作。在初步制定大修计划后,设备管理部门首先在调查研究的基础上做生产车间与维修车间承担任务的分工。分工的原则是生产车间承担传动设备的检修项目及系统中的一般项目。重点项目,特别是冷铆、电焊工作量大、要求高的检修项目(管道焊接X光拍片项目及大口径管道更换)原则上由维修车间承担。

检修项目的施工单位初步确定后,组织生产车间和辅助车间讨论,在求大同存小异的情况下,最后正式落实检修项目的施工单位。如以上两个车间承受不了这么多项目,则可考虑在本企业内调动,然后再求外援。

②检修任务落实

车间自修项目,由车间自行落实。其中项目分两大部分:一是化工操作承担的维修项目,如设备的内部清洗、更换塔内填料等简单检修项目。二是维修组承担的设备检修项目。

维修车间任务的落实。当接到正式确定的检修项目后,车间应组织技术人员、定额员、施工调度员、各检修工段长,在机动部门和生产车间的配合下,对每个项目进行现场查看工作量,估算工时,对人力资源反复平衡后,再将任务下达到班组和个人。

(3)检修后勤资源的落实、督促与检查

①检修后勤资源的落实

企业装置(系统)或全厂性停车大修施工,其后勤资源主要包括以下几个方面。

除已落实的检修人员外,所需外借的检修人员及辅助劳动力;预制件;备件;材料(包括钢材、木材、建材);运输设备(包括吊车、卡车、平板车、拖拉机运输车等);工器具(电焊机、卷扬机等)。

②检修后勤资源保证管理

检修后勤资源的保证管理,是从后勤资源计划的最初阶段开始的,并延续到整个检修工程结束为止。其管理工作可归纳为以下几个基本阶段。

a.概念阶段　当企业一个维修工程确定以后,经过分析研究,特别是可行性研究,开始拟定一个早期检修后勤资源保障计划。

b.详细计划确定阶段　当装置运行一阶段后又会增加一些设备缺陷,特别是装置停车检修前两三个月,就必须对早期检修后勤资源保证计划加以补充,并确定详细的计划完成日期。

c.检查、督促阶段　在详细计划确定以后,在停车检修前的阶段,管理工作的职能主要是检查和督促,确保后勤资源的落实。

d.后勤资源阶段　在检修施工开始前半个月,应该是后勤资源陆续进入现场阶段。在这一阶段中管理人员应该详细按后勤资源清单逐一清点,组织进入现场。

e.后勤资源使用阶段　在检修施工开始,后勤资源开始使用。在此阶段中,管理人员的工作主要是保证供给、掌握使用动态、资源调剂。

f.后勤资源清理阶段　当一个装置或检修工程施工结束后,现场总会剩余一些材料,主要有钢材、木材、预制件、备件等,这些材料如不及时收回退库就会造成浪费。在此阶段,后勤资源管理应及时做好现场清理和退库工作。

③检修后勤资源组织及各自职责

企业装置(系统)或全厂性停车大修施工,如果没有一个检修后勤资源组织来保证后勤资源的供给,是很难完成检修施工任务的。其后勤资源的落实、督促与检查是通过组织活动实现的。

【思考题】

1.什么是钢结构安装?什么是钢结构安装工程?

2.如何划分钢结构施工企业等级?

3.钢结构安装工程的准备工作有哪几类?

4.钢结构安装工程现场准备工作有哪些内容?

5.审查设计图纸的目的是什么?

6.审查设计图纸的程序有哪些?

7.什么是施工图预算?什么是施工预算?

8.什么是施工组织设计?

9.编制施工组织设计的依据是什么?

10.物资准备的内容有哪些?

11.如何组建钢结构工程项目的施工队伍?

12.什么是"三通一平"?

13.什么是施工的场外准备,主要内容有哪些?

14.什么是施工准备工作计划?

15.如何编写钢结构工程的施工准备工作计划?

16.什么是钢结构检修工程,如何落实检修任务?

【作业题】

1. 编写一份钢结构工程的技术准备计划。
2. 编写一份钢结构工程的现场施工准备计划。
3. 编写一份钢结构检修工程的准备计划。

项目 2　单层钢结构工业厂房的安装

本项目学习要求

一、知识内容与教学要求

1. 工业厂房的特点和类型；
2. 起重主机的选用；
3. 单层工业厂房的施工技术；
4. 吊车梁的安装及校正；
5. 厂房工程材料及质量控制；
6. 钢结构厂房施工常见缺陷及预防。

二、技能训练内容与教学要求

1. 能够选择钢结构工业厂房安装用的起重机；
2. 能编写钢结构工业厂房安装流程；
3. 能编写钢结构工业厂房安装方案；
4. 能确定梁柱的吊装方案；
5. 能进行吊车梁的安装与校正；
6. 能正确控制工程材料；
7. 能正确控制工程质量；
8. 能辨识工业厂房安装缺陷并能采取防治措施。

三、素质要求

1. 要求学生养成求实、严谨的科学态度；
2. 培养与人沟通,通力协作的团队精神；
3. 培养学生乐于奉献,深入基层的品德。

　　钢结构建筑因具有自重轻、强度高、抗震性能好、节约空间、质量可靠、施工速度快、绿色环保等多方面特殊的优势,在建设工程上得到日益广泛的应用,近几年,随着我国经济建设的快速发展,钢结构建筑正从工业厂房建筑结构向着多高层民用建筑结构、大型剧场、桥梁结构及办公建筑结构方向发展,至今,钢结构建筑因其独特的优势在国内得到了快速的发展。
　　厂房是现代工业生产的基础设施,而单层厂房的应用最为广泛,在机械、机车、造船、电力、钢结构加工制作等行业广为应用,见图 2 - 1 所示,图(a)为施工中的某集团超高压组合电气钢结构厂房;图(b)厂房跨度 21 m×2 m,檐口高度 16.5 m,长度 120 m,4 台 50 t/10 t 双梁桥式行车,屋面围护为单层彩板加玻璃丝棉保温,墙面围护为双层彩板加玻璃丝棉保温。

(a)   (b)

图 2 - 1　单层钢结构厂房

2.1　单层厂房的特点和类型

2.1.1　单层厂房的特点

单层厂房是指工业厂房中,层数为一层的厂房,见图 2 - 2。它具有占地面积大,加工设备安装方便,进出货或产品、半成品便捷,安全系数高,抗震性能强好等优点。所以,单层厂房适用于大型机器设备或有重型起重运输设备的工厂。一般来说,单层厂房属于特殊厂房,只有一些特殊的行业才需要使用单层厂房,比如说,船舶制造,机械设备,压力容器,五金塑胶,印刷纸品,模具等行业。单层厂房与单层住宅的设计施工同等重要,结合钢结构行业实际,重点介绍单层工业厂房的特点。

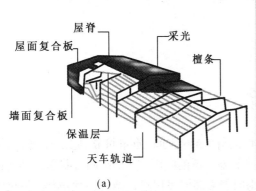

(a)   (b)

图 2 - 2　单层厂房结构图
(a)结构名称;(b)单层厂房内部空间结构

(1)从建筑上讲,要求构成较大的空间。单层厂房是冶金、机械、造船等车间的主要形式之一。为了满足在车间中放置尺寸大、较重型的设备或生产重型产品,要求单层厂房适应不同类型生产的需要,构成较大的空间。

(2)从结构上讲,要求单层厂房的结构构件要有足够的承载能力。由于产品较重且外形尺寸较大,因此作用在单层厂房结构上的荷载、厂房的跨度和高度往往都比较大,并且常受到来自吊车、动力机械设备的荷载的作用,要求单层厂房的结构构件要有足够的承载能力。

(3)从制造方式上讲,为了便于定型设计,单层厂房常采用结构配件标准化、系列化、通用化、生产工厂化和便于机械化施工的建造方式。

(4)从几何尺寸上讲,单层厂房具有跨度长,高度大,承受的荷载重,因而构件的内力大,截面尺寸大,用料种类多,数量大,工程成本高。

(5)从荷载形式上讲,载荷形式多样,并且常承受动力荷载和移动荷载(如吊车荷载、动力设备荷载等);柱是承受屋面荷载、墙体荷载、吊车荷载以及地震作用的主要构件;基础受力大,对地质勘察的要求较高。

2.1.2 单层厂房的分类

(1)按高度分类 单层厂房的水位高度很重要①有的厂房高 4~5 m,②有的高 6~7 m,③有的可高达 11~12 m 或更高。一般越高的厂房建筑起来会越困难,所需材料成本也会越高。

(2)按外部建筑结构分类 ①简易铁皮厂房:就是最简单的,用铁皮比较随意搭建的厂房。②钢结构厂房:钢结构厂房又分彩钢结构或普通钢结构厂房。彩钢结构的比普通的要好很多。

(3)按内部结构分类 分为①有牛腿;②没有牛腿的。有牛腿的车间才可以装天车(也称行车),这在工业生产中是很重要的一环,如果有机器设备要用天车的,就一定要有牛腿才能使用。

2.2 起重主机的选用

工业厂房安装使用的主要设备是起重机,它是厂房安装的必要设备,选择合理的起重机是工业厂房安装的首要条件。

2.2.1 起重机的选择

起重机的选择包括:选择起重机的类型,型号和数量。起重机的选择要根据施工现场的条件及现有起重设备条件,以及结构吊装方法确定。

(1)起重机类型的选择

起重机的类型主要根据厂房的结构特点,跨度,构件质量,吊装高度来确定。一般中小型厂房跨度不大,构件的质量不重及安装高度也不高,可采用履带式起重机,轮胎式起重机或汽车式起重机,以履带式起重机应用最普遍。缺乏上述起重设备时,可采用桅杆式起重机(独脚拔杆,人字拔杆等)。重型厂房跨度大,构件重,安装高度高,根据结构特点可选用大型的履带式起重机、轮胎式起重机、重型汽车式起重机以及重型塔式起重机、塔桅式起重机等。

（2）起重机型号及起重臂长度的选择

起重机的型号是根据起重物的形体尺寸和质量及吊装场地来选择的。确保起重机的起重能力大于被吊物的重力，并留有足够的安全余量。起重机的类型确定之后，还需要进一步选择起重机的型号及起重臂的长度。起重机的型号应根据吊装构件的尺寸、重力及吊装位置而定。在具体选用起重机型号时，应使所选起重机的三个工作参数：起质量 Q、起重高度 H、起重半径 R，均应满足钢结构吊装的要求。计算方法如下：

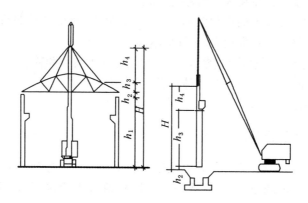

图 2 - 3　起重高度计算简图　安装屋架　安装柱子

① 起质量 Q

选择的起重机的起质量，必须大于所安装构件的重力与索具重力之和。

即：
$$Q \geqslant Q_1 + Q_2$$

式中　Q——起重机的起重力，kN；

　　　Q_1——构件的重力，kN；

　　　Q_2——索具的重力，kN。

② 起重高度 H

选择的起重机的起重高度，必须满足所吊装的构件的安装高度要求，见图 2 - 3。

即：
$$H \geqslant h_1 + h_2 + h_3 + h_4$$

式中　H——起重机的起重高度，从停机面算起至吊钩中心，m；

　　　h_1——安装支座表面高度，从停机面算起，m；

　　　h_2——安装间隙，视具体情况而定，但不小于 0.2，m；

　　　h_3——绑扎点至起吊后构件底面的距离，m；

　　　h_4——索具高度，自绑扎点至吊钩中心的距离，视具体情况而定，m。

③ 起重半径 R

起重半径的确定一般有两种情况。

起重机可以不受限制地开到吊装位置附近去吊装构件时，对起重半径 R 没有要求，根据计算的起质量 Q 及起重高度 H，来选择起重机的型号及起重臂长度 L，根据 Q，H 查得相应的起重半径 R，即为吊该构件时的起重半径。

起重机不能开到构件吊装位置附近去吊装构件时，就要根据实际情况确定起吊时的起重半径 R，并根据此时的起质量 Q，起重高度 H 及起重半径 R 来选择起重机型号及起重臂长度 L。

如果起重机在吊装构件时,起重臂要跨越已吊装好的构件上空去吊装(如跨过屋架吊装屋面板),还要考虑起重臂是否会与已吊好的构件相碰。依此来选择确定起吊构件时的最小臂长及相应的起重半径 R。

吊装柱时起重机的起重半径 R 计算方法(图 2 - 4):

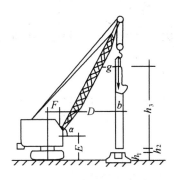

图 2 - 4　起重机的起重半径

$$R_{min} = F + D + 0.5b$$

式中　F——吊杆枢轴中心距回转中心距离,m;

　　　D——吊杆枢轴中心距所吊构件边缘距离,可用下式计算;

$$D = g + (h_1 + h_2 + h_3 - E)\mathrm{ctan}\alpha,\text{m}。$$

其中　g——构件上口边缘与起重杆之间的水平空隙,不小于 0.5 ~ 1.0 m;

　　　E——吊杆枢轴中心距地面的高度,m;

　　　α——起重杆的倾角;

　　　h_1——安装支座表面高度,从停机面算起,m;

　　　h_2——安装间隙,视具体情况而定,但不小于 0.2 m;

　　　h_3——所吊构件的高度,m;

　　　b——构件的宽度,m。

④起重臂长 L

吊装屋架时起重机的最小臂长可用数学解析法,也可用作图法求出。

a. 数解法

图 2 - 5(a)为数解法求起重机最小臂长计算方法示意图。最小臂长 L_{min} 可按下式计算:

$$L_{min} \geqslant L_1 + L_2 = h/\sin\alpha + (a + g)/\cos\alpha$$

式中　L_{min}——起重臂最小臂长,m;

　　　h——起重臂底铰至构件吊装支座(屋架上弦顶面)的高度,m;

　　　a——起重钩需跨过已吊装结构的距离,m;

　　　g——起重臂轴线与已吊装屋架轴线间的水平距离(至少取 1 m),m;

　　　α——起重臂仰角,可按下式计算:

$$\alpha = \arctan \sqrt[3]{\frac{h}{a + g}}$$

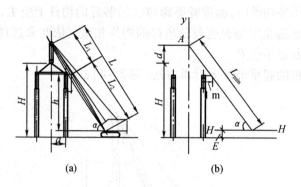

图 2-5　起重机最小臂长计算示意图

(a)数解法;(b)作图法

b. 作图法

如图 2-5(b),可按以下步骤求最小臂长:

第一步,按一定比例尺画出厂房一个节间的纵剖面图,并画出起重机吊装屋面板时起重钩位置处垂线 $y-y$;画平行于停机面的水平线 $H—H$,该线距停机面的距离为 E(E 为起重臂下铰点至停机面的距离)。

第二步,在垂线 $y-y$ 上定出起重臂上定滑轮中心点 A(A 点距停机面的距离为 $H+d$)d 为吊钩至定滑轮中心的最小距离,不同型号的起重机数值不同,一般为 2.5~3.5 m。

第三步,自屋架顶面向起重机方向水平量出一距离 $g=1$ m,定出一点 P。

第四步,连接 AP,其延长线与 $H-H$ 相交于一点 B,AB 即为最小臂长,AB 与 $H-H$ 的夹角即为起重臂的仰角。

根据求得的最小臂长 $L_{\min}$。(即 AB 长度),查起重机性能(或曲线)从规定的几种臂长中选择一种臂长 $L \geqslant L_{\min}$,即为吊装屋面板时所选的起重臂长度 L。

2.3　单层工业厂房安装施工技术

钢结构厂房安装前应做好准备工作,安装前应按构件明细表核对构件的材质、规格及外观质量,达到设计规定的标准要求,方可进入安装程序。

2.3.1　单层工业厂房安装流程

单层工业厂房钢结构安装工艺流程图,见图 2-6。内容包括钢构件运至中转库、构件分类检查配套、检查设备、工具数量及完好情况、高强度螺栓及摩擦面检查、放线及验线(轴线、标高复核)、钢柱标高处理及分中检查等。

2.3.2　钢柱吊装与校正

单层厂房钢结构构件,包括柱、吊车梁、屋架、天窗架、预应力锚具、檩条、支撑及墙架等,构件的形式、尺寸、质量、安装标高都不同,应采用不同的起重机械、吊装方法,以达到经济、合理的目的。单层工业厂房占地面积较大,通常用自行式起重机或塔式起重机吊装钢柱。钢柱的吊升方法与装配式钢筋混凝土柱子相似,分为旋转法和滑行法。对 H 型钢柱可采用双机抬吊的方法进行吊装,用一台起重机抬柱的上吊点(近牛腿处的吊点),另一台起重机抬下吊点。采用双机同时相对旋转法进行吊装。

在安装工艺流程中,包括部分现场制造工艺及现场准备工作,这些在在相关课程和前面已作论述,这里仅讨论现场安装工艺。

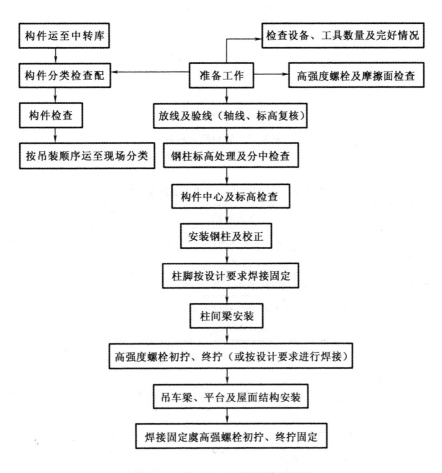

图 2-6　单层工业厂房安装流程图

2.3.2.1　钢柱吊装

(1)钢柱的绑扎

对于质量在 5 t 以内的钢柱,通常采用捆扎法吊装,尤其以一点捆扎为多;质量在 5~20 t 的钢柱,通常在钢柱上设置钢吊耳的方法辅助吊装;对于质量在 20 t 以上的重型钢柱,宜采用钢吊耳并利用工具式吊索具辅助吊装。柱的绑扎按柱吊起后柱身是否能保持垂直状态划分,相应的绑扎方法有:斜吊绑扎法见图 2-7(1)和直吊绑扎法见图 2-7(2)。两种方法的比较见表 2-1。

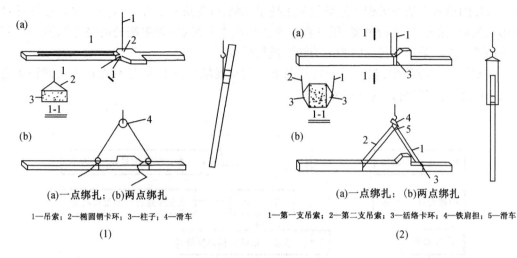

(a)一点绑扎；(b)两点绑扎

1—吊索；2—椭圆销卡环；3—柱子；4—滑车

(1)

(a)一点绑扎；(b)两点绑扎

1—第一支吊索；2—第二支吊索；3—活络卡环；4—铁肩担；5—滑车

(2)

图 2-7 钢柱绑扎吊装

(1)斜吊绑扎法；(2)直吊绑扎法

表 2-1 斜吊绑扎法和直吊绑扎法对比

绑扎方法	斜吊绑扎法	直吊绑扎法
起重杆长度	要求较短	要求较长
柱的宽面抗弯能力	要求满足	仅要求窄面满足
预制柱翻身	无需翻身(满足吊装要求时)	柱需翻身
吊装施工	起吊后柱身与杯底不垂直 （施工不方便）	起吊后柱身与杯底垂直 （施工方便）

(2)钢柱的吊装

对于质量较轻的钢柱,可采用单机旋转法(图 2-8)或滑行法(图 2-9)起吊、就位。

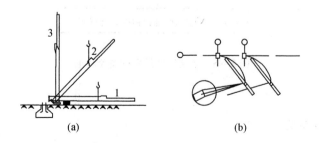

图 2-8 旋转法吊柱

（a）旋转过程；(b)平面布置

1—柱子平卧时；2—起吊中途；3—直立

旋转法吊装柱时,柱的平面布置要做到:绑扎点,柱脚中心与柱基础杯口中心三点同弧,在以吊柱时起重半径 R 为半径的圆弧上,柱脚靠近基础。这样,起吊时起重半径不变,起重臂边升钩,边回转。柱在直立前,柱脚不动,柱顶随起重机回转及吊钩上升而逐渐上升,使柱在柱脚位置竖直。然后,把柱吊离地面约 20 ~ 30 cm,回转起重臂把柱吊至杯口上方,插入杯口。采用旋转法,柱受振动小,生产率高。

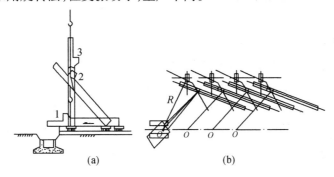

图 2 - 9 滑行法吊柱
(a)滑行过程;(b)平面布置
1—柱子平卧时;2—起吊中途;3—直立

旋转法:起重机一边升钩,一边旋转,柱子绕柱脚旋转而逐渐吊起的方法叫旋转法。其要点有二:一是保持柱脚位置不动,并使吊点、柱脚和杯口中心在同一圆弧上;二是圆弧半径即为起重机起重半径。采用滑行法吊装柱时,柱的平面布置要做到:绑扎点,基础杯口中心二点同弧,在以起重半径 R 为半径的圆弧上,绑扎点靠近基础杯口。这样,在柱起吊时,起重臂不动,起重钩上升,柱顶上升,柱脚沿地面向基础滑行,直至柱竖直。然后,起重臂旋转,将柱吊至柱基础杯口上方,插入杯口。这种起吊方法,因柱脚滑行时柱受振动,起吊前应对柱脚采取保护措施。这种方法宜在不能采用旋转法时采用。

滑行法吊装柱特点:在滑行过程中,柱受振动,但对起重机的机动性要求较低(起重机只升钩,起重臂不旋转),当采用独脚拔杆、人字拔杆吊装柱时,常采用此法。为了减少滑行阻力,可在柱脚下面设置木滚筒。

对大型、重型钢柱(如大型格构柱等)可采用双机抬吊法。起吊时,双机同时将钢柱水平吊起,离地面一定高度后暂停,然后主机提升吊钩、副机停止上升,面向内侧旋转或适当平行,使钢柱逐渐由水平转向垂直至安装状态。拆除副机下吊点的钢丝绳,最后由主机单独将钢柱插进地脚螺栓或杯形基础固定。对于高度高、质量大、截面小的钢柱,可采取分节吊装方法;但必须在下节柱基本固定后,再安装上节柱。

钢柱柱脚固定方法,一般有地脚螺栓固定和插入式杯口两种形式,后者主要用于大中型钢柱的固定。

表 2 - 2 柱的旋转法与滑行法吊升方法对比

吊升方法	旋转法	滑行法
构件布置	吊点、柱脚中心和杯口中心三点共圆	吊点与杯口中心两点共圆弧
对柱身影响	占地较大	占地较小
	受振动较小	受振动较大
起重机的机动性能	要求较高	要求较低

钢柱起吊后,当柱脚距地脚螺栓或杯形口约30～40 cm时扶正,使柱脚安装螺栓孔对准螺栓(或柱脚对准杯口)、缓慢落钩、就位。经过初校后,拧紧螺栓或打紧钢楔临时固定,即可脱钩。

2.3.2.2 钢柱校正

钢柱的校正包括标高、垂直度和位移等内容。

钢柱的标高可通过设置标高块的方法进行控制,具体做法如下:先根据钢柱的质量和标高块材料强度,计算标高块的支撑面积,标高块一般用钢垫片和无收缩砂浆制作。然后埋设临时支撑标高块。根据钢柱底板的大小,标高块的布置方式不同,如图2-10所示。现场施工时,先测量钢柱牛腿面至柱底实际尺寸,并与牛腿设计标高相比较,实际的高差采用标高块调整。

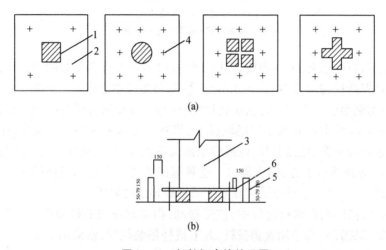

(a)

(b)

图2-10 钢柱标高块的设置

(a)几种形式的标高块;(b)主模灌浆

1—标高块;2—基础表面;3—钢柱;4—地脚螺栓;5—模板;6—灌浆口垂直度校正

钢柱的垂直度用经纬仪或吊线锤检验。当有偏差,采用神仙葫芦、千斤顶等方法进行校正,底部空隙用铁片垫实。钢柱的位移校正可用千斤顶顶正。标高校正用千斤顶将底座稍许抬高,然后增减垫板厚度达到校正目的。柱脚校正完成后立即紧固地脚螺栓(或打紧杯口侧面的钢楔),并将承重钢垫板定位焊固定,防止走动。当吊车梁、托架、屋架等结构安装完毕,并经整体校正检查无误后,进行钢柱底板下灌浆。

柱垂直度的校正方法是:当偏差值较小时,可用打紧或稍放松楔块的方法来纠正;当偏差值较大时,则可用螺旋千斤顶或油压千斤顶平顶法、螺旋千斤顶或油压千斤顶斜顶法、钢管支撑斜顶法、千斤顶立顶法等方法进行校正。

(1)敲打楔子法 通过敲打杯口的楔子,给柱身施加一水平力,使柱子绕柱脚转动而垂直。为减少敲打时楔子的下行阻力,应在楔子与杯形基础之间垫以小钢楔或钢板。敲打时,可稍松动对面的楔子(严禁将楔子取出杯口),并用坚硬石块将柱脚卡住,以防柱子发生水平位移。这种方法最简便,不需要专用校正工具,但劳动强度较大,适用于校正10 t以下的柱子。

(2)螺旋千斤顶平顶法 螺旋千斤顶又叫丝杠千斤顶。是在杯口水平放置螺旋千斤顶,操纵千斤顶,给柱身施加一水平力,使柱子绕柱脚转动而垂直。校正前,宜先用坚硬石块将柱脚卡死。此法可用于校正 300 kN(30 t)以下的柱子。

(3)螺旋千斤顶斜顶法　在杯口放一千斤顶,千斤顶下部坐在用钢板焊成的斜向支座上,头部顶在混凝土柱身的一个预留的或后凿的凹槽上,操作千斤顶,给柱身施加一斜向力,使柱身调整垂直。放置千斤顶时,一般使千斤顶轴线与水平面夹角 $\alpha \approx 40°$,若 α 过大,会将柱身混凝土顶碎,为克服这一缺点,可在柱内预埋 $\phi20$ mm~$\phi25$ mm,长 150 mm 的钢筋,伸出柱面 30~50 mm 作为千斤顶头部的支座。此法用于校正 300 kN(30 t)以内的柱子。

(4)撑杆校正法　撑杆校正法又叫钢管支撑斜顶法。它是采用撑杆校正器对柱进行校正。撑杆校正器是用外径为 75 mm,长约 6 m 的钢管,两端装有螺杆,两端螺杆上的螺纹方向相反,因此,转动钢管时,撑杆可以伸长或缩短。撑杆下端铰接在一块底板上,底板与地面接触的一面带有折线形突出的钢板条,并有孔眼,可以打下钢钎,目的是增大与地面的摩擦力。撑杆的上端铰接一块头部摩擦板,头部摩擦板与柱身接触的一面有齿槽,以增大与柱身的摩擦力,并带有一个铁环,可以用一根短钢丝绳和一个卡环,将头部摩擦板固定在柱身的一定位置上。适用于校正 100 kN(10 t)以下的柱子。

2.3.3　吊车梁吊装与校正

2.3.3.1　常规吊车梁吊装

吊车梁在钢柱吊装完成经调整固定于基础上后,即可吊装。一般采用与钢柱吊装相同的起重机械,单机吊装。对于重型或超长(超过运输长度)吊车梁,多由制造厂装车运到现场。分段都在出厂前须经过预拼装和严格检查,合格后才装车运出,以确保现场顺利拼装。重型吊车梁一般采用整体吊装法,吊车梁部件在地面拼装胎架上将全部链接部件调整找平,用螺栓栓接或焊接成整体。验收合格后,一般采用双机或三机抬吊法进行整体吊装。

当起质量允许时,也可采取将吊车梁与制动梁(或桁架)及斜撑等部件组成整体后吊装,可减少高空作业,提高劳动生产率;但除起重机满足要求外,还应注意各部件的装配精度,与柱子相连的节点准确契合,吊装绑扎要使构件平衡,以便能准确顺利安装到设计位置。

钢质吊车梁吊装索具的固定一般有以下几种常用方法:捆扎固定法、夹具固定法、焊接吊耳固定法、螺栓连接的吊耳法等方法。

(1)捆扎固定法　在工程实践中,对于重型吊车梁,在利用钢丝绳捆扎的方法时需要注意捆扎钢丝绳的安全系数以及其与钢梁接触点的保护,否则钢梁脚部的快口容易划伤钢丝绳而引起断裂事故。

(2)夹具固定法　常规的吊装夹具使用方便,但存在安全隐患。由于夹具与吊车梁翼缘之间没有有效固定,吊车梁搁置到牛腿后尚未固定放置时容易脱钩;尤其对于重型吊车梁,为便于校正,一般采用边吊边校的方法进行安装,采用吊装夹具辅助吊装,极易引起事故。

(3)焊接吊耳固定法　利用焊接吊耳吊装安全性相对较好,但需要进行相应的吊耳受力计算,控制其加工、安装,尤其是焊接质量。焊接吊耳的缺点是,为不影响梁面吊车轨道的铺设,吊车梁吊装完成后需要割除。

(4)螺栓连接的吊耳法　采用螺栓连接的吊耳,其利用钢吊车梁面的轨道压板固定螺栓孔,采用普通螺栓(或高强度螺栓,根据计算结果选择)将工具式吊耳通过栓接固定于吊车梁上,起重钢索与吊耳之间采用卸扣连接。吊耳的数量及位置根据起重设计的需要布置。待吊车梁安装到位后,拆除吊耳固定螺栓即可,吊耳可以重复使用。

该螺栓连接吊耳的优点有:

①装配方便,可以重复使用;

②安全可靠,不会发生吊耳脱落现象;

③由于没有采用焊接等方法,事后不需要通过气割等方法割除,不会产生焊接影响及气割伤及吊车梁母材问题。

2.3.3.2　弧形吊车梁吊装

弧形吊车梁的分段为弧形构件,为提供良好的抗扭性能,其截面一般采用箱型设计;为提高吊车梁的抗倾覆能力,一般采用多跨连续梁结构。弧形吊车梁的安装工艺基本同常规吊车梁,但需要注意的问题有以下几点。

(1)分段拼装的质量控制及验收

由于弧形吊车梁多采用连续梁结构,因此单间吊车梁长度较大。为减少或避免单跨吊装、高空拼装带来的麻烦,通常采用单件(多跨)整体吊装的方法。由此引出的一个关键问题是不论是工厂小分段制作还是现场地面分段拼装,均需要有效控制弧形构件的拼装质量。

在施工现场是地面拼装胎架,利用路基箱作为胎架,路基箱与地面牢固固定。在路基箱上利用矢高测放出吊车梁平面投影轮廓线、各中心线及分段位置线等,然后据此搭设胎架,标高误差不大于1 mm,经验收合格后方可使用。胎架搭设完成后,将工厂分段吊车梁吊至胎架上,对准拼接工艺标记,利用吊锤校正整段吊车梁线形等尺寸。为防止构件在自由状态下因焊接引起的变形,需要利用工装夹板、胎模夹具等将吊车梁分段及胎架进行临时可靠固定。考虑到焊接收缩变形对弧形梁尺寸的影响,在装配时每个焊接接头增加2 mm收缩间隙,焊接验收合格后进行面漆涂装。

(2)弧形构件的吊装稳定

弧形吊车梁的重心与梁中心线不重合,吊车梁曲率越大,重心偏离越远;相同曲率的吊车梁,弧长越长,重心偏离越远。因此,弧形吊车梁的吊装主要存在两个稳定问题:①重心偏离中心线引起的颠覆;②吊索夹角引起的水平分力导致弧形梁弯曲方向变形过大而失稳。因此,在吊装设计时必须要通过计算确定弧形吊车梁重心,根据确切位置设计吊点。利用弧形吊车梁的CAD实体模型可以精确求出其重心位置。实际施工中可简化地将弧形吊车梁看作质量均匀分布的圆弧杆,利用圆弧杆的重心公式方便地求出其重心。

弧形吊车梁一般宜采用三点吊装,外侧两点为主吊点,中间吊点作为弧形梁平面外防倾覆的保险索,同时可作为调平吊点,利用神仙葫芦调平,同时需要复验吊索夹角引起的水平分力对弧形吊车梁稳定性的影响。

对于超长的弧形吊车梁,可采用对称多点吊装或采用横吊梁辅助吊装。比如在上海光源工程5跨连续弧形吊车梁(弧长约47 m)吊装中,采用6点吊装,中间4点为主吊点,两端利用神仙葫芦作为调平吊点,并采用17 m长横吊梁将索具与吊车梁之间的夹角增大至60°,尽量减小吊索夹角引起的水平分力,以避免因此造成的弧形构件弯曲失稳。

2.3.3.3　吊车梁校正

吊车梁的校正应在柱子校正后进行,或在全部吊车梁安装完毕后进行一次性的总体校正。吊车梁的校正内容包括直线度、标高、垂直度、中心线和跨距。直线度的检查及校正可采用通线法、平移轴线法及边吊边校法等。吊车梁标高校正,主要是对梁作竖向的移动,校正可用千斤顶、撬杠、钢楔、神仙葫芦、花篮螺栓等工具进行。当支撑面出现空隙,应用楔形铁片塞紧,保证支撑贴紧面不少于 60%。重型吊车梁校正时撬动困难,可在吊装吊车梁时借助起重机,采用边吊装边校正的方法。吊车梁跨距的检验,用钢皮尺测量,跨度大的车间用弹簧秤拉测(拉力一般为 100～200 N)。测时应防止钢尺下垂,必要时应进行验算。一般除标高外,应在屋盖吊装完成并固定后进行,以免因屋架吊装校正引起钢柱跨间移位而导致吊车梁发生偏差。

2.3.4　钢屋架吊装与校正

2.3.4.1　钢屋架拼装

为方便构件翻身、扶直和运输,大跨度的钢屋架一般采取工厂分段制作、现场拼装的方法施工。钢屋架现场拼装有平拼与立拼两种方法。

(1)平拼

其优点是:①操作方便,不需要稳定加固措施;②不需要搭设脚手架;③焊缝大多数为平焊缝,操作简易;④校正及起拱方便。

其缺点是:①需多设一台专供构件翻身焊接用的吊机;②24 m 以上的大跨度钢架在翻身时容易变形或损坏。

(2)立拼

其优点是:①构件占地面积小;②不用搭设专用拼装平台;③不用配置专供构件翻身焊接用的吊机;④一次就为拼装堆放,缩短工期;⑤可两边对称施焊,焊接变形容易控制。

其缺点是:①构件校正、起拱较难;②拼接焊缝立焊较多,焊接难度增大。

因此,实际施工时,小跨度钢屋架一般采用平拼法拼装;而大跨度屋架采用立拼法拼装。

为方便拼装成型后的屋架吊装,减少大型构件的二次翻运,现场屋架拼装胎架的布置尤为重要。一般来说,钢屋架宜就近拼装,以便可以直接起吊安装,以有效提高施工效率,并确保构件施工质量。

2.3.4.2　钢屋架吊装

在大跨度钢屋架的起扳和吊装前,应计算屋架平面外刚度。如果其侧向刚度不够,则需要采取加固措施,以保证吊装过程中屋架平面外不失稳,利用杉木加固是常用的方法。防止吊索具与屋架平面外失稳的有效方法是增加吊点、设置横吊梁等措施。其目的也是为了加大吊索具与屋架之间的夹角,减少因夹角存在而引起的水平分力,确保屋架平面外形不失稳。

屋架吊装采用高空旋转法吊装,用牵引溜绳控制就位。钢屋架的绑扎点要保证屋架吊装的稳定性,否则应在吊装前进行临时加固。钢屋架一般采用单机两点(或多点)吊装,对于大跨度、重型钢屋架也可采用双机抬吊安装。

当吊装机械的起重高度、起质量和起重臂伸距允许时,可采取组合安装法,即在装配平台上将两榀屋架及其上的天窗架、檩条、支撑系统等按柱距拼装成整体,用特制吊具(横吊梁或多点索吊)一次起吊安装。钢屋架安装后应进行临时固定,见图 2－11。

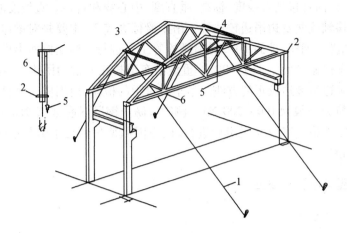

图 2 – 11　屋架的临时固定

1—缆风绳;2,4—挂线木尺;3—屋架校正器;5—线锤;6—屋架

2.3.4.3　钢屋架校正

屋架垂直度的检查与校正方法:在屋架上弦安装三个卡尺,一个安装在屋架上弦中点附近,另两个安装在屋架两端。垂直度可用拉线锤检验,屋架的弯曲度检验可用拉紧测绳进行检验。屋架垂直度的校正可通过转动工具式支撑的螺栓加以纠正。

2.3.5　天窗架吊装

天窗架吊装有两种方式:

(1)将天窗架单框拼装,屋架吊装上后,随即将天窗架吊上,校正并固定;

(2)将单框天窗架与单框屋架在地面上组合(平拼或立拼),并按需要进行加固后一次整体吊装。

2.3.6　檩条与墙架的吊装与校正

檩条与墙架等构件其单件截面较小,质量较轻,为发挥起重机效率,多采用一钩多吊或成片吊装方法吊装。对于不能进行平行拼装的拉杆和墙架、横梁等可根据其架设位置,用长度不等的绳索进行一钩多吊,为防止变形,必要时应用木杆加固。

檩条、拉杆、墙架的校正主要是尺寸和自身平直度。间距检查可用样杆顺着檩条或墙架杆件之间来回移动检验;如有误差,可放松或拧紧檩条、墙架杆件之间的螺栓进行校正。平直度用拉线和长靠尺或钢尺检查;校正后,用电焊或螺栓最后固定。

2.4　钢结构厂房工程材料和质量控制

2.4.1　钢结构厂房工程材料控制

对钢结构厂房工程材料的控制是工程项目管理的重要内容之一。

（1）对供货方进行评定

对供货方质量保证能力进行评定，对供货方质量保证能力评定原则包括：

①材料供应的表现状况，如材料质量、交货期等；

②供货方质量管理体系对于按要求如期提供产品的保证能力；

③供货方的顾客满意程度；

④供货方交付材料之后的服务和支持能力；

⑤其他如价格、履约能力等。

（2）建立材料管理制度

为减少材料损失、变质，对材料的采购、加工、运输、储存建立管理制度，可加快材料的周转，减少材料占用量，避免材料损失、变质，按质、按量、按期满足工程项目的需要。

（3）对原材料、半成品、构配件进行标识

进入施工现场的原材料、半成品、构配件要按型号、品种，分区堆放，予以标识；对有防湿、防潮要求的材料，要有防雨防潮措施，并有标识。对容易损坏的材料、设备，要做好防护；对有保质期要求的材料，要定期检查，以防过期，并做好标识，还应具有可追溯性，即应标明其规格、产地、日期、批号、加工过程、安装交付后的分布和场所。

（4）加强材料检查验收

用于工程的主要材料，进场时应有出厂合格证和材质化验单；凡标识不清或认为质量有问题的材料，需要进行追踪检验，以确保质量；凡未经检验和已经验证为不合格的原材料、半成品、构配件和工程设备不能投入使用。

（5）发包人提供的原材料、半成品、构配件和设备

发包人所提供的原材料、半成品、构配件和设备用于工程时，项目组应对其做出专门的标识，接收时进行验证，储存或使用时给予保护和维护，并得到正确的使用。上述材料经验证不合格，不得用于工程。发包人有责任提供合格的原材料、半成品、构配件和设备。

（6）材料质量抽样和检验方法

材料质量抽样应按规定的部位、数量及采选的操作要求进行。材料质量的检验项目分为一般试验项目和其他试验项目，一般试验项目即通常进行的试验项目，其他试验项目是根据需要而进行的试验项目。材料质量检验方法有书面检验、外观检验、理化检验和无损检验等。

2.4.2 钢结构厂房工程质量控制

本质量控制主要指施工阶段的质量控制，按照工程重要程度，单位工程开工前，应由企业或项目技术负责人组织全面的技术交底。工程复杂、工期长的工程可按基础、结构、装修几个阶段分别组织技术交底。各分项工程施工前，应由项目技术负责人向参加该项目施工的所有班组和配合工种进行交底。

（1）技术交底

交底内容包括图纸交底、施工组织设计交底、分项工程技术交底和安全交底等。通过交底明确对轴线、尺寸、标高、预留孔洞、预埋件、材料规格及配合比等要求，明确工序搭接、工种配合、施工方法、进度等施工安排，明确质量、安全、节约措施。交底的形式除书面、口头外，必要时可采用样板、示范操作等。

（2）测量控制

①对于给定的原始基准点、基准线和参考标高等的测量控制点应做好复核工作，经审核批准后，才能据此进行准确的测量放线。

②施工测量控制网的复测：准确地测定与保护好场地平面控制网和主轴线的桩位，是整个场地内钢构物、建筑物、构筑物定位的依据，是保证整个施工测量精度和顺利进行施工的基础。因此，在复测施工测量控制网时，应抽检建筑方格网。控制高程的水准网点以及标桩埋设位置等。

（3）工业厂房的测量复核

①柱列轴线的测量：工业厂房控制网测量由于工业厂房规模较大，设备复杂，因此要求厂房内部各柱列轴线及设备基础轴线之间的相互位置应具有较高的精度。有些厂房在现场还要进行预制构件安装，为保证各构件之间的相互位置符合设计要求，必须对厂房主轴线、矩形控制网、柱列轴线进行复核。

②柱基施工测量：柱基施工测量包括基础定位、基坑放线与抄平、基础模板定位等。

③柱子安装测量：为保证柱子的平面位置和高程安装符合要求，应对杯口中心投点和杯底标高进行检查，还应进行柱长检查与杯底调整。柱子插入杯口后，要进行垂直校正。

④吊车梁安装测量：吊车梁安装测量，主要是保证吊车梁中心位置和梁面标高满足设计要求。因此，在吊车梁安装前应检查吊车梁中心线位置、梁面标高及牛腿面标高是否正确。

⑤设备基础与预埋螺栓检测：设备基础施工程序有两种，一种是在厂房、柱基和厂房部分建成后才进行设备基础施工；另一种是厂房柱基与设备基础同时施工。如按前一种程序施工，应在厂房墙体施工前，布设一个内控制网，作为设备基础施工和设备安装放线的依据。如按后一种程序施工，则将设备基础主要中心线的端点设置在厂房控制网上。当设备基础支模板或预埋地脚螺栓时，局部架设木线板或铜线板，以测量螺栓组中心线。

由于大型设备基础中心线较多，为防止产生错误，在定位前，应绘制中心线测设图，并将全部中心线及地脚螺栓组中心线统一编号标注于图上。

为使地脚螺栓的位置及标高符合设计要求，必须绘制地脚螺栓图，并附地脚螺栓标高表，注明螺栓号码、数量、螺栓标高和混凝土面标高。

上述各项工作，在施工前必须进行检测。

（4）民用建筑的测量复核

①建筑定位测量复核：建筑定位就是把房屋外廓的轴线交点标定在地面上，然后根据这些交点测设房屋的细部。

②基础施工测量复核：基础施工测量的复核包括基础开挖前，对所放灰线的复核，以及当基槽挖到一定深度后，在槽壁上所设的水平桩的复核。

③皮数杆检测：当基础与墙体用砖砌筑时，为控制基础及墙体标高，要设置皮数杆。因此，对皮数杆的设置要检测。

④楼层轴线检测：在多层建筑墙身砌筑过程中，为保证建筑物轴线位置正确，在每层楼板中心线均测设长线 1~2 条，短线 2~3 条。轴线经校核合格后，方可开始该层的施工。

⑤楼层间高层传递检测：多层建筑施工中，要由下层楼板向上层传递标高，以便使楼板、门窗、室内装修等工程的标高符合设计要求。标高经校核合格后，方可施工。

2.5　钢结构厂房工程施工缺陷分析及防治

钢结构厂房工程施工过程中,钢构件安装过程的精度和品质是决定整体钢结构质量的关键,往往在钢构件的安装过程中存在诸多违反国家工程技术规范和验收标准的一些制作方法和违规行为,这里对这些违反国家工程技术规范和验收标准的做法和行为作为缺陷进行提出、分析和研究,以引起重视,将钢结构行业做精、做强。

首先列举钢结构厂房工程施工过程中常见的安装缺陷,描述各安装缺陷的现状及对钢结构整体结构的影响和危害,详细分析了各缺陷的产生原因,并针对性地提出了避免和减少安装缺陷的防治措施。

2.5.1　基础地脚螺栓位置及垂直度超过规范允许偏差

(1)基础地脚螺栓超规范的原因

由于基础地脚螺栓位置及垂直度超过规范允许偏差,导致钢柱安装困难或不能安装;即使采取措施后可以安装,也会影响柱子在基础上的可靠性和安全性。

造成基础地脚螺栓位置及垂直度超过规范允许偏差的原因分析如下:

①地脚螺栓预埋时,固定不牢,混凝土浇筑后,振捣时导致地脚螺栓倾斜或位移;

②基础施工测量或放线时有误差;

③图纸设计错误。

(2)避免基础地脚螺栓位置及垂直度超过规范允许偏差的方法

①用 12 mm 或 12 mm 以上钢筋把地脚螺栓焊成箱形,形成一整体,然后放进基础里与模板固定,最后浇筑混凝土。具体做法如下:

第一步,根据基础设计实际情况,在一块 20 mm 或 20 mm 以上厚钢板上,把一个基础的地脚螺栓标出来;第二步,把地脚螺栓孔用磁力钻钻出来;第三步,把钢板放到一平面上。第四步,把地脚螺栓倒立放到孔里,然后用直径为 12 mm 的圆钢把地脚螺栓焊接成箱形,形成一整体结构;第五步,把形成一箱形结构的地脚螺栓放到基础里,然后与基础钢筋固定一部分。第六步,把基础的模板支撑固牢,然后把轴线和标高放到模板上。第七步,按照设计图纸轴线和标高,把地脚螺栓完全固定牢固。第八步,按照此方法全部施工完毕后,进行校验轴线和标高。第九步,确认地脚螺栓位置和垂直度在规范允许偏差之内。第十步,浇筑混凝土。

②用两块 10 mm 以上厚度的钢板把地脚螺栓固定成一整体;然后放到基础里,按照设计轴线和标高固定牢固,浇筑混凝土。具体做法如下:

第一步,根据设计基础尺寸,切割两块尺寸要比基础小的 10 mm 以上厚度的钢板;第二步,按照设计地脚螺栓的位置,在钢板上标示出来,然后用磁力钻钻出孔来;另在板的中间部位用气割割出混凝土浇筑孔;第三步,把第一块钢板放到操作平台上,临时固定牢固;第四步,把地脚螺栓倒放进孔里;第五步,把第二块钢板安装上,在地脚螺栓丝扣下面用双螺母临时固定;第六步,把第一块钢板的地脚螺栓的位置、垂直度和高度调整到规范允许偏差之内,然后把钢板与地脚螺栓焊接牢固;第七步,在第二块钢板的上面和下面分别用螺母把地脚螺栓的位置、高度和垂直度调整在规范允许偏差之内后,固定牢固;第八步,把形成整体的地脚螺栓,放到基础里,把地脚螺栓的标高、轴线和垂直度控制在规范允许偏差之内,固定牢固;第九步,确认地脚螺栓位置和垂直度在规范允许偏差之内;第十步,浇筑混凝土。

2.5.2 安装前不检查钢构件变形及涂层质量

在钢构件安装前,施工人员往往忽视对钢构件变形及涂层质量的检查。钢构件在出厂前虽然已经检验合格,但在装卸车、运输过程中有可能造成钢构件变形和涂层油漆脱落。这种问题若在安装前得不到解决,将会影响钢结构安装质量。

避免钢构件变形及涂层脱落的方法:

①大型钢构件在制作时,根据钢构件的实际长度焊接适当数量的吊装吊点,装卸车既方便,又不会导致钢构件变形及涂层脱落。

②小型钢构件采取打捆包装,在吊装部位,对钢构件采取保护措施。

③大型钢构件在装车时,要在构件的下面垫适当数量的枕木。

④小型钢构件在装车时,要在构件的下面平铺一层竹胶板。

⑤在运输过程中,要注意车速,防止构件间的碰撞。

⑥钢构件在施工现场卸车时,要根据钢构件的长度,在构件的下面垫适当数量的枕木。

钢构件安装前,对钢构件的尺寸、形状和油漆涂层的检查非常重要。在检查中,若发现钢构件变形尺寸超过规范允许偏差或油漆涂层脱落,及时采取措施进行矫正和修补;能够防止质量问题的进一步延伸。

2.5.3 高强度螺栓连接板安装完毕后存在缝隙

(1)高强度螺栓连接后存在缝隙的原因

高强度螺栓连接板全部或局部存在缝隙,减少了接触面积,导致缝隙处的摩擦系数为零,大大降低了高强度螺栓连接摩擦面的抗滑移系数,严重影响结构受力,造成安全隐患。造成高强度螺栓连接板安装完毕后存在缝隙的原因有以下几点:

①由于安装不注意,连接板中间夹杂异物;

②两连接板不平整,由于焊接与连接板相连的焊缝造成的连接板焊接变形,形成波浪不平,造成安装完毕后仍存在缝隙;

③高强度螺栓的拧紧顺序不当,采取从螺栓群外侧向中间的次序紧固时,往往使摩擦面不能紧密接触。

(2)避免高强度螺栓连接板存在缝隙的方法

避免高强度螺栓连接板存在缝隙的有效方法是确保相连接的两连接板平面度,由于焊接变形,使连接板存在波浪不平,焊接完毕后,可采取端板校平机进行校平,此种方法速度快、效果好,操作者可使用直板尺随时测量平面度,直到校平为止。

2.5.4 用高强度螺栓代替临时螺栓使用

(1)用高强度螺栓代替临时螺栓使用的后果

在高强度螺栓安装时,施工工人图省事,直接用高强度螺栓代替临时螺栓使用,一次性固定。用高强度螺栓代替临时螺栓使用将会造成:

①孔位不正时,强行对孔,使高强度螺栓的螺纹受损,从而导致扭矩系数、预拉力发生变化;

②有可能连接板产生内应力,导致高强度螺栓预紧力不足,从而降低连接强度。

(2)避免施工工人直接用高强度螺栓代替临时螺栓使用的方法

严格按照《钢结构工程施工与质量验收规范》GB50205—2001 规范及设计要求,对施工工人进行技术交底;在技术交底中明确规定——在高强度螺栓安装时,必须先用试孔器100% 对孔进行检验,然后用临时螺栓固定,若有不对孔的,要修孔后,再安装临时螺栓,最后,卸去临时螺栓,换成高强度螺栓。

2.5.5　吊车梁吊装校正顺序不当

(1)吊车梁吊装校正顺序不当的后果

在钢结构施工中,通常把钢柱吊装校正完毕后,就安装校正吊车梁。这样将会造成屋面梁、柱间支撑、水平支撑、檩条等安装校正完毕后,吊车梁的轴线、标高、垂直度、水平度等都随之出现偏差,必须再重新进行调整、校正,导致返工,浪费工时延长工期,又影响队伍形象。

(2)避免吊车梁吊装校正顺序不当的方法

①钢柱、钢梁、柱间支撑、水平支撑、檩条等安装校正完毕后,再对吊车梁进行调整、校正、固定。

②吊车梁安装后,先校正标高,其他项等钢梁、柱间支撑、水平支撑、檩条等安装校正完毕后,再进行调整、校正、固定。

2.5.6　钢屋架梁安装起脊高度超过规范允许偏差

(1)钢屋架梁起脊高度超过规范允许偏差的原因

在大跨度钢屋架梁施工完毕后,经常出现钢屋架梁起脊高低不平,且高低偏差超过规范允许范围,从而导致整体结构受力不均匀。造成钢屋架梁起脊高度超过规范允许偏差的原因分析如下:

①在加工厂制作时,未按规定跨度比例起拱或起拱尺寸不准确;

②在加工厂制作时,起拱加工方法不合理;

③在加工厂制作时,法兰板的角度偏差大;

④在吊装时,吊点设置不合理,导致变形;

⑤在安装钢屋架梁时,柱子轴线、垂直度和柱间跨度偏差大。

(2)避免钢屋架梁安装起脊高度超过规范允许偏差的方法

①钢屋架梁制作时,制定起拱加工工艺,根据跨度大小按比例进行起拱,并严格控制起拱尺寸;

②钢屋架梁安装前,要对柱子轴线、垂直度、柱间跨度和钢屋架梁的起拱度进行复查,对超过规范允许偏差的项进行及时的调整、固定;

③根据钢屋架梁的实际跨度,制定合理的吊装方案。

2.5.7　水平支撑安装超过规范允许偏差

(1)造成水平支撑安装超过规范允许偏差的原因

水平支撑安装完毕后,常出现有上拱或下挠现象,从而影响钢结构屋架结构部分的稳定性。造成水平支撑安装超过规范允许偏差的原因分析如下:

①在水平支撑制作时,外形尺寸不精确,导致扩孔后与梁连接位置同设计不符;

②水平支撑本身自重产生下挠;

③水平支撑施工方案不合理。

(2)避免水平支撑安装超过规范允许偏差的方法

①在水平支撑制作时,严格控制构件尺寸偏差;

②在水平支撑安装时,把中间部位稍微起拱,防止下挠;

③在水平支撑安装时,用花篮螺栓调直后再固定。

2.5.8　钢柱柱脚底板与基础面间存在空隙

(1)造成钢柱柱脚底板与基础面存在空隙的原因

在以往工程施工中,常出现钢柱柱脚底板与基础面接触不紧密,存在空隙现象,这样将会造成柱子的承载力降低,影响柱子的稳定性。造成钢柱柱脚底板与基础面存在空隙的原因分析如下:

①基础标高超过规范允许偏差;

②钢柱柱脚底板因焊接变形造成平面度超过规范允许偏差。

(2)出现钢柱柱脚底板与基础面间存在空隙的解决方法

①在钢柱柱脚底板下面不平处用钢板垫平,并在侧面与钢柱柱脚底板焊接;

②在钢柱柱脚底板下用斜铁进行校正,校正完毕后,在原设计基础标高以上浇筑300～500 mm 高的混凝土。

(3)避免钢柱柱脚底板与基础面间存在空隙的方法

①预先将柱脚基础混凝土浇筑到比设计标高低 50 mm 或 50 mm 以上,然后再用砂浆进行二次浇筑至设计标高;二次浇筑时,基础标高的偏差必须严格控制在规范允许之内。

②对于小型钢柱,预先将柱脚基础混凝土浇筑到比设计标高低 50 mm 或 50 mm 以上,然后用双螺母将钢柱调整校正,等钢柱调整校正完毕,再用砂浆进行二次浇筑至设计标高(在钢柱制作时,必须在钢柱柱脚底板中间预留混凝土浇筑孔)。

③对于大型钢柱,可预先在钢柱柱脚底板下预埋钢柱柱脚支座(钢柱柱脚支座的高度必须严格控制在规范允许偏差之内),等钢柱安装完毕后,再用砂浆进行二次浇筑至设计标高(在钢柱制作时,必须在钢柱柱脚底板中间预留混凝土浇筑孔)。

2.5.9　基础二次灌浆缺陷

(1)缺陷

在钢柱安装调整校正完毕后,对钢柱柱脚进行二次灌浆的施工中,常存在以下缺陷:

①钢柱柱脚底板下面中心部位或四周与基础上平面间砂浆不密实,存在空隙;

②在负温度下基础二次灌浆时,砂浆材料冻结。

(2)造成基础二次灌浆缺陷的原因

①钢柱柱脚底板与基础上平面间距离太小;

②二次灌浆的施工方案不合理;

③二次灌浆的材料不符合规范要求。

（3）避免基础二次灌浆缺陷的方法

①在二次灌浆之前,应保证基础支撑面与钢柱柱脚底板间的距离不小于 50 mm,便于灌浆;

②对于小型钢柱柱脚底板,可在柱脚底板上面开两个孔,一大一小,大孔用于灌浆,小孔用于排气,这样能提高砂浆的密实度;

③对于大型钢柱柱脚底板,可在柱脚底板上面开一孔,把漏斗插入孔内,用压力将砂浆灌入,再用 1～5 根细钢管,其管壁钻出若干个小孔,按纵横方向放入基础砂浆内,用于排浆液及空气,排出浆液及空气后,拔出钢管再灌入部分砂浆;

④在冬季低温环境下二次灌浆时,砂浆中应掺入防冻剂、早强剂,并采取保暖措施。

2.5.10 压型金属板固定不牢,连接件数量少、间距大和密封不严密

（1）危害

在钢结构压型金属板施工中,常出现压型金属板固定不牢,连接件数量少、间距大和密封不严密现象。这样将有可能会造成下雨时漏雨、刮风时掀起金属板,从而影响正常使用,降低使用寿命。

（2）避免压型金属板固定不牢,连接件数量少、间距大和密封不严密缺陷的方法

①施工前进行详细的技术交底,根据不同板型的压型金属板,规定出连接件的间距和数量,并严格要求按照技术交底施工;

②压型金属板与包角板、泛水板等连接处密封之前,要清除表面的油污、水分、灰尘等杂物;密封时,要保证密封材料完全性的敷设;

③根据不同板型的压型金属板,采用不同的施工工艺和不同的密封材料。

2.5.11 钢构件涂装缺陷

（1）钢构件表面出现涂层脱皮、皱皮、针眼、气孔等缺陷

在工程施工现场对钢构件涂装后,常常出现以下缺陷:钢构件表面出现脱皮、皱皮、针眼、气孔、流坠等,这些缺陷将会造成降低涂层的使用寿命。

①造成钢构件表面出现脱皮、皱皮、针眼、气孔、流坠等缺陷的原因

a.钢结构表面涂层脱皮是由于基层没有处理好,存在油污、氧化皮造成的;

b.钢结构表面涂层出现皱皮是由于涂刷后受太阳暴晒或高温,以及涂刷不均匀和表面收缩过快造成的;

c.钢结构表面涂层出现针眼是由于溶剂搭配不当,含有水分或环境湿度过高,挥发不均匀造成的;

d.钢结构表面涂层出现气孔是由于基层潮湿,油污没有清除干净,涂料内含有水分或遇雨造成的;

e.钢结构表面涂层出现流坠是由于涂料涂刷过厚或涂料太稀造成的。

②避免钢构件表面出现脱皮、皱皮、针眼、气孔、流坠等缺陷的方法

a.涂刷之前,必须把钢构件表面的油污、水分、灰尘、氧化皮等清除干净;

b.涂刷时要涂刷均匀,并要避开高温环境;涂刷后不要暴晒;

c.涂料的溶剂要合理配比,要保证配料容器的清洁干净;涂刷后要避开高温环境。

（2）钢构件涂装后，遇到下雨、下雪、刮风和有雾时，不注意涂层的保护

①造成原因是在工程施工现场对钢构件涂装后，遇到下雨、下雪、刮风和有雾时，不注意涂层的保护，造成雨水、雪水、雾水渗入漆膜内导致出现涂层脱皮，有气孔、气泡等缺陷；遇到刮风天气，常把灰尘带入漆膜内降低涂层质量。

②避免钢构件涂装后，遇到下雨、下雪、刮风和有雾时，造成涂层缺陷的方法

a. 下雨、下雪、刮风和有雾时，不要在室外对钢构件进行涂装；

b. 钢构件进行涂装后，采取保护措施。

以上列举了钢结构施工过程中常见的安装缺陷，阐述了常见安装缺陷的现状、产生原因及防治措施。

【工程案例】

单层厂房施工工艺及施工技术

1.0　工程概况（略）

2.0　执行标准（略）

3.0　土建施工（略）

4.0　钢结构及围护施工

4.1　钢结构构件选型与制作（略）

4.2　钢结构、围护门窗安装

为了提高安装精度和安装时的安全性采用单元安装，其工艺流程见下图1。

（1）安装准备

组织工人学习有关安装图纸和安装的施工规范，依据施工组织平面图，做好现场建筑物的防护，对作业范围内空中电缆设明显标示。

做好现场的三通一平工作。清扫立柱基础的灰土，若在雨季，排除施工现场的积水。

（2）定位测量

土建队应向安装队提供以下资料：①基础砼标号；②基础周围回填土夯实情况；③基础轴线标识，标高基准点；④每个基础轴线偏移量；⑤每个基础标高偏差；⑥地脚螺栓螺纹保护情况。

依据土建队有关资料，安装队对基础的水平标高，轴线，间距进行复测。符合国家规范后方可进行下道工序，并在基础表面标明纵横两轴线的十字交叉线，作为立柱安装的定位基准，见下表1。

表1　支撑面地脚螺栓的允许偏差

项目		允许偏差/mm
支撑面	标高	±3.0
	水平度	$L/1000$（L 为基础长度）
地脚螺栓	螺栓中心偏移	5.0
	螺栓露出长度	+20.0～0
	螺纹长度	+20.0～0

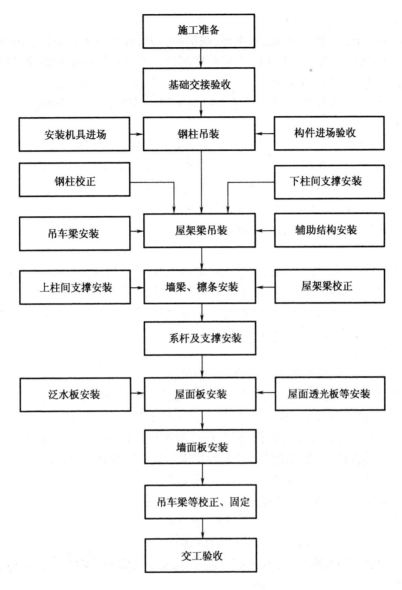

图 1　钢构件现场安装工艺流程图

（3）构件进场

依据安装顺序分单元成套供应，构件运输时根据长度、质量选用车辆，构件在运输车上要垫平、超长要设标志、绑扎要稳固、两端伸出长度、绑扎方法、构件与构件之间垫块，保证构件运输中不产生变形，不损伤涂层。装卸及吊装工作中，钢丝绳与构件之间均须垫块加以保护。

依据现场平面图，将构件堆放到指定位置。构件存放场地须平整坚实，无积水，构件堆放底层垫无油枕木，各层钢构件支点须在同一垂直线上，以防钢构件被压坏和变形。

构件堆放后，设有明显标牌，标明构件的型号、规格、数量以便安装。以两榀钢架为一个单元，第一单元安装时应选择在靠近山墙，有柱间支撑处。

（4）立柱安装

立柱安装前对构件质量进行检查，变形、缺陷超差时，处理后才能安装。吊装前清除表面的油污、泥沙、灰尘等杂物。为消除立柱长度制造误差对立柱标高的影响，吊装前，立柱顶端向下量出理论标高为 1 m 的截面，并作一明显标记，便于校正立柱标高时使用。在立柱下底板上表面，做通过立柱中心的纵横轴十字交叉线。吊装前复核钢丝绳、吊具强度并检查有无缺陷和安全隐患。

吊装时，由专人指挥。安装时，将立柱上十字交叉线与基础上十字交叉线重合，确定立柱位置，拧上地脚螺栓。先用水平仪校正立柱的标高。以立柱上"1 m"标高处的标记为准。标高校正后，用垫块垫实。拧紧地脚螺丝。用两台经纬仪从两轴线校正立柱的垂直度，达到要求后，使用双螺帽将螺栓拧紧。对于单根不稳定结构的立柱，须加风缆临时保护措施。设计有柱间支撑处，安装柱间支撑，以增强结构稳定性。

（5）吊车梁安装

吊车梁安装前，应对梁进行检查，变形、缺陷超差时，处理后才能安装。清除吊车梁表面的油污、泥沙、灰尘等杂物。吊车梁吊装采用单片吊装，在起吊前按要求配好调整板、螺栓并在两端拉揽风绳。吊装就位后应及时与牛腿螺栓连接，并将梁上缘与柱之间连接板连接，用水平仪和带线调正，符合规范后将螺丝拧紧。

（6）屋面梁安装

屋面梁安装过程为：地面拼装→检验→空中吊装。

地面拼装前对构件进行检查，构件变形、缺陷超出允许偏差时，须进行处理。并检查高强度螺栓连接摩擦面，不得有泥砂等杂物，摩擦面必须平整、干燥，不得在雨中作业。

地面拼装时采用无油枕木将构件垫起，构件两侧用木杠支撑，增强稳定性。连接用高强度螺栓须检查其合格证，并按出厂批号复验扭矩系数。长度和直径须满足设计要求。高强度螺栓应自由穿入孔内，不得强行敲打，不得气割扩孔。穿入方向要一致。高强度螺栓由带有公斤数电动扳手从中央向外拧紧，拧紧时分初拧和终拧。初拧宜为终拧的 50%。

终拧扭矩如下：

$$T_c = K \cdot P_c \cdot d$$
$$(P_c = P + \Delta P)$$

式中　T_c—终拧扭矩，N·m；

　　　P—高强度螺栓设计预拉力，kN；

　　　ΔP—预拉力损失值(kN)10% P；

　　　d—高强度螺栓螺纹直径，m；

　　　K—扭矩系数。

在终拧 1 h 以后，24 h 以内，检查螺栓扭矩，应在理论检查扭矩 ±10% 以内。高强度螺栓接触面有间隙时，小于 1.0 mm 间隙可不处理；1.0～3.0 mm 间隙，将高出的一侧磨成1:10 斜面，打磨方向与受力方向垂直；大于 3.0 mm 间隙加垫板，垫板处理方法与接触面同。

梁的拼接以两柱间可以安装为一单元，单元拼接后须检验梁的直线度、与其他构件(例如立柱)连接孔的间距尺寸。当参数超出允许偏差时，在摩擦面加调整板加以调整。梁吊装时，两端拉揽风绳，制作专门吊具，以减小梁的变形，吊具要装拆方便。

安装过程高强度螺栓连接与拧紧须符合规范要求。对于不稳定的单元，须加临时防护措施，方可拆卸吊具。

（7）屋面檩条、墙檩条安装

屋面檩条、墙檩条安装同时进行。檩条安装前，对构件进行检查，构件变形、缺陷超出允许偏差时，进行处理。构件表面的油污，泥沙等杂物清理干净。檩条安装须分清规格型号，必须与设计文件相符。屋面檩条采用相邻的数根檩条为一组，统一吊装，空中分散进行安装。同一跨安装完后，检测檩条坡度，须与设计的屋面坡度相符。檩条的直线度须控制在允许偏差范围内，超差的要加以调整。

墙檩条安装后，检测其平面度、标高，超差的要加以调整。结构形成空间稳定性单元后，对整个单元安装偏差进行检测，超出允许偏差应立即调整。

（8）其他附件安装

其他附件主要有：水平支撑、拉条、制动桁架、走道板、女儿墙、隔撑、门架、雨篷、爬梯等。附件安装时，检查构件是否有超差变形、缺陷，规格型号应与设计文件相同，安装必须依据有关国家规范进行。

（9）复检调整、焊接、补漆

构件吊装完，对所有构件复检、调整，达到规范要求后，对需焊接部位进行现场施焊，对构件油漆损坏进行修补。

（10）彩板进场

在现场的堆料场，用枕木垫起，上面用塑料布铺垫，将运到现场的彩板按规格分开堆放、标识。用吊车卸料，并用专用彩板的吊具，防止外表油漆损伤和彩板变形。做好防护措施，防止行人上踩和重物击落。

（11）钢构件验收

由于要进行下一道工序，组织本单位专业工程师、项目队长、班组长对钢构件进行自检，发现超差，及时调整。自检后写书面报告呈交建设单位，请求组织验收，验收合格，可进行屋面板安装。

（12）屋面板安装

安装前复测屋面檩条的坡度，合格后才能施工。

①上板的垂直运输　一般根据彩板的质量较轻的特性，采用架设空中斜钢索的运输方案。具体做法自制钢架固定在梁上高约 1.5 m，用 6 根 $\phi 8$ 钢丝绳一头固定在钢架上，另一头固定在地面上，并在每个钢架上安一滑轮，用绞磨把面板运至屋面，由人工抬至施工部位。

②屋面板固定　屋面板采用瓦楞组装，第一排屋面瓦应顺屋面坡度方向放线，檐口伸置檐沟内 120 mm，屋面板檐口拉基准线施工，按规定打防水自攻螺丝。用防水盖盖好，再用一道康宁胶密封。下一排屋面板扣在上排屋面板的波峰并用自攻螺丝固定，纵向应用道康宁胶密封。金属板端部错位控制在规范内，然后依次安装。屋脊盖板安装，应保证屋脊直线度，两边用防水堵条，用防水铆钉，铆接。

屋檐包边板包边应保证直线度以及和屋脊的平行度，用防水铆钉铆接。

所有的自攻螺丝要横直竖平，并将屋面上铁屑及时处理干净。

（13）墙面板安装

检查墙檩条的直线度，若有挠度，应用临时支撑调平檩条，墙板安排好后，拆除。搭设活动式脚手架，用专用吊绳沿墙面人工将墙面板立起，至安装位置。墙面采用企口安装，先安装砖墙上的泛水板，第一片墙板安装前应在墙梁上放线，保证墙面板波纹线的垂直度。

第二片墙板必须插入第一片企口内,用带防水的自攻螺丝固定,用防水帽盖好,然后依次安装。所有自攻螺丝保证横直竖平。

(14)包角板、窗户上缘泛水板、雨篷安装

根据设计要求,墙角包边板,女儿墙包边板均采用防水铆钉拉铆,对接接头要整齐并打防水胶窗户泛水板,周边包板应用防水铆钉拉铆,对接时接头部位应打防水胶,保证直线度、墙包角板的垂直度整齐美观。雨篷采用单层彩钢板,波峰、波谷搭接整齐,打自攻螺丝,周边安包边板。

(15)门窗安装

将运置现场的门窗,按规格堆放,保管好,防止损坏。用活动式脚手架辅助安装,先将窗框用自攻螺丝固定在框架上,用防水胶把四周的缝隙密封,然后再装窗门,自行开关窗安装好将所有连杆机构连接,再将电机安好,保证滑动自如,密封性好,水平标高和垂直度符合标准。

按图纸尺寸把钢骨架制作好,然后用铆钉把彩钢板铆到骨架外表面,四周用彩钢板轧制成槽型包边,用铆钉铆接。安装时用水平仪控制将门滑道固定在雨篷下面,保证直线度和水平度。地面轨道安装保证水平、直线度符合要求,且门滑道与地面轨道在一个平面内,校正好后用混凝土固定。用吊车将门吊起,门下边缘插入轨道后,将上面用螺栓拧紧。安装后门滑动自由,轻便,与墙面缝隙均匀,缝隙不大于 5 mm。所有安装完工后将屋面、墙面、门窗擦洗待交。

【思考题】

1. 单层钢结构工业厂房的特点有哪些?

2. 单层钢结构工业厂房是如何分类的?

3. 如何选择厂房安装用起重机? 起重机的三个工作参数是什么?

4. 单层钢结构工业厂房的施工流程什么?

5. 钢柱吊装时的绑扎方法有哪些?

6. 钢柱吊装的方法有哪些?

7. 钢柱校正的内容有哪些?

8. 钢柱垂直度校正的方法有哪些?

9. 钢制吊车梁吊装索具的固定方法有哪些?

10. 如何进行弧形吊车梁的安装?

11. 钢屋架现场拼装有哪两种方法? 其特点是什么?

12. 简述钢屋架的吊装方式。

13. 工程材料的控制方法有哪些?

14. 如何实施技术交底工作?

15. 工业厂房复核工作有哪些内容?

16. 工业厂房安装工艺的编写内容有哪些?

【作业题】

1. 选择长 90 m,宽 28 m,高 18 m 的重工业厂房施工用的起重机。

2. 编制上题工业厂房钢立柱,吊车梁,钢屋架的吊装方案。

项目3 轻型钢结构（单层与多层）的安装

本项目学习要求

一、知识内容与教学要求

1. 轻钢结构的基本概念；
2. 轻钢结构的制造工艺；
3. 轻钢结构的半成品保护；
4. 轻钢结构的基础、地脚螺栓的复验及验收；
5. 轻钢结构的安装准备工作；
6. 轻钢结构的安装工艺流程及安装工艺；
7. 轻型钢结构的维护系统及其安装；
8. 轻型钢结构的防腐；
9. 轻型钢结构的安装质量及其措施。

二、技能训练内容与教学要求

1. 能分析轻型钢结构厂房的工艺特点；
2. 能正确选择轻型钢结构的加工方法和安装机械；
3. 能正确使用基础、地脚螺栓的复核工具；
4. 能正确制定轻钢结构的成品或半成品的保护方法；
5. 能正确编制轻钢结构的安装工艺流程；
6. 能编制轻钢结构的材料清点、验收、卸货、堆放方法；
7. 能编制轻钢结构安装的质量计划。

三、素质要求

1. 要求学生养成求实、严谨的科学态度；
2. 培养学生乐于奉献,深入基层的品德；
3. 培养与人沟通,通力协作的团队精神。

3.1 轻钢结构概述

3.1.1 轻钢结构概念

轻钢是轻型钢结构的简称,也是一个比较含糊的名词,一般可以有两种理解。一种是现行《钢结构设计规范》(GB50017—2011)中第十一章"圆钢、小角钢的轻型钢结构",是指用圆钢和小于 L45×4 和 L56×36×4 的角钢制作的轻型钢结构,主要在钢材缺乏年代时用于不宜用钢筋混凝土结构制造的小型结构,现已基本上不大采用,所以现在钢结构设计规范修订中已基本上倾向去掉。另一种是《门式钢架轻型房屋钢结构技术规程》所规定的具有轻型屋盖和轻型外墙(也可以有条件地采用砌体外墙)的单层实腹门式钢架结构,这里的轻型主要指围护系统是用轻质材料。既然前一种已经快取消,所以现在的轻钢含义主要是指后一种。另外,还有一些参考值:如每平方米造价,最大构件质量,最大跨度,结构形式,檐高等,以上这些在判断厂房是否为重钢或轻钢时可以提供经验数据,当然现在很多建筑都是采用轻、重钢结构。国家规范和技术文件都没有重钢一说,为区别轻型房屋钢结构,也许称一般结构为"普钢"更合适。因为普通钢结构的范围很广,可以包含各种钢结构,不管荷载大小,甚至包括轻型钢结构的许多内容,轻型房屋钢结构技术规程只是针对其"轻"的特点而规定了一些更具体的内容,而且范围只局限在单层门式钢架结构。由此可见,轻钢与重钢之分不在结构本身的轻重,而在所承受的围护材料的轻重,它们在结构设计概念上还是一致的。

3.1.2 轻钢结构的种类、形式和组成

(1)轻钢结构的种类

轻型钢结构通常有两种:一种是用薄钢板(厚 6 mm 以下)冷轧的薄壁型钢组成的骨架结构;一种是用断面较小的型钢(如角钢、钢筋、扁钢等)制作桁架,再组成骨架结构;还有混合使用以上两种方法组成的板架结构。薄壁型钢在汽车、飞机和船舶的骨架结构上的广泛使用,促进了轻型钢结构在工业化体系建筑中的发展。第二次世界大战后,英国出现了CLASP 和 SEAC 轻型钢结构的学校建筑体系,法国出现了 GEAJ 等轻型钢结构的住宅和办公室建筑体系。轻型钢结构建筑轻盈,便于工业化生产,施工组装快速、方便,特别适于要求快速建成和需要搬动的建筑,较多地用于学校、住宅、办公、旅馆、医院以及工厂和仓库等。但须作好防锈处理并加强养护,以提高耐久性。

(2)轻钢结构的形式

轻型钢结构建筑的结构形式受欧洲传统的木构架建筑影响较大,常由薄壁型钢或小断面型钢组合成桁架来代替木构建筑的墙筋、搁栅和椽架等。骨架的组合方式一般同建筑规模、生产方式、施工条件以及运输能力有关。常见的有:

①单元构件式建筑体系 建筑物由柱、墙筋、梁、搁栅、檩条、椽子和屋架等单元构件装配成轻型钢结构骨架,然后再加铺屋面,安装墙板和门窗等。骨架的节点多采用螺栓和接板固定。为了加强组装式骨架的稳定性,在必要的部位加支撑或可调节的交叉式拉杆。单元构件组装的建筑,组装灵活,运输方便,可适应各种不同建筑空间组合的需要。但现场施

工时间比其他几种安装方式长些。

②框架隔扇式建筑体系 由薄壁型钢龙骨组成的框架隔栅,用作墙体、楼板和屋面的承重骨架结构,来装配成整幢的建筑。这种建筑的内外面层和内部保温、隔热层以及门窗等可以在工厂预制时安装好,也可在施工现场待骨架装配好后再进行安装,见图3-1。这种建筑体系如同板材装配式建筑,要求隔栅的规格类型少,节点装配方便。由于大部分工作可在工厂完成,所以质量较高,现场施工速度较快。

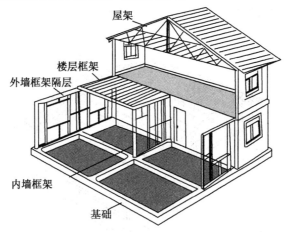

图3-1 框架框架隔扇式建筑体系

③盒子组合式建筑体系 在工厂用薄壁型钢组装成一个房间大小的盒子骨架,完成内外装修并作好内部绝缘层,甚至可以把室内装修,包括灯具、窗帘、地毯、卫生设施以至固定家具等都在工厂安装好。运到施工现场,只要把各个盒子吊装就绪,作好节点的结构和防水处理,接上管线即可使用。有的盒子单元为了减小运输中的体量,作成可以折叠的盒式构件,运到现场,在吊装时打开构件,进行组装,见图3-2。这种组合方式装配时要注意稳定性以及接缝的防水、保温处理。有的还可做成拖车式或集装箱式活动房屋,便于搬运。

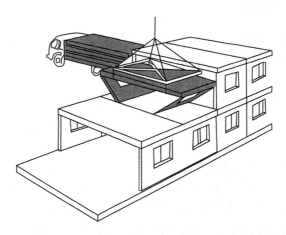

图3-2 轻型钢结构折叠的盒子吊装示意图

(3)轻钢结构的组成

轻型钢结构厂房主要由钢柱、屋盖梁、檩条、屋盖和柱间支撑、屋面和墙面的彩钢板等组成,如图3-3所示。钢柱一般用H型钢,通过地脚螺栓与混凝土基础连接,通过高强度螺栓与屋盖梁连接。屋盖梁为工字形截面,根据内力情况可呈变截面,各段由高强度螺栓连接。屋面檩条和墙梁多采用高强镀锌彩色钢板辊压而成的C型或Z型檩条,檩条可由高强度螺栓直接与屋盖梁的翼缘连接。屋面和墙面多用彩钢板,是优质高强薄钢卷板经热浸合金、镀层和烘涂彩色涂层经机器辊压而成。

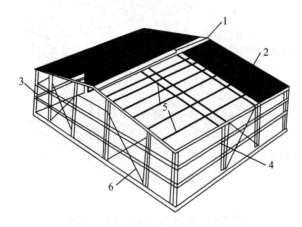

图3-3 轻型钢结构厂房结构示意图
1—屋脊盖板;2—彩色屋面板;3—墙筋;4—钢架;5—c型檩条;6—钢支撑

3.2 轻型钢结构的制造

3.2.1 轻型钢结构型材

轻型钢结构的制造工艺与普通钢结构并无很大的区别。轻型钢结构的材料规格小,杆件细而薄,而且材料的调直、下料、弯曲成型、加工拼装、构件的翻身搬运容易,不需要大型的专用设备,故特别适合在中小型工厂加工制造。

圆钢、小角钢的轻型钢结构杆件较细,容易成型,这是加工制造的有利条件。但在加工过程中也容易造成杆件弯曲和损伤等情况,这种弯曲和损伤对结构承载力的影响较大,加工制造时应加以注意。

采用冷弯薄壁型钢结构比采用普通钢结构一般多一道酸洗除锈或酸洗磷化处理工艺。当采用两个槽钢拼焊成方管时焊接量较大。由于杆件连接多为顶接,故下料的精确度要求较高。过去人们曾担心,冷弯薄壁型钢构件的壁厚较薄,材料的调直不太容易,但实践证明,其调直工艺比普通钢结构还易掌握。通常采用撑直机撑直和在平台上用锤子锤打两种方法:前者凹凸现象易于调整,且能保证质量。

对于桁架式檩条,三铰拱屋架或梭形屋架,其连续弯曲的蛇形圆钢腹杆多在胎具上用手工完成,直径较小时采用冷弯,直径较大时需利用氧气乙炔局部加热进行弯曲。冷弯和热弯的直径界限随各制造单位的具体情况而不同,其弯曲半径为圆钢直径的 2.5 倍。由于蛇形圆钢在弯曲后有回弹现象,成型后的误差比较大,所以胎具的定位器应比腹杆轴线间的夹角要小一些,并在成型后用样板校核。

3.2.2　轻钢结构的加工

钢材的切断应尽可能在剪切机上或锯床上进行,见图 3-4,特别是对于薄壁型钢屋架。因下料要求准确,最好采用电动锯割法,见图 3-5,不仅工效高,而且断面光滑平整,质量好,长度误差可控制在 ±1 mm 以内。如无设备时,也可采用气割。为了提高气割质量,宜采用小口径喷嘴,并在切割后用锤子轻轻敲打,使切口平整,以清除熔渣,保证焊接质量。

图 3-4　金属液压剪切机

图 3-5　金属带锯床

焊接是轻型钢结构的主要连接方法,因杆件截面一般较小,厚度较薄,容易产生焊接变形和烧穿,因此在焊接时必须注意选择适当的焊接工艺和焊接参数,如焊条直径、焊接电流的大小和焊接程序等。焊接参数的选择应根据不同的焊件厚度和操作技术水平确定。一般常用的焊条直径为 $\phi 3.2 \sim 4$ mm,当焊接厚度≤2 mm 时,可用 $\phi 2.5$ mm 的焊条,同时注意选择合适的焊接电流。电流过大,容易烧穿,过小又易产生焊缝夹渣。根据不同的焊条直径,焊接电流可在 80~200 A 范围内变动,焊接技术好的,电流可适当加大。焊接时应根据不同的节点形式、空间位置和焊接件厚薄,正确地掌握焊条角度、施焊方法、焊接速度以及焊件中的温度分布,以确保焊接质量。

焊接操作时,应尽可能采用平焊和船形焊,如需立焊或横焊时,应由技术熟练的焊工焊接。此外,应注意采用有效措施防止焊接变形。当几部焊机同时焊接一个构件时,焊点要分散,使热量在整个构件上均匀分布;长焊缝应采用逆向分段焊接法。焊缝以一次焊成为宜,如必须分两次焊接时,应在第一道焊缝冷却后再焊第二道,不宜在一条短焊缝上连续重复烧焊,以防烧伤金属。对焊工的技术水平应有一定要求,不熟练的焊工容易出现咬肉、气孔、夹渣、裂纹、未焊满的陷槽等缺陷。轻型钢结构的杆件较多,焊点分散,尤应注意检查有无漏焊和错位等现象。

3.3 轻钢结构成品或半成品保护

轻钢结构成品或半成品在堆放、运输、安装等过程中的保护十分重要。

3.3.1 钢构件的堆放

露天堆放的钢构件,应讲究环境,地面状况,进出通道等。轻钢构件的堆放应按下列要求进行:

(1)待包装或待运的钢构件,按种类、安装区域及发货顺序,分区整齐存放,标有识别标识,便于清点。

(2)露天堆放的钢构件,搁置在干燥无积水处,防止锈蚀;底层垫枕木有足够的支撑面,防止支点下沉;构件堆放平稳垫实。

(3)相同钢构件叠放时,各层钢构件的支点应在同一垂直线上,防止钢构件被压坏或变形。

(4)钢构件的存储、进出库,严格按企业制度执行。

3.3.2 钢构件的包装

轻钢构件的包装应按下列要求进行:

(1)钢构件的包装和固定的材料要牢固,以确保在搬运过程中构件不散失,不遗落;

(2)构件包装时,应保证构件不变形,不损坏,对于长短不一容易掉落的对象,特别注意端头加封包装;

(3)管材型钢构件,用钢带裸形捆扎打包,5 m以下捆扎二圈,5 m以上捆扎三圈;

(4)机加工零件及小型板件,装在钢箱或木箱中发运;

(5)包装件必须书写编号、标记、外形尺寸,如长、宽、高、全重,做到标识齐全、清晰。

3.3.3 运输过程中成品保护措施

轻钢构件在运输过程中应按下列要求进行:

(1)吊运大件必须有专人负责,使用合适的工夹具,严格遵守吊运规则,以防止在吊运过程中发生震动、撞击、变形、坠落或其他损坏;

(2)装载时,必须有专人监管,清点上车的箱号及打包号,车上堆放牢固稳妥,并增加必要捆扎,防止构件松动遗失;

(3)在运输过程中保持平稳,采用车辆装运时,对超长、超宽、超高物件运输,必须由经过培训的驾驶员和押运人员负责,并在车辆上设置标记;

(4)严禁野蛮装卸,装卸人员装卸前,要熟悉构件的质量、外形尺寸,并检查吊马、索具的情况,防止意外;

(5)构件到达施工现场后,及时组织卸货,分区堆放好;

(6)现场采用履带吊运送构件时,要注意周围地形、空中情况,防止履带吊倾覆及构件碰撞。

3.3.4　安装成品保护

一方面构件倒运过程中,要进行钢结构件的保护;另一方面还需要进行构件表面防腐底漆及中间漆的保护。

（1）构件保护

构件进场应堆放整齐,防止变形和损坏,堆放时应放在稳定的枕木上,并根据构件的编号和安装顺序来分类。

①构件堆场应作好排水,防止积水对钢结构构件的腐蚀。

②在拼装、安装作业时,应尽量避免碰撞、重击。

③避免现场焊接过多的辅助构件,以免对母材造成影响。

④在拼装时,在地面铺设刚性平台,搭设刚性胎架进行拼装,拼装支撑点的设置,要进行计算,以免造成构件的永久变形。

⑤进行桁架的吊装验算,避免吊点设计不当,造成构件的永久变形。

（2）涂装面的保护

构件在工厂涂装底漆及中间漆,在现场安装完成后涂装,防腐底漆的保护是半成品保护的重点。

①避免尖锐的物体碰撞、摩擦。

②减少现场辅助措施的焊接量,能够采用捆绑、抱箍的尽量采用。

③现场焊接、破损等母材外露表面,在最短时间内进行补涂装,除锈等级达到 Sa2.5 级或 St3 级以上,材料采用设计要求的原材料。

3.3.5　后期成品保护

后期的成品保护重点是桁架成品、防腐面层在其他工序介入施工后的保护。

（1）严禁集中堆放建筑材料。

（2）严禁施工人员直接踩踏钢板,在交工验收前,在屋面铺设木板通道。

（3）焊接部位及时补涂防腐涂料。

（4）其他工序介入施工时,未经施工单位许可,禁止在钢结构构件上焊接、悬挂任何构件或物品。

（5）玻璃幕墙、设备安装、高级装修如与钢结构有交接,需通过总包与钢结构施工单位办理施工交接手续,方可在钢结构构件上进行下一道工序。

（6）地面支座的防护:在进行交工验收前,在已完成的地面柱脚支座周围设置防护围栏,以免支座受到碰撞和损坏。

3.4　轻钢结构的安装准备

3.4.1　轻型钢结构安装准备工作

轻型钢结构安装准备工作的内容和要求与普通钢结构安装工程相同。钢柱基础施工时,应做好地脚螺栓定位和保护工作,控制基础和地脚螺栓顶面标高。基础施工后应按以下内容进行检查验收：

(1)各行列轴线位置是否正确；

(2)各跨跨距是否符合设计要求；

(3)基础顶标高是否符合设计要求；

(4)地脚螺栓的位置及标高是否符合设计及规范要求。

3.4.2 轻钢结构安装机械选择

轻钢结构的构件相对自重轻,安装高度不高,因而构件安装所选择的起重机械多以行走灵活的自行式(履带式)起重机和塔式起重机为主。所选择的塔式起重机的臂杆长度应具有足够的覆盖面,要有足够的起重能力,能满足不同部位构件起吊要求。多机工作时,臂杆要有足够的高度,且保持一定的高度差又能不碰撞的安全转运空间。

对有些质量比较轻的小型构件,如檩条、彩钢板等,也可以直接用人力吊升安装。

起重机的数量,可根据工程规模、安装工程大小及工期要求合理确定。

轻钢结构工程须配备的设备、工具及施工人数,现以某轻钢结构的安装为例说明：

①设备及工具,见表3-1。

表3-1 某轻钢结构设备及工具

序号	名称	数量	单位	备注
1	光学水准仪及脚架,标尺	1	套	
2	光学经纬仪及脚架,花插	1	套	
3	50 m 以上钢尺	1	把	
4	3 m - 5 m 钢尺	2	把	
5	线锤	1	只	
6	模线	若干		
7	铁锤	1	把	
8	定位界椿	若干		
9	电焊机	1	台	
10	水平靠尺(高精度)	1	把	

②施工人员,见表3-2。

表3-2 施工人员

序号	工种	人数	备注
1	有经验的测量工程师	1	
2	钢筋工	1	
3	电焊工	1	
4	木工	1	
5	辅助工	2	

3.4.3 钢结构厂房基础及支撑面

钢结构厂房基础及支撑面的处理如下：

(1)预埋件安装前应对土建工程的定位轴线、基础标高、柱头截面大小、地梁或圈梁位置及标高进行校核,然后确定安装方法的可行性,待土建工程柱筋调直校正并征得甲方或监理方同意后方可预埋;

(2)基础顶面直接作为柱的支撑面,其支撑面、地脚锚柱的允许偏差应符合表3-3规定;

(3)将预埋件垂直放入已固定好的柱筋框内,用水准仪和经纬仪确定其位置准确无误后,用钢筋焊接固定于柱筋上即可,并应当做好全部自检记录;

(4)当预埋砼柱浇筑前后,应会同监理单位、甲方对其进行隐蔽工程的验收。

表3-3 支撑面、地脚锚栓允许偏差　　　　　　单位:mm

项次	项目			允许偏差
1	支撑面	标高	无吊车梁的柱基	±3.0
			有吊车梁的柱基	±2.0
		不水平度	无吊车梁的柱基	1/750
			有吊车梁的柱基	1/1 000
2	支座表面	标高		±1.5
		不水平度		1/1500
3	地脚螺栓位置(任意截面处)	在支座范围内		±5.0
		在支座范围外		±10.0
4	地脚螺栓伸出支撑面的长度			+20.0
5	地脚螺栓的螺纹长度			只允许加长

3.4.4 钢结构厂房地脚螺栓的处理

地脚螺栓的埋置是钢结构厂房施工的关键,直接影响到上部钢结构厂房的垂直度、方正度。若地脚螺栓的埋置偏差过大,则会对后期的上部施工中的结构螺栓、檩条螺栓、围梁螺栓的连接等造成很大的困难。在施工过程中,我们要着重控制地脚螺栓的平面位置,垂直度及螺栓钉标高,以尽可能减少上述误差。

构件在吊装前应根据《钢结构工程施工及验收规范》中的有关规定,检验构件的外形和截面几何尺寸,其偏差不允许超出规范规定值之外;构件应依据设计图纸要求进行编号,弹出安装中心标记。钢柱应弹出两个方向的中心标记和标高标记;标出绑扎点位置;丈量柱长,其长度误差应详细记录,并用油笔写在柱子下部中心标记旁的平面上,以备在基础顶面标高二次灌浆层中调整,见图3-6。

构件进入施工现场,须有质量保证书及详细的验收记录;应按构件的种类、型号及安装顺序在指定区域堆放。构件地层垫木要有足够的支撑面以防止支点下沉;相同型号的构件叠层时,每层构件的支点要在同一直线上;对变形的构件应及时矫正,检查合格后方可安装。

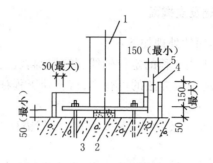

图 3 - 6　底层钢柱二次灌浆方法
1—钢柱;2—无收缩水泥砂浆标高块;3—12 mm厚钢垫板;
4—组合钢模板;5—砂浆灌入口

（1）板样定位及水准点

①板样定位

根据图纸要求,对施工现场进行放样、定位。在所有建筑物的角点,必须设立横向、纵向两个控制界柱,并采取适当的加固措施,避免控制界桩在施工过程中遭破坏,所有横向,纵向轴线均设立相对固定的定位桩。所有定位桩的顶标高尽量控制在 + 0. 000 上 10 ~ 20 cm,以便日后拉模线,拉尺丈量复核。定位界桩设立之后,应采取反方向闭合测量,修正成果,以减少平面误差。

②水准点

水准点的设立同样相当重要,它直接影响到地脚螺栓顶部标高的控制。建议沿建筑物周边每 40 m 左右设立一个临时水准点。同样,临时水准点设立后,亦须经过闭合测量。

（2）地脚螺栓的埋置及准备工作

①地脚螺栓套板的加工

地脚螺栓的套板,其尺寸及套板上的开孔与日后上部结构中柱脚底板的尺寸及开孔相一致。套板应采用不小于 20 mm 厚的木板,根据节点详图所规定的尺寸及开孔位置进行加工。开孔直径应比地脚螺栓直径大 2 mm 为宜。同时,套板面须用醒目标识标出,纵横轴线穿过该组地脚螺栓的具体位置,以便日后复核。

②地脚螺栓的埋置

基础钢筋开始施工时,地脚螺栓埋置工作也应同时开始,穿插进行。埋设地脚螺栓前,先应用模线放出相应的纵、横向轴线,同时用钢尺在基础钢筋上放出每组地脚螺栓的位置。埋置地脚螺栓时,先将地脚螺栓套板平放在基础钢筋上相应位置,用线锤测定校正纵、横轴线与套板上标出的纵、横向轴线标识,沿套板周边在钢筋上作出标记。将地脚螺栓的螺杆由下至上穿过套板,在螺杆上拧上相应的螺母,通过螺母的松紧,调节地脚螺栓的顶部标高,用水准仪测量控制螺栓顶标高,直到与图纸要求相符合为止。在施工过程中,用水平尺检测套板及螺杆,尽量使套板面处于水平状态,螺杆处于垂直状态。套板及螺杆就位后,须用经纬仪进行复核。将经纬仪架立在需复核的地脚螺栓的轴线控制点上,目镜瞄准远端该轴线的另一控制点,确定目镜中十字线中心,即为该轴线位置,然后复核位于该轴线上的每组地脚螺栓与轴线位置关系是否准确,并修正成果。注意,经纬仪复核必须纵、横两个方向进行,切忌只复核一个方向而忽略另一方向。

③地脚螺栓的固定

在上述工序完成并修正成果后,须对地脚螺栓作固定。具体固定方法如下:每组螺栓的各螺杆间用 Φ8 钢筋焊接连接。螺杆下部能与基础钢筋连接的部分尽量采取电焊可靠连接,以确保地脚螺栓位置的准确性。在焊接前应用水平靠尺检测螺杆的垂直度,尽可能使螺杆处于垂直状态。焊接工作完成后,松开套板上的螺母,使螺栓套板的底部距基础面钢筋 30 mm 左右,同时将混凝土保护层垫块置于套板底部与钢筋之间,用水平尺调整套板使之尽可能处于水平状态,将上部螺杆上的螺母带紧,见图 3–7。右图示范围内采取人工布料。

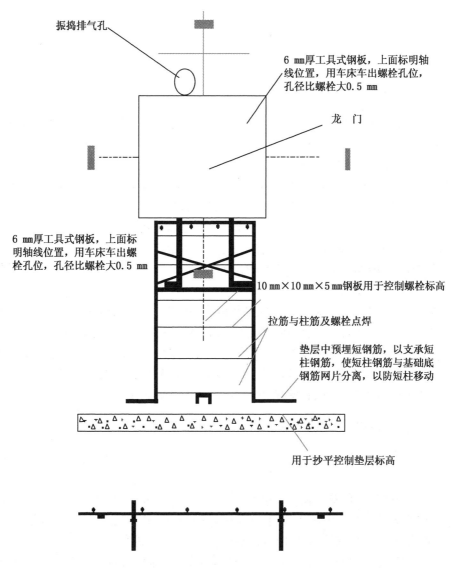

图 3–7 地脚螺栓固定

在使用振动棒时,切勿在上述区域内振动过频。在浇筑混凝土时,施工人员须加强对地脚螺栓的监测,用水准仪、经纬仪随时对各组地脚螺栓(特别是周围正进行浇筑混凝土的地脚螺栓)的复核。一旦发现偏差,应立刻进行校正。

（3）地脚螺栓的保养及纠偏

混凝土终凝后,应立即拆除地脚螺栓套板,并在地脚螺栓周边 30 cm 的范围内,用高强度水泥砂浆找平至设计要求的标高。所有柱底标高的误差不能大于 3 mm。待砂浆干硬后,即用经纬仪定位,放线后,复核地脚螺栓的位置,对于偏差大于 3 mm 的地脚螺栓须纠正偏差。具体方法为:将螺杆上的丝牙用软布包裹多层,用 2 m 左右的空心钢管套入后向正确的位置方向纠正。注意不能用力过猛,以免将螺栓扳断。所有螺栓经复核后,若在短时间内不进行上部结构的安装,须在螺纹上涂上固体黄油,用塑料纸包裹并用铁丝扎紧。

3.5　轻钢结构安装工艺

3.5.1　轻钢结构安装流程

不同类型的轻钢结构,其安装流程是不同的,下面以 K 式坡顶活动房和门式钢架的安装工艺流程来说明。

（1）K 式坡顶活动房安装流程

第一步,由用户平整场地,打好混凝土 C20 条形基础,做好工人进场准备;

第二步,活动房公司安装人员进场,立活动房钢架;

第三步,钢架立好后,调整钢架,出上而下封好外墙板及门窗;

第四步,铺楼板,盖屋面瓦,打玻璃胶,完工后,实施验收。

K 式坡顶活动房安装流程,见图 3 - 8。

（2）门式钢结构安装流程图

一般的门式钢架的安装顺序:依次吊装钢柱→依次吊装钢梁端头→吊装第一跨钢梁中段,形成第一榀门式钢架→安装临时稳定索和搭设钢管脚手架,使第一榀门式钢架形成稳定跨→吊装第二跨钢梁中段,形成第二榀门式钢架→对称安装适当数量的 C 型钢檩条,连接一、二榀钢架,形成稳定空间,然后以这两榀钢架为稳定空间结构顺序连接其余的钢架→吊装剩余的屋面 C 型钢檩条、斜支撑、檩间拉条→吊装天沟,安装屋面压型彩钢板→验收。

3.5.2　轻钢结构安装施工吊装工艺

轻钢结构安装施工的吊装工艺比较简单,一般轻钢结构安装可采用综合吊装法或分件安装法。

采用综合安装法,是先吊装一个单元(一般为一个柱间)的钢柱(4～6 根),立即校正固定后吊装屋面梁、屋面檩条等,当一个单元构件吊装、校正、固定结束后,依次进行下一单元。屋面彩钢板可在轻钢结构框架全部或部分安装完成后进行。

分件吊装法是将全部的钢柱吊装完毕后,再安装屋面梁、屋面(墙面)檩条和彩钢板。分件吊装法的缺点是行机路线较长。

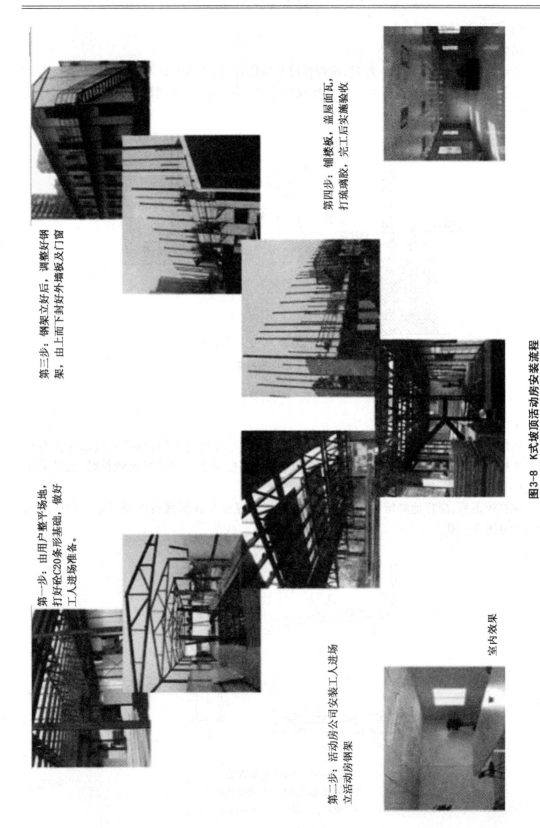

第四步：铺楼板，盖屋面瓦，打玻璃胶，完工后实施验收

第三步：钢架立好后，调整好钢架，由上而下封好外墙板及门窗

第一步：由用户整平场地，打好砼C20条形基础，做好工人进场准备。

第二步：活动房公司安装工人进场立活动房钢架

图3-8　K式坡顶活动房安装流程

室内效果

（1）吊装前的检查

吊装前的检查项目有：

①检查构件：构件的型号、数量、预埋件尺寸的位置，构件表面有无损伤、变形、裂缝等；

②预埋件检查：吊装前应重新复核预埋尺寸，平整支撑面、清理柱顶砼渣，保证支撑面的相对水平，见图3－9。

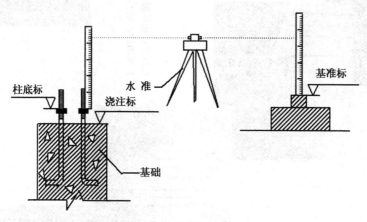

图3－9　吊装前检查

（2）钢柱的吊装

①钢柱的吊装方法

钢柱起吊前应搭好上柱顶的直爬梯；钢柱可采用单点绑扎吊装，绑扎点宜选择在距柱顶1/3柱长处，绑扎点处应设软垫，以免吊装时损伤钢柱表面。当柱长比较长时，也可采用双点绑扎吊装。

钢柱校正后，应将地脚螺栓紧固，并将垫板与预埋板及柱脚底板焊接固定。钢柱的吊装方法见图3－10。

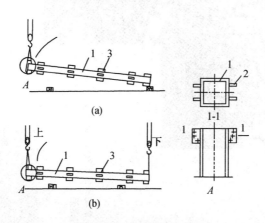

图3－10　钢柱起吊方法

（a）单机起吊；（b）双机抬吊长柱

1—钢柱；2—吊耳；3—连接钢梁

②钢柱的吊装过程

a.钢柱宜采用旋转法吊升,吊升时宜在柱脚底部拴好拉绳并垫以垫木,防止钢柱起吊时,柱脚拖地和碰坏地脚螺栓。

b.钢柱对位时,一定要使柱子中心线对准基础顶面安装中心线,并使地脚螺栓对孔,注意钢柱垂直度,在基本达到要求后,方可落下就位。经过初校,待垂直度偏差控制在 20 mm以内,拧上四角地脚螺栓临时固定后,方可使起重机脱钩。注意钢柱标高及平面位置及在基面设置的垫板,当钢柱吊装对位过程完成后,主要是校正钢柱的垂直度。用两台经纬仪在两个方向对准钢柱两个面上的中心标记,同时检查钢柱的垂直度,如有偏差,可用千斤顶、斜顶杆等方向校正,见图 3 – 11。

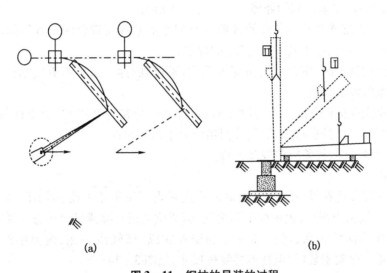

(a)   (b)

图 3 – 11　钢柱的吊装的过程

(a)钢柱旋转过程;(b)钢柱平面布置定位支托平面图

③柱子连接方法

柱子连接常采用焊接或高强度螺栓连接,见图 3 – 12。

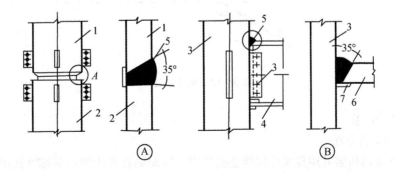

图 3 – 12　柱子连接方法 ——上柱与下柱、柱与梁连接构造

1—上节钢柱;2—下节钢柱;3—框架柱;4—焊接垫板;5—单边坡口焊缝;

6—主梁上翼缘;7—钢垫板;8—高强度螺栓

④高强度螺栓施工安装的注意事项

高强度螺栓应符合（GB3077—88）和（GB699—88）之规定。

a.由制造厂处理的构件摩擦面,安装前应复验所附试件的抗滑移系数,合格后方可安装。现场处理的构件摩擦面,抗滑移系数应按国家现行标准《钢结构高强度螺栓连接的设计、施工及验收规范》的规定进行试验,并应符合设计要求。

b.钢构件拼接前,应清除飞边、毛刺、焊接飞溅物,摩擦面应保持干燥、整洁,不得在雨中作业。

c.高强度螺栓连接的板叠接触面应平整,当接触面有间隙时,小于1 mm的间隙不处理;1~3 mm的间隙,应在高出的一侧磨成1:10的斜面,打磨方向与受力方向垂直;大于3 mm的间隙应加垫板,垫板两侧的处理方法应与构件相同。

d.施工前,高强度螺栓及六角套的各项应力和变形系数应符合国家现行标准《钢结构高强度螺栓连接的设计、施工及验收规程》的规定。

e.安装高强度螺栓时,螺栓应自由穿入孔内,不得强行敲打,更不得气割扩张,高强度螺栓不得作为临时安装螺栓。

f.高强度螺栓的安装应按一定的顺序施拧,拧紧应分初拧和终拧,对于柱节点和梁节点,应按初拧、复拧和终拧进行施工,复拧扭矩应等于初拧扭拧。

g.高强度螺栓紧固、检验应按规范进行。

⑤柱子校正

用两台经纬仪安置在纵、横轴上,先对准柱底垂直翼缘板或中线,再渐渐仰视到柱顶,见图3-13,如中线偏离视线,表示柱子不垂直,调节拉绳或支撑或敲打等方法使柱子垂直。一般安装完成排的钢柱子后,将经纬仪分别安置在纵、横轴线一侧,偏离中线不得大于0.2 m,进行校正。屋架安装后,钢柱需要复核尺寸,见图3-14。

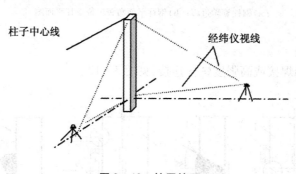

图3-13 柱子校正

（3）钢梁的吊装

①钢梁的吊装方法

屋面梁在地面拼装并用高强度螺栓连接紧固。屋面梁宜采用两点对称绑扎吊装,绑扎点亦设软垫,以免损伤构件表面。屋面梁吊装前设好安全绳,以方便施工人员高空操作;屋面梁吊升宜缓慢进行,吊升过柱顶后由操作工人扶正对位,用螺栓穿过连接板与钢柱临时固定,并进行校正。屋面梁的校正主要是垂直度检查,屋面梁跨中垂直度偏差不大于$H/250$(H为屋面梁高),并不得大于20 mm。屋架校正后应及时进行高强度螺栓紧固,做好永久固定。

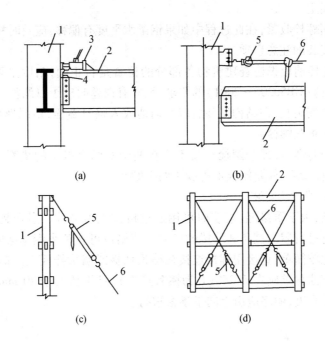

图3-14 钢柱校正方法

(a)千斤顶与钢 校正法;(b)倒链与钢丝绳校正法;(c)单柱缆风绳校正法;(d)群体缆风绳校正法

1—钢柱;2—钢梁;3—10 t液压千斤顶;4—钢楔;5—2 t钢链;6—钢拉绳

②钢梁的吊装过程

a.钢梁绑扎:合理确定绑扎点,主要注意吊装时的受风影响的情况。

b.钢梁起吊:一般采用两点平衡起吊,由于考虑到负载等其他因素的作用,起吊的过程最少要在梁上绑扎两根缆风绳,提升高度,超过柱顶200 mm后再垂直徐徐下降,然后与柱子对位。

c.钢梁对位与临时固定:钢梁对位应离柱上顶面螺栓孔1~2 cm时进行,对位时,使钢梁安装中心线对准柱子上的安装中心线,保持钢梁基本水平,钢梁就位后,应先用缆风绳临时拉紧,观察钢梁符合要求后,用螺母上紧,使钢梁临时固定。

钢梁由于跨度大,又是多节组成,故先在地面上拼装成可吊吊装段,然后再进行吊装。在钢梁两端固定生命线支座,拉紧生命线(直径为8 mm钢丝绳)。先进行试吊,确定吊点的位置是否准确,以钢梁不变形、平衡稳定为宜,详见图3-15(a)和(b)。第一根梁吊装到位与柱螺栓紧固后,吊装第二根梁。特别注意:当第一根梁与第二根梁安装好摘钩前后必须用绳索临时固定,确保形成独立单元,防止整榀倾斜。依此类推安装其他钢梁,详见图3-15(c)。

当工程吊装完后,开始进行支撑体系的安装并进行校正。

③钢梁校正

钢梁校正包括平面位置校正、垂直度校正,平面位置的校正,在钢梁临时固定前进行对位过程中已经做好,而钢梁标高则在吊装前柱子上底面标高已经符合设计要求。钢梁垂直及水平度校正,用经纬仪和垂球进行。经纬仪校正时,用手动葫芦收紧法校正钢梁,同时利用两根缆风绳以保证钢梁校正时的稳定。安装第一根钢梁要考虑临时加固,待第二根安装好后,马上安装檩条,以形成相对稳定的节间。

④钢梁最后固定

按设计要求用螺栓收紧,在此过程中如果钢梁水平度有偏移,应及时校正。

⑤螺栓施工安装的注意事项

a. 安装永久螺栓前应先检查建筑物各部分的位置是否正确,精度是否满足《钢结构工程施工及验收规范》(GB50205—2001)的要求,尺寸有误差时应予以调整。

b. 精制螺栓的安装孔,在结构安装后应均匀地放入临时螺栓,精制螺栓的安装孔,条件允许时可直接放入永久螺栓。

c. 永久性的普通螺栓,每个螺栓一端不得垫两个及两个以上的垫圈,并不得采用大螺母代替垫圈,螺栓拧紧后,外露螺栓不得少于两个螺距。

(4)屋面檩条、墙梁的安装

薄壁轻钢檩条,由于质量轻,安装时可用起重机或人力吊升。当安装完一个单元的钢柱、屋面梁后,即可进行屋面檩条和墙梁的安装。墙梁也可在整个钢框架安装完毕后进行。檩条和墙梁安装比较简单,直接用螺栓连接在檩条挡板或墙梁托板上。檩条的安装误差应在 ±5 mm 之内,弯曲偏差应在 $L/750$(L 为檩条跨度),且不得大于 20 mm。墙梁安装后应用拉杆螺栓调整平直度,顺序应由上向下逐根进行。

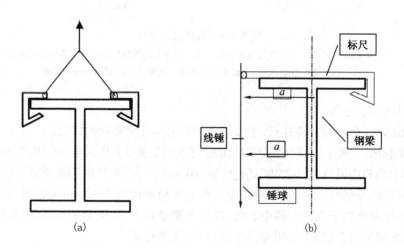

(a)   (b)

图 3 – 15 钢梁吊装过程

(a)钢梁吊装示意图;(b)钢梁垂直度校正示意图

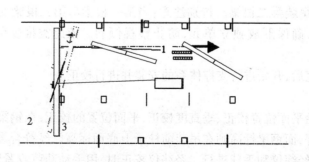

图 3 – 16 钢梁吊移过程

1—吊升前;2—吊升过程中;3—就位后

(5)屋面和墙面彩钢板安装

在完成主结构安装与校正构件涂装等工作后,进行墙面板的安装,如图 3 - 17 所示。

该助搭接前-张面板　　外侧　　搭接板
季节性大
风方向
支撑支托搭边助

图 3 - 17　墙面板的铺设

屋面檩条、墙梁安装完毕,就可进行屋面、墙面彩钢板的安装。一般是先安装墙面彩钢板,后安装屋面彩钢板,以便于檐口部位的连接。常用的屋面板有螺钉板、锁缝板和暗扣板等。屋面板的安装应根据施工当地季节性大风主导风向确定铺设方向,并根据设计图纸确定第一张板的起始位置,以方便山墙收边安装。屋脊两边的屋面板宜同时安装,屋面板尽量不要搭接,对单坡比较长的建筑,有条件的应在现场成型屋面板,如图 3 - 18 所示。

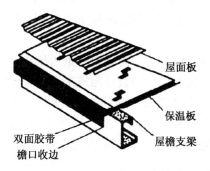

屋面板
保温板
屋檐支梁
双面胶带
檐口收边

图 3 - 18　屋面板的安装图

彩钢板安装有隐藏式连接和自攻螺丝连接两种。隐藏式连接通过支架将彩钢板固定在檩条上,彩钢板横向之间用咬口机将相邻彩钢板搭接口咬接,或用防水黏结胶黏接(这种做法仅适用于屋面)。自攻螺丝连接是将彩钢板直接通过自攻螺丝固定在屋面檩条或墙梁上,在螺丝处涂防水胶封口,这种方法可用于屋面或墙面彩钢板连接。

彩钢板在纵向需要接长时,其搭接长度不应小于 100 mm,并用自攻螺丝连接,防水胶封口。

彩钢板安装中,应注意几个关键部位的构造做法:山墙檐口,用檐口包角板连接屋面和墙面彩钢板;屋脊处,在屋脊处盖上屋脊盖板,根据屋面的坡度大小,分屋面坡度≥10°和<10°两种不同的做法;门窗位置,依窗的宽度,在窗两侧设立窗边立柱,立柱与墙梁连接固定,在窗顶、窗台处设墙梁,安装彩钢板墙面时,在窗顶、窗台、窗侧分别用不同规格的连接板包角处理;墙面转角处,用包角板连接外墙转角处的接口彩钢板;天沟安装,天沟多采用不锈钢制品,用不锈钢支撑固定在檐口的边梁(檩条)上,支撑架的间距约 500 mm,用螺栓连接。

对于保温屋面,彩钢板应安装在保温棉上。施工时,在屋面檩条上通长拉钢丝网,钢丝网间格为 250 ~ 400 mm 方格。在钢丝网上保温棉顺着排水方向垂直铺向屋脊,在保温棉上再安装彩钢板。铺保温板与安彩钢板依次交替进行,从房屋的一端向另一端施工。施工中应注意保温材料每幅宽度之间的搭接,搭接的长度宜控制在 50 mm 左右。同时,当天铺设的保温棉上立即安装好彩钢板,以防雨水淋湿。

轻钢结构安装完工后,需进行节点补漆和最后一遍涂装,涂装所用材料同基层上的涂层材料。

由于轻钢结构构件比较单薄,安装时构件稳定性差,需采用必要的措施,防止吊装变形和施工过程中的变形。

3.6 轻钢结构围护系统

近年来,轻型钢结构因其用钢量少,设计安装时间短、工业化生产程度高,在厂房、小型展厅、办公楼中被广泛应用。由此推动了钢结构围护系统由单一化向多样化发展,进而引发了设计新思路、施工新方法的变革。

轻型钢结构的围护系统主要包括墙面系统、屋面系统、采光带、包边及泛水、天沟和保温棉等。围护系统是轻钢结构最主要的组成部分之一,决定建筑外观的观赏度、建筑的防水与保温效果。

对轻钢结构围护系统进行详细分类,总结出彩钢板维护系统设计与施工时应注意的事项,给出具体节点大样图。对此类结构的设计与施工有参考价值。

轻钢结构因其用钢量少、安装及设计时间短、工业化生产程度高等特点,已经在厂房、小型展厅、办公楼中得到广泛使用。其围护系统往往采用彩钢板,研究总结彩钢板维护系统的设计与施工经验,提出经济合理的节点构造与施工方案具有重要的实际意义。

3.6.1 屋面及墙面系统的设计与施工

(1)彩板围护系统的分类

彩板围护按构成方式分为单层板、EPS 夹芯板、BHP 彩钢板、GRC 墙板、聚氨酯夹芯板、玻璃丝棉现场复合夹芯板、岩棉夹心板。

按施工方式分为成品复合板、现场复合板。现场复合板连接方式分为搭接板、胶合板、暗扣板。

按材质分为镀锌彩钢板、钛金板、镀铝锌彩钢板、铝合金板压型板、不锈钢板压型板、铜板。

(2)设计注意事项

现场复合板由于其加工成本低及施工技术较为成熟,因此在轻钢结构中广泛应用。屋面彩板多采用 01376 t 和 015 t 厚的镀锌烤漆彩板。屋面坡度影响屋面雨水的排放,在设计时屋面坡度宜取 1/20 ~ 1/8,在雨水较多的地区宜取其中的较大值(详见 CECS102:98),此外屋面坡度与所用的屋面板型有关,一般的外露钉式板使用的坡度要求较大,隐藏式的要求较小。

大跨度钢结构屋面板宜采用暗扣式彩钢板。在大量的工程应用中,暗扣式彩钢板显示出以下优势。

①避免温差引起的屋面板变形过大,自攻螺钉被剪断。

②在多雨地区、台风区外露自攻螺钉在温度变形、风荷载的振动、橡胶垫的老化时,非

常容易造成板的锈蚀和漏水,采用暗扣式彩钢板则可避免上述状况。对于单坡长度大于60 m的屋面则需要加工成两块板,形成板间伸缩缝,需用泰盖片连接,泰盖片可与彩板之间相互滑动,可解决温度变形问题。

(3)施工注意事项

在施工中,对于大跨度的屋面,彩板需整块的成型板,因吊车吊装板容易造成板材变形,故安装时一般不使用吊车,多采取卷扬机半斜式吊装。

3.6.2 采光板设计与施工

采光板按材料分为玻璃纤维增强聚酯采光板、聚碳酯制成的蜂窝状或实心板等;按形状可分为与屋面板波形相同的玻璃纤维增强聚酯采光板(简称玻璃钢采光瓦)和其他平面或者曲面采光板。

不同的采光板有不同的固定方法,聚碳酸酯采光板采用铝型材扣件固定,波形采光板采用采光板支架和自攻螺钉连接固定,再打胶密封。采光板的位置一般设置在跨中。

采光板与自攻螺钉连接,必须有盖板。阳光板冷热变形较大,容易被自攻钉剪破,因此阳光板在自攻钉处应开较大孔。在安装采光板时要考虑采光板的伸缩性。

采光板在12 m以内无需搭接,超过12 m则需要搭接,搭接长度为200~400 mm,搭接处施涂两道密封胶,横向搭接不需收边。

采光板纵向长度方向搭接应设置在檩条附近,屋面防水处理须采用密封胶内涂,密封胶表面容易老化,搭接处采用两道水胶泥中间夹一道白色或无色密封胶。

采光板侧向彩板搭接,明式螺钉屋面板或是暗式扣合屋面板,采光板应预留板有效宽度,在采光板波峰处用长自攻螺丝固定,考虑到采光板热胀冷缩不一样,应对采光板采用预冲孔处理(8 mm孔为宜),自攻螺丝下需放置加强型防水垫圈,防止采光板热胀冷缩后在螺丝处开裂。

3.6.3 保温棉

保温棉有岩棉、玻璃纤维等材质,保温棉具有优良的保温隔热性能,施工及安装便利,节能效果显著,导热系数低等特点。目前国内钢结构厂房屋面系统多采用:(1)钢丝网+铝箔保温棉+单彩板;(2)双层彩板+保温棉等两种方式。

以下主要介绍钢丝网+铝箔保温棉+单彩板屋面的施工方法。

将不锈钢丝或镀锌丝交叉拉出菱形或矩形形状,用215 cm长自攻钉固定于檩条,铺放玻璃棉卷毡,铝箔面朝向室内一侧,垂直于檩条,在两面屋檐处多留约20 cm的卷毡,用双面胶带将其固定在最外侧檩条上。用预留的20 cm贴面为玻璃棉收边。注意玻璃棉卷毡的张紧、对齐、卷与卷之间的接缝紧密,纵向需要搭接时,搭接头应安排在檩条处。根据工程需要,为避免冷翘的产生,可以考虑在檩条上垫硬质保温材料。

3.6.4 檐口及天沟

檐口根据构造可分为外排水天沟檐口、内排水天沟檐口和自由落水天沟三种形式。可优先采用自由落水和外排水天沟檐口形式。按材质分为不锈钢天沟、钢板天沟、彩板天沟。天沟作为屋面的主要排水系统,决定着雨雪排放,是建筑屋面正常使用的功能。

在寒冷地区,冬季室内外温差大,内天沟下会出现冷凝水,因此要求天沟下铺设保温棉,在施工中可采用图 3 – 19 所示做法。保温棉通过吊挂天沟的檩条固定。同时,在天沟底部加一收边(一般采用彩钢板),如图中收边 A,既美观又可以固定保温棉。在北方少雨地区且工程对檐口要求不高的情况下可采用自由落水檐口,檐口自墙面向外挑出,实际挑出墙面不应小于 300 mm。若墙面屋面彩板为单板,墙板与屋面板间产生的锯齿形空隙由专用板型的挡水件封堵。当屋面坡度小于 1/10 时,屋面板的波谷处板边需用夹钳向下弯折 5 ~ 10 mm 用来滴水。

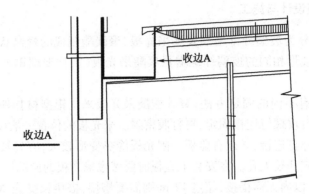

图 3 – 19　天沟下铺设保温棉示意图

如图 3 – 20 所示,外排水天沟檐口由于防漏性好,造价较低,在工程上也得以广泛应用。外排水檐口天沟多采用彩板天沟。施工中彩板天沟不需要支撑它的结构构件,其沟壁可以直接与外墙板贴近,在墙面上设支撑件,在屋面板上伸出连接件挑在天沟的外壁上,各段天沟相互搭接,采用拉铆钉连接和密封胶密封。

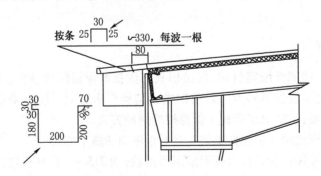

图 3 – 20　外排水天沟檐口做法

3.6.5　包边及泛水

包边及泛水不仅勾勒出建筑的线条,增加建筑的美观程度,同时在结构上把建筑联结成一个整体,防风、防雨,使建筑更坚固耐用。具体见图 3 – 21 所示。

对于外楼式层面板,应优先采用暗扣式彩钢板构造处理,这样不仅可以避免温差变形致使自攻螺钉被剪断,同时可以避免在多雨地区、台风区外露自攻螺钉在温度变形、风荷载的振动、橡胶垫的老化时造成板的锈蚀和漏水现象。

北方少雨地区且工程对檐口要求不高的情况,建议采用自由落水檐口。其防漏性好,造价较低,在工程上得到广泛应用。

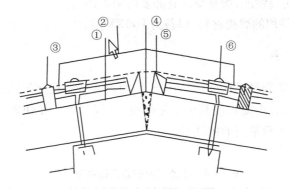

图3-21　包边及泛水做法

1—夹心屋面板；2—屋脊彩板盖板；3—5×13拉铆钉；
4—聚苯或岩棉条填充；5—彩板翻折；6—M6.3自攻钉

3.6.6　压型板安装施工工艺

彩色压型钢板是采用彩色涂层钢板,经辊压冷弯成各种波形的压型板,它适用于工业与民用建筑、仓库特种建筑、大跨度钢结构房屋的屋面、墙面以及内外墙装饰等,具有质轻、高强、色泽丰富、施工方便快捷、抗震、防火、防雨、寿命长、免维护等特点,现已被广泛推广应用。

3.6.6.1　材料要求

(1)压型钢板是钢结构构件。一般采用国家现行《碳素结构钢》(GB700—88)中规定的压型钢板的基板,应保证抗拉强度、屈服强度、延伸率、冷弯试验合格,以及硫(S)、磷(P)的极限含量。焊接时,保证碳(C)的极限含量,其化学成分与物理力学性能需满足要求。

(2)建筑工程上使用的压型钢板的尺寸、外形、质量及允许偏差应符合《建筑用压型钢板》GB/T12755—91的要求;压型钢板宜采用镀锌卷板,两面镀锌层含锌量275 g/m²,基板厚度为0.75~2.0 mm。压型钢板外形见图3-22(a),(b),(c)。

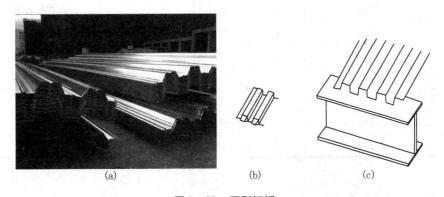

(a)　　　　　　　　(b)　　　　　　　　(c)

图3-22　压型钢板

(a)技术压型板图片;(b)封闭式压型钢板;(c)开口式压型钢板

(3)由于压型板在建筑上用于楼板永久性支撑模板并和钢筋混凝土叠合共同工作,因此不仅要求其力学、防腐性能,而且要求有必要的防火能力。

(4)压型板施工使用的焊接材料,焊条为 E43XX 型。

3.6.6.2 主要机具

压型钢板安装所需起吊机械,由钢结构安装确定。压型板施工的专用机具有压型钢板电焊机,其他施工机具有手提式或其他小型焊机、空气等离子弧切割机、云石机、手提式砂轮机、钣工剪刀等,某工程采用的机具见表 3-4。

表 3-4 压型钢板安装工程主要机具

序号	机具名称	型号	单位	数量	备注
1	空气等离子弧切割机	1	台		切割压型钢板或封口板
2	空气压缩机	1	台		供压缩空气于切割机
3	手工电弧焊	2	台		用于焊接
4	经纬仪	1	台		放线测量
5	水平仪	1	台		放线测量
6	钢尺	2	把		量距
7	盒尺	5	盒		量距
8	钢板直尺	2	把		下料量距
9	钢直角尺	2	把		下料量距
10	水平标尺	2	把		检查平整度
11	游标卡尺	2	把	使用数量根据具体工程确定	检查压型钢板厚度
12	手锤	3	把		安装
13	记号笔	10	盒		画线
14	钢板对口钳	2	把		压紧压型钢板
15	墨斗	1	盒		放线
16	铅丝	5	Kg		调直板拉线
17	塞尺	1	把		检查板缝
18	铁圆规	1	把		压型板开孔
19	角度尺	1	把		下料
20	吊具	1	套		
21	吊笼	1	个		装配料用
22	对讲机	2	对		装配料用

3.6.6.3 作业条件

压型板施工作业条件如下:

(1)压型板施工之前应及时办理有关楼层的钢结构安装、焊接、节点处高强度螺栓、油漆等工程的施工隐蔽验收;

（2）压型钢板的有关材质复验和有关试验鉴定已经完成；

（3）根据施工组织设计要求的安全措施落实到位,高空行走廊道绑扎稳妥牢靠之后才可以开始压型板的施工；

（4）安装压型钢板的相邻梁间距大于压型板允许承载的最大跨度,两梁之间应根据施工组织设计的要求搭设支顶架。

3.6.6.4 操作工艺

（1）工艺流程

压型钢板的生产工艺的基本流程是：

开卷——正确送入成型机送料轴——计量长度——定尺切断——成品出料。

镀锌压型板的安装工艺流程,见图 3-23。

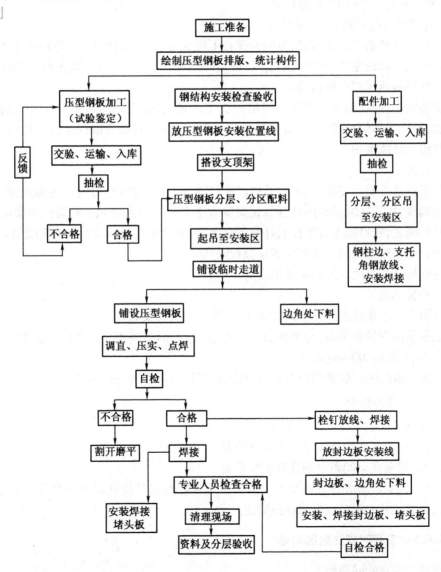

图 3-23 压型钢板安装工艺流程图

（2）操作工艺

①压型板施工

a.压型钢板在装、卸、安装中严禁用钢丝绳捆绑直接起吊,运输及堆放应有足够支点,以防变形。

b.铺设前对弯曲变形者应校正好。

c.钢梁顶面要保持清洁,严防潮湿及涂刷油漆未干。

d.下料、切孔采用等离子弧切割机操作,严禁用乙炔氧气切割。大孔洞四周应补强。

e.是否需搭设临时的支架由施工组织设计确定。如搭设应待混凝土达到一定强度后方可拆除。

f.压型钢板应按图纸放线安装、调直、压实并点焊牢靠。要求如下:

（i）波纹对直,以便钢筋在波内通过;

（ii）与梁搭接在凹槽处,以便施焊;

（iii）每凹槽处必须焊接牢靠,每凹槽焊点不得少于一处,焊接点直径不得小于 10 mm。

g.压型钢板铺设完毕、经调直固定后,应及时用锁口机进行锁口,防止由于堆放施工材料和人员交通造成压型板咬口分离。

h.安装完毕,应在钢筋安装前及时清扫施工垃圾,剪切下来的边角料应收集到地面上集中堆放;加强成品保护,铺设人员交通过道,减少不必要的压型钢板上的人员走动,严禁在压型钢板上堆放重物。

②栓钉施工

a.压型板部分安装完成后,按图纸进行栓钉轴线放样,做好栓钉两头的标记;按施工图确定施工轴线,次梁轴线,做好标记(标记高度大于 75 mm 以便铺板后栓钉的准确定位),以便拉线进行施工,栓钉施工时须控制好设备电流,并要求压型板与梁面有可靠接触。

b.栓钉施工时用铁锤将施打位置压型板敲实。

c.栓钉焊接时保证焊接质量及垂直度。

③边模板的施工

a.按图纸要求在柱上设置挂线点,拉线后进行模板的安装。

b.钢模板的安装须平直,与梁面有可靠连接(与梁面搭接不小于 50 mm),焊接长度为20 mm,焊缝间距为200 mm。

c.安装完成后用拉筋将钢模板上口与焊钉进行连接,以便进行调平。

3.6.6.5 成品保护

压型板成品保护应注意以下几点。

（1）尽量减少压型钢板铺设后的附加荷载,以防变形。

（2）浇灌砼前在梁间距中间设置支撑系统。

（3）压型钢板经验收后方可交下一道工序施工。凡需开设孔洞处不允许用力凿冲,造成脱焊或变形。开大洞时应采取补强措施。

3.6.6.6 安装时应注意的问题

安装时应注意的问题如下。

（1）压型钢板安装应在钢结构楼层梁全部安装完成、检验合格并办理有关隐蔽手续以后进行,最好是整层施工。

（2）压型钢板应按施工要求分区、分片吊装到施工楼层并放置稳妥，及时安装，不宜在高空过夜，必须过夜的应固定好。

（3）压型钢板在装、卸、安装中严禁用钢丝绳捆绑直接起吊，运输及堆放应有足够支点，以防变形；对弯曲变形者应校正好；钢梁顶面要保持清洁，严防潮湿及涂刷油漆未干。大孔洞四周应补强；是否需支搭临时的支顶架由施工组织设计确定，如搭设应待混凝土达到一定强度后方可拆除；图纸放线后安装、调直、压实并点焊牢靠。

（4）高空施工的安全走道应按施工组织设计的要求搭设完毕。施工用电应符合安全用电的有关要求，严格做到一机、一闸、一漏电（接地）。

（5）压型板的切割应用冷作、空气等离子弧等方法切割，严禁用氧气乙炔焰切割。

3.7 轻钢结构的防腐蚀

3.7.1 轻钢结构防腐蚀的重要性和措施

轻钢结构因壁薄杆细，一经腐蚀会严重降低结构的承载力，特别是薄壁型钢结构的防腐蚀问题更为突出。因此，在设计轻钢结构时，除在结构选型、截面组成以及钢材材质上予以注意外，还应根据结构所处的环境及其重要程度，提出相应的防腐措施。

钢结构的锈蚀与建筑物周围的环境，空气的有害成分（如酸、盐等），建筑物内的湿度、温度和通风情况有关。轻钢结构不宜用于高湿、高温及强烈腐蚀介质的环境中。

人们在不断总结经验的基础上，逐步认识到一些轻钢结构的腐蚀与防腐蚀的规律。只要采取积极的防腐蚀措施，排除产生腐蚀的根源，轻钢结构的防腐蚀并不比普通钢结构特殊和困难。其防腐蚀的设计原则如下。

（1）全面考虑结构的整体布置，隔离有腐蚀介质的区域或限制腐蚀介质的来源（即改进工艺设备和生产过程），部分或全部消除有害因素。采用有利于自然通风的结构布置方案，以降低有害物的含量。

（2）尽可能选用含有适量合金元素的耐腐蚀性较高的低合金钢材（如 09MnCuPTi，15MnVCu，15MnTiCu），其耐腐蚀性比 Q235 钢约提高 50% ～70%。含 Cu 钢普遍显示出它的良好的耐腐蚀性能。

（3）从结构上采取措施，选用不易受腐蚀的合理方案，节点结构要简单，尽量避免有难于检查、清理、涂漆以及易积留湿气和灰尘的死角和凹槽。

（4）尽可能采用表面面积最小的圆管和方管的管形截面。根据调查结果表明，封闭的方管即使有小气孔，但其内壁也不会锈蚀，故管内壁一般可不涂刷油漆。

（5）将构件彻底除锈，并选用防锈性能良好的涂料。

（6）在加工制造中要保证焊接质量。焊缝内的夹渣，易引起腐蚀。对于薄壁闭口截面，要求节点处焊接密封，以免水汽侵入。

（7）尽量避免或减少涂刷后进行焊接，以防止破坏漆膜的完整性，对施工中破坏的漆膜，应及时补涂油漆。

（8）对原材料和加工好的构件要加强管理，妥善堆放，避免生锈。

3.7.2 除锈方法

钢材的除锈好坏,是关系到涂料能否获得防护效果的关键因素之一,但这点往往被施工单位所忽视。如果除锈不彻底,将严重影响涂料的附着力,并能使漆膜下的金属表面继续生锈扩展,使涂层遭破坏失效,达不到预期的保护效果,造成经济上的浪费和生产上的损失。因此彻底清除金属表面的铁锈、油污和灰尘等,使金属表面露出灰白色,以增加漆膜与构件表面的黏结力。目前除锈的方法有四种。

(1)手工除锈 工效低,除锈不彻底,影响油漆的附着力,使结构容易透锈。限于条件,圆钢、小角钢的轻钢结构多采用这种除锈方法。但在手工除锈施工过程中,应尽量做到认真细致,直到露出金属表面为止。

(2)喷砂、喷丸除锈 将钢材或构件通过喷砂机将其表面的铁锈清除干净,露出金属的本色。较好的喷砂机能将喷出的石英砂、铁砂或铁丸的细粉自动筛去,防止粉末飞扬,减少对工人健康的影响。这种除锈方法比较彻底,效率也高,在较发达的国家普遍采用,是一种先进的除锈方法。

(3)酸洗除锈 将构件放入酸洗槽内,除去油污和铁锈。采用这一方法时应使其表面全部呈铁灰色,酸洗后必须清洗干净,保证钢材表面无残余酸液存在。为防止构件酸洗后再度生锈,可采用压缩空气吹干后立即涂一层硼钡底漆。

(4)酸洗磷化处理 构件酸洗后,然后再用2%左右的磷酸作磷化处理,处理后的钢材表面有一层磷化膜,可防止钢材表面过早返锈,同时能与防腐涂料紧密结合,提高涂料的附着力,从而提高其防腐蚀性能。

酸洗磷化处理的工艺并不复杂,酸洗槽的设置也比较简单,其工艺过程如下:

去油—酸洗—清洗—中和—清洗—磷化—热水清洗—涂油漆。

综合来看,以酸洗磷化处理最好,喷砂除锈、酸洗除锈次之,人工除锈最差。薄壁型钢结构最好优先采用酸洗磷化处理方法,以延长其维修年限和使用寿命。

3.7.3 防锈涂料的选择

涂料(习惯称油漆)是一种含油或不含油的胶体溶液,将它涂敷在构件表面上,可以结成一层薄膜来保护钢结构。防腐涂料一般由底漆和面漆组成,底漆主要起防锈作用,故称防锈底漆,它的漆膜粗糙,与钢材表面附着力强,并与面漆结合好。面漆主要是保护下面的底漆,故对大气和湿气有抗气候性和不透水性,它的漆膜光泽,增加建筑物的美观,又有一定的防锈性能和增强对紫外线的防护。

钢结构的防腐蚀,除要求彻底除锈外,选择使用防锈性能好的涂料,对于保证结构的使用年限和减少维护费用,也起很重要的作用。选择涂料的原则应以货源广、成本低为前提。涂料的品种多,性能和用途各异,在选用时要注意下列问题。

(1)根据钢结构所处的环境,选用合适的涂料。即根据室内、室外的温度和湿度、侵蚀性介质的种类和浓度,选用涂料的品种。对于酸性介质,可采用耐酸性较好的酚醛树脂漆,而对于碱性介质,则应采用耐碱性能较好的环氧树脂漆。

(2)注意涂料的正确配套,使底漆和面漆之间有良好的黏结力。例如,过氧乙烯漆对钢材表面的附着力差,与磷化底漆或铁红醇酸底漆配套使用,才能得到良好的效果。而不能与油性底漆(例如油性红丹漆)配套使用,因为过氯乙烯中含有强溶剂,会咬起这种底漆的漆膜。

(3)根据钢结构构件的重要性(是主要承重构件还是次要承重构件)分别选用不同品种的涂料,或用相同品种的涂料,调整涂复层数。

(4)考虑施工条件的可能性,有的宜刷涂。在一般情况下,宜选用干燥快、便于喷涂的冷固型涂料。

(5)选择涂料时,除考虑钢结构使用性能、经济性和耐久性外,尚应考虑施工过程中的稳定性、毒性以及需要的温度条件等。此外,对涂料的色泽也应予以注意。

3.7.4 油漆的施工与维护

(1)油漆的施工

油漆是钢结构加工制造的最后一道工序,不得与钢结构的焊、铆、拼接等工序交叉进行。

正确的涂装设计必须有严格的施工来保证,不仅施工技术人员应当掌握涂料的施工技术,而且涂装技术工人也应对涂料施工有一定的基本知识和熟练的操作技能。同时还应有一套严格施工管理制度,才有可能很好地完成设计规定的指标和要求。

油漆涂料的保护性能随涂层厚度的增加而提高。漆膜是涂料固化后生成的膜,在使用过程中,由于漆膜内的有机物老化或受腐蚀等多种因素作用,漆膜会受损伤。因此要有足够的漆膜厚度,以免造成钢材表面的腐蚀。但漆膜厚度还要根据钢结构的使用条件和耐久性要求确定,目前国内在这方面还没有统一的漆膜厚度选用标准。根据有关资料按钢结构使用要求,钢结构涂层的总厚度(包括底漆和面漆),一般室内钢结构要求涂层厚度 $100 \sim 150 \mu m$,室外钢结构 $150 \sim 200 \mu m$。

油漆的操作方法分刷涂和喷涂两种。对于油性基漆,如红丹防锈漆等,它的干性慢,但渗透性强,流平性好,以涂刷为宜。对于过氯乙烯漆、环氧树脂类漆,因干燥迅速,为使漆膜均匀平整,避免针孔,可采用喷涂。喷涂虽然工效高,但涂料利用率低,浪费大,因此,喷涂在一般钢结构涂装中并不常采用。

由于各种涂料性能不同,要求施工环境的温、湿也不尽相同。温度可根据有关涂料的产品说明书或涂装规程的规定进行控制,一般为 $10 \sim 30 ℃$;湿度一般控制在相对湿度不大于80%。南方地区相对湿度小于80%的天气较少,可采用钢材表面温度高于露点3 ℃的方法来控制,此法较为合理也较实用。此外,在雨、雾、雪和有较大量灰尘条件下,应禁止在户外施工。

底漆的施工在制造厂进行,面漆的施工一般应在钢结构安装完成并固定后进行。在运输和安装过程中底漆被损坏的部分应予补涂,然后再涂面漆。

(2)油漆的维护

油漆防护工程一般的使用期间应在十年以上的目标为好。但由于漆膜在使用过程中,受紫外线、温度、湿度、干湿交替、温度变化等作用和腐蚀介质的腐蚀作用后会受到破坏,有时还会发生机械损伤,因此需要对涂层进行经常性的维修。涂层的维修工作与新建时候不同,第一,基层条件不同,如涂层有的已被腐蚀,有的表面积灰、积油等;第二,施工条件不同,维修时条件往往比新建时的施工条件差,特别是在不停产条件下的维修。由于这些原因,不少维修工作往往只是在旧构件表面上罩上一道新涂料,就算是作了维修,因而继续使用时间很短,有的不到一年,长的两三年还要修,形成一二年涂一次漆,给生产带来不利影响。因此,不到使用年限的小修是可以局部地修补或表面加涂涂层,而使用到不能再用时的大修,则应彻底重做保护涂层解决。

3.8 轻型钢结构安装质量问题及预防措施

近几年来,随着建筑钢结构技术的迅速发展和机械化程度的日益提高,轻型金属板材及其配套的门式钢架等系列轻型钢结构已得到了较为广泛的应用。与此同时,建筑钢材、连接技术及加工、安装技术也进一步达到了系列配套的要求。然而,当今钢结构专业队伍素质良莠不齐,时有"家庭作坊"式的钢结构队伍充斥其中,对一般钢结构加工及安装知识了解甚少,致使在一些工程中存在工程质量隐患和发生质量事故。加强钢结构专业队伍素质的建设,已成为一项紧迫的任务。下面简单谈一谈轻型钢结构工程中常见的一些质量问题及预防措施。

3.8.1 轻型钢结构的安装质量控制要点

轻型钢结构的安装质量控制要点如下。

(1)构件几何尺寸复验

钢结构进入现场时,均应对重要几何尺寸和主要构件进行复验,防止由于构件的缺陷而影响安装的质量和进度。

(2)构件堆放

构件在运输、转运、堆放、起吊的过程中,往往因受外力的影响,造成构件变形、涂层损坏。因此构件卸车应小心,构件堆放应平整,确保构件不发生弯曲、扭曲。

(3)基础复测

①复测基础的纵横轴线。

②复测基础预埋件尺寸、平整度及标高。

③复测预埋件螺栓组的纵横轴线及螺杆的垂直度。

④检查混凝土试块试验报告和养护日期。

(4)编制吊装方案

安装时采用何种吊装方案,视施工现场条件而定。吊装前一定要编制吊装方案,明确吊装的顺序、吊点、方法和吊机的配置。在实施进程中,一定要确保吊装方案的执行,对施工中确需调整的应及时调整方案,以确保吊装方案的正确实施。

(5)行车梁安装

①严格控制柱的定位轴线。

②预测行车梁的高度(支撑处)及牛腿距柱底的高度,将其偏差放在垫板中处理。

③认真控制立柱的位移值和垂直度。

(6)选择吊点

构件在吊装前应选择好吊点,尤其是轻型钢结构大跨度构件的吊点需经计算而定。构件起吊时应采取防止构件扭曲和损坏的措施。

(7)屋面、墙面板安装

①压型板搭接(侧向)一般不小于半波,搭接方向与该地区主导风向一致,以减小风的

影响。

②长度方向采用搭接时,搭接端必须位于支撑件(如檩条)上,并用连接件固定。搭接长度不得小于规范规定值。

(8)检测和矫正

在施工过程中应分单元检查和修正,整体检查和修复。

3.8.2　柱脚的制作安装质量要点

柱脚的制作安装质量要点如下。

(1)预埋地脚螺栓与砼短柱边距离过近。在钢架吊装时,经常不可避免地会人为产生一些侧向外力,而将柱顶部砼拉碎或拉期。在预埋螺栓时,钢柱侧边螺栓不能过于靠边,应与柱边留有足够的距离。同时,砼短柱要保证达到设计强度后,方可组织钢架的吊装工作。

(2)往往容易遗忘抗剪槽的留设和抗剪件的设置。柱脚锚栓按承受拉力设计,计算时不考虑锚栓承受水平力。若未设置抗剪件,所有由侧向风荷载、水平地震荷载、吊车水平荷载等产生的柱底剪力,几乎都由柱脚锚栓承担,从而破坏柱脚锚栓。

(3)柱脚底板与砼柱间空隙过小,使得灌浆料难以填入或填实。一般二次灌料空隙为50 mm。

(4)有些工程地脚螺栓位置不准确,为了方便钢架吊装就位,在现场对底板进行二次打孔,任意切割,造成柱脚底板开孔过大,使得柱脚固定不牢,锚栓最小边(端)距离不能满足规范要求。

3.8.3　梁、柱连接与安装质量要点

梁、柱连接与安装的质量要点如下。

(1)多跨门式钢架中柱按摇摆柱设计,而实际工程却把中柱与斜梁焊死,致使实际构造与设计计算简图不符,造成工程事故。所以,安装要严格按照设计图纸施工。

(2)翼缘板与加厚或加宽连接板对接焊缝时,未按要求做成倾斜度的过渡。对接焊缝连接处,若焊件的宽度或厚度不同,且在同一侧相差 4 mm 以上者,应分别在宽度或厚度方向从一侧或两侧做成坡度不大于 1:2.5(1:4)的斜角。

(3)端板连接面制作粗糙,切割不平整,或与梁柱翼缘板焊接时控制不当,使端板翘曲变形,造成端板间接触面不吻合,连接螺栓不得力,从而满足不了该节点抗弯受拉、抗剪等结构性能。

(4)钢架梁柱拼接时,把翼缘板和腹板的拼接接头放在同一截面上,造成工程隐患。拼接接头时,翼缘板和腹板的接头一定要按规定错开。

(5)钢架梁柱构件受集中荷载处未设置对应的加劲肋,容易造成结构构件局部受压失稳。

(6)连接高强度螺栓不符合《钢结构用扭剪型高强度螺栓连接副的技术条件》或《钢结构用高强度大六角头螺栓、大六角头螺母、垫圈形式尺寸与技术条件》的相关规定。高强度螺栓拧紧分初拧、终拧,对大型节点还应增加复拧。拧紧应在同一天完成,切勿遗忘终拧。一定要在钢结构安装完成后,对所有的连接螺栓逐一检查,以防漏拧或松动。

(7)有些工程中高强度螺栓连接面未按设计图纸要求进行处理,使得抗滑移系数不能满足该节点处抗剪要求。必须按照设计要求的连接面抗滑移系数去处理。

(8)有的工程缺乏有针对性的吊装方案,吊装钢架时,未采用临时措施保证钢架的侧向稳定,造成钢架安装倒塌事故。应先安装靠近山墙的有柱间支撑的两榀钢架,而后安装其他钢架。头两榀钢架安装完毕后,应在两榀钢架间将水平系杆,檩条及柱间支撑,屋面水平支撑,隅撑全部装好,安装完成后应利用柱间支撑及屋面水平支撑调整构件的垂直度及水平度,待调整正确后方可锁定支撑,而后安装其他钢架。

3.8.4 檩条、支撑等构件的制作安装质量要点

檩条、支撑等构件的制作安装质量要点如下。

(1)为了安装方便,随意增大、加长檩条或檩托板的螺栓孔径。檩条不仅仅是支撑屋面板或悬挂墙面板的构件,而且也是钢架梁柱隅撑设置的支撑体,设置一定数量的隅撑可减少钢架平面外的计算长度,有效地保证了钢架的平面外整体稳定性。若檩条或檩托板孔径过大过长,隅撑就失去了应有的作用。

(2)隅撑角钢与钢梁的腹板直接连接,当钢架受侧向力时,使腹板在该处局部受到侧向水平力作用,容易导致钢梁局部侧向失稳。

(3)有的工程所用檩条仅用电镀,造成工程尚未完工,檩条早已生锈。檩条宜采用热镀锌带钢压制而成的檩条,且保证一定的镀锌量。

(4)因墙面开设门洞,擅自将柱间垂直支撑一端或两端移位。同一区隔的柱间支撑、屋面水平支撑与钢架形成纵向稳定体系,若随意移动其位置将会破坏其稳定体系。

(5)如果为了节省钢材和人工,将檩条和墙梁用钢板支托的侧向加劲肋取消,这将影响檩条的抗扭刚度和墙梁受力的可靠性。故施工单位不得任意取消设计图纸的一些做法。

(6)如果擅自增加屋面荷载,原设计未考虑吊顶或设备管道等悬挂荷载,而施工中却任意增加吊顶等悬挂荷载,会导致钢梁挠度过大或坍塌。故施工单位均不得擅自增加设计范围以外的荷载。

(7)屋面板未按要求设置,将固定式改为浮动式,使檩条侧向失稳。往往设计檩条时,会考虑屋面压型钢板与冷弯型钢檩条牢固连接,能可靠的阻止檩条侧向失稳并起到整体蒙皮作用。

(8)刚性系杆、风拉杆的连接板设置位置高低不一,使得水平支撑体系不在同一平面上,从而影响钢架的整体稳定性。刚性系杆与风拉杆构成水平支撑体系,其设置高度在同一坡度方向应保持一致。

3.8.5 质量检验及质量保证措施

(1)工程检验项目
①钢构件焊接检验;
②钢构件加工检验;
③钢构焊钉焊接检验;
④钢构普通紧固件连接检验;
⑤钢构高强度螺栓连接检验;
⑥钢构件组装检验;
⑦钢构主体安装检验;
⑧钢构压型钢板检验;

⑨钢构防腐涂料涂装检验。

(2)质量保证措施。

①按规范《钢结构工程施工及验收规范》(GB50205—2001)对原材料进行检验和复验。

②开工前,有关人员做好每道工序的技术交底,并做好记录。

③构件制作先按1:1放样后下料,焊接工作必须有持焊工合格证及有相应技术的人员进行施焊,并有专人检查复核校对。

④严格按检验批对每一分项工程进行自检后经监理认可方为合格。

⑤隐蔽工程及下道工序施工完成后难以检查的重点部位,施工时应特别重点进行自检笔记录,并办理报验手续,经监理检查合格后方能进行下一道工序的施工。

3.9　轻型钢结构安装安全控制

3.9.1　轻型钢结构安装安全施工措施

(1)钢梁安装就位后需立即安装螺帽。

(2)吊装下一榀人字梁时,需将上一榀人字梁两端钢立柱用连系梁同原有钢架结构连结牢固好后方可进行起吊。

(3)四方梯上端需用安全带同钢立柱扣结牢固,下端在地面上稳固后方可进行爬高作业。

(4)C 型钢安装时施工人员需将安全带扣好于安全绳上,并可自由滑动,不可松开安全带。

(5)安全绳应在人字梁起吊前两端用吊装扣子固定在人字梁每段斜梁两端,安全绳需顺直以利安全带滑行。

(6)钢板运上屋面后要与檩条扎在一起,以防风吹动伤人。

(7)使用的脚手架要经常检查其强度、刚度和稳定性。

(8)新老职工要进行三级教育,在施工期间,对遵守或违反安全操作规程的人,分别给予奖励或教育、罚款处理。

(9)健全安全管理制度,施工现场管理制度包括环境、卫生、消防、保卫等。

(10)各施工队长必须牢固树立"安全第一,预防为主"的思想,认真执行各项安全生产措施及规范,实现工地安全生产无事故,具体安全生产指标如下:

①无重大的安全生产质量事故,无死亡、无重伤;

②无火灾、倒塌、中毒事故发生;

③将轻伤事故频率控制在1‰以下。

(11)乙炔瓶、氧气瓶放置间距符合安全规定,每天收工或中午休息时,必须关闭阀门,确保安全。

(12)吊装期间,专人指挥、专人监护,施工人员正确使用好个人劳动保护用品,严禁在吊车旋转范围内站人。

3.9.2 轻型钢结构安装安全生产的规定

轻型钢结构安装现场安全生产的"六大纪律"及施工现场"六大要素"如下。

（1）六大纪律

①进入施工现场必须戴好安全帽，扣好帽带，并正确使用个人劳动保护用品。

②2 m 以上的作业是高空作业，无安全设施的人必须系好安全带，扣好保险扣。

③高空作业人员佩戴工具袋，高空作业不准往上或往下扔抛材料和零部件以及工具等物件。

④不懂机械和设备的人员严禁使用和玩弄设备。

⑤各种电动设备必须有可靠的有效的安全措施，方能开动使用，按施工现场临时用电的有关规定采用 TNS（三相四线）的电制，做到"一机一闸一漏电"开关。

⑥吊装区域非操作人员严禁入内，设置高空作业区的标志范围，吊机必须有专人指挥，吊臂下方严禁站人。

（2）六大要素

①进入施工现场要戴好安全帽；

②班组要坚持安全值日制度；

③吊车要有专人指挥；

④电动机具要有熟手操作；

⑤电器开关要有箱有锁；

⑥施工现场危险区要有警戒标志。

3.9.3 轻型钢结构安装文明施工措施

（1）现场总平面管理

①工程占地面积大，安装系统复杂，工程用料及周转材料多，现场地面及施工通道派专人反复清扫，做好周围绿化保护，保持场内整洁。

②施工机械、生产、生活临设及水电管网严格按总平面图进行周密规划，分阶段布置。

③各种钢筋、砂、石、钢架定点堆放整齐，零星材料入库上架分类存放，易燃易爆物品设专人保管。

④现场设置排水明沟和暗渠，保持场地不积水。

（2）现场文明施工管理

①现场成立以项目经理牵头的文明施工领导小组，统一指挥，统一协调，严格按章建设；施工现场，结合工程实际制定具体的办法，提高施工场地管理水平，消除污染、美化环境，完善安全防护和消防设施，搞好治安联防工作。

②严格执行建筑施工标准化管理。a. 健全标准化施工组织机构，完善保障体系；b. 正确贯彻执行建安规范、评定标准及安全技术规程；c. 为新工艺、新材料编制特定工艺卡，以图文并茂的形式上墙作为操作依据；d. 保护施工成品，不得随意损坏机具设备，对斗车、灰桶、灰槽用后及时清理，集中放置，做到工完场清。

【工程实例】

单层工业厂房结构安装施工方案

1.工程概况

某厂房工程,设计为单跨单层框架钢结构,厂房长 41 m,柱距 6 m,共有 9 个节间,钢屋架。厂房的剖视图如图 3－24 所示。

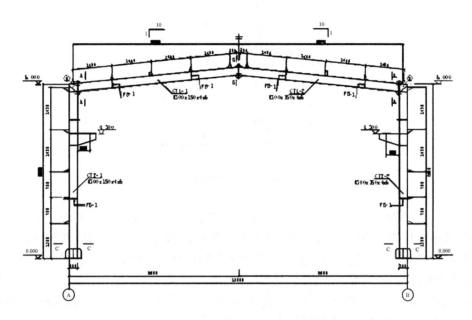

图 3－24 单跨单层框架钢结构厂房的剖图

本项目厂房做法:屋面采用 0.5 mm 厚 W750 型彩色压型钢板及收边包角,单脊双坡排水。墙体采用灰砂砖砌筑围护、钢筋混凝土梁、柱。主要吊装工程量为 16.6 m 跨的钢屋架,钢屋架重 61.4 kN,共 8 个,标高 5.5 m。

2.钢结构安装前的准备工作

(1)在厂房施工现场,构件吊装前要运到吊装地点就位,支垫位置要正确,装卸时吊点位置要符合设计要求。

(2)堆放构件的场地应平整坚实。

(3)构件就位时,应根据设计的受力情况搁置在垫木或支架上,并应保持稳定。

3.钢结构吊装方法

钢屋架在工厂制作好后,由汽车运到现场吊装。屋盖系统包括屋架、檩条和屋面板。

各构件吊装过程为:

绑扎→吊升→对位→临时固定→校正→最后固定。

4.起重机的选择和工作参数的计算

钢结构吊装采用汽车式起重机 QY16 型,吊装主要构件的工作参数为:

屋架采用两点绑扎吊装。

要求起质量:

$$Q = Q_1 + Q_2 = (61.4 + 3.0)\,\text{kN} = 64.4\,\text{kN}$$

要求起重高度:见图 3 - 25。

$$H = h_1 + h_2 + h_3 + h_4 = (5.5 + 0.3 + 2.7 + 3.0)\text{m} = 11.5 \text{ m}$$

因起重机能不受限制地开到吊装位置附近,所以不需验算起重半径 R,如图 3 - 25 所示。

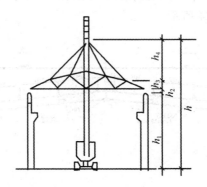

图 3 - 25 起重机的起重高度

钢屋架就位后需要进行多次试吊并及时重新绑扎吊索,试吊时吊车起吊一定要缓慢上升,做到各吊点位置受力均匀并以钢屋架不变形为最佳状态,达到要求后即进行吊升旋转到设计位置,再由人工在地面拉动预先扣在大梁上的控制绳,转动到位后,即可用扳钳来定柱梁孔位,同时用高强度螺栓固定。

第一榀钢屋架应增加四根临时固定揽风绳,第二榀后的大梁则用屋面檩条及连系梁加以临时固定,在固定的同时,用吊锤检查其垂直度,使其符合要求。

钢屋架的检验主要是垂直度,垂直度可用挂线球检验,检验符合要求后的屋架再用高强度螺栓做最后固定。在吊装钢屋架前还须对柱进行复核,采用葫芦拉钢丝绳缆索进行检查,待大梁安装完后方可松开缆索。对钢屋架屋脊线也必须控制,使屋架与柱两端中心线等值偏差,这样各跨钢屋架均在同一中心线上。

5. 起重机开行路线及构件的平面布置

起重机的起重半径为 7.4 m,吊装屋架及屋盖结构中其他构件时,起重机均跨中开行。屋架因直接从工厂运到工地,卸车时直接按平面布置图放置,便于吊装。所以屋架的平面布置没有预制阶段平面布置,直接进入吊装阶段,平面布置屋架采用斜向排放。

第一步,确定起重机的开行路线和停机点。起重机跨中开行,在开行路线上定出吊装每榀屋架的停机点。

第二步,确定屋架的排放位置。定出 P - P 线、Q - Q 线,并定出 H - H 线,把屋架排放在 P - P 线与 Q - Q 线之间,中间在 H - H 线上。

6. 屋面彩钢板安装

(1)该工程屋面跨度较大,运输装卸过程和吊装、存放都要特别小心。吊装时,必须要两点吊装,特别超长时要附加有足够刚度的夹具;存放地点要干燥、坚实、平整,并要有足够的支点;装车、运输、卸车、堆放及吊装全过程都不能损坏、刮伤、扭曲、弄脏夹芯板;如存放在室内,必须垫离地面,如在露天存放应盖好,以免水分留存在夹芯板之间。吊装应平稳,严禁碰撞。

(2)钢板现场切割必须使用无齿电动锯碟机,并要将外露的漆面向下摆放,此办法可避免热锯屑熔蚀漆面,进而使夹芯板氧化锈蚀。切割后必须立即清理干净板面。

(3)安装钢板前要排好板,并按排板规定的方向顺序安装。

(4)彩板在墙身安装时,须注意安装的密实度及垂直度,以防止板沿边进水形成渗漏现象。

(5)安装时,应在钢屋架上放定位线(拉粉线),保证彩瓦平直,彩瓦上下端均翻边,以防雨水侵入,自攻钉、接头、收边包角缝隙等须用玻璃胶密封好,确保不漏雨。为防止台风损坏彩瓦,每张彩瓦上下各需打 2 颗自攻钉,并用密封胶封好。

(6)墙面彩板应打满钉,打钉时必须拉线,保证横平竖直,收边、包角等必须安装牢固、美观。

(7)自攻钉打歪斜的须去掉重打,保证打钉端正与彩板连接紧密,严禁打错钉。

(8)彩板安装质量标准:

①屋面、墙面平整,接缝顺直,檐口基本是直线,无未经处理的错钻孔洞;

②檐口与屋脊平行度允许偏差 10.0 mm,相邻彩板端部错位允许偏差 5 mm;

③墙面彩板波纹线垂直度 $H/1000$, 20.00 mm;

④彩板、包角板、水切等应固定牢固无松动。

7. 焊接和焊接验收

对焊接工作除了技术是关键外,还要加强管理,主要应做好下列工作。

(1)对发生首次采用的钢材、焊接材料、焊接方法、焊后热处理等,应进行焊接工艺评定,并应根据评定报告确定焊接工艺。

(2)焊接工艺评定应按国家现行的《建筑钢结构焊接规程》执行。

(3)焊工应经过考试并取得合格证后方可从事焊接工作。合格证应注明施焊条件、有效期限。焊工停焊时间超过 6 个月,应重新考核。

(4)焊接时,不得使用药皮脱落或焊芯生锈的焊条和受潮结块的焊剂及已熔烧过的渣壳。

(5)焊丝、焊钉在使用前应清除油污、铁锈。

(6)施焊前,焊工应复查焊件接头质量和焊接区域的处理情况。当不符合要求时,应经修整合格后方可施焊。

(7)角焊缝转角处宜连续绕角施焊,起落弧点距焊缝端部宜大于 10.0 mm;角焊缝端部不设置引弧和引出板的连续焊缝,起落弧点距焊缝端部宜大于 10.0 mm,弧坑应填满。

(8)多层焊接宜连续施焊,每一层焊道焊完后应及时清理检查,清除缺陷后再焊。

(9)焊成凹形的角焊缝,焊缝金属与母材间应平滑过渡;加工成凹形的角焊缝,不得在其表面留下切痕。

(10)焊缝出现裂纹时,焊工不得擅自处理,应查清原因,订出修补工艺后方可处理。

(11)焊缝同一部位的返修次数,不宜超过两次。当超过两次时,应按返修工艺进行。

(12)焊接完毕,焊工应清理焊缝表面的熔渣及两侧的飞溅物,检查焊缝外观质量。检查合格后应在工艺规定的焊缝及部位打上焊工钢印。

(13)碳素结构钢应在焊缝冷却到环境温度、低合金结构钢应在完成焊接 24h 以后,才可进行焊缝探伤检验。

(14)焊缝外形尺寸应符合现行国家标准《钢结构焊缝外形尺寸》的规定。

(15)焊接接头内部缺陷分级应符合现行国家标准《钢焊缝手工超声波探伤方法和探伤结果分级》的规定,焊缝质量等级及缺陷分级应符合表的规定。

8.文明施工

(1)施工开始前,根据现场情况,与甲方协商,根据当地的具体情况协商解决食宿问题,并制定切实可行的文明施工条例。创建标准化施工工地。

(2)施工用电及供电线路是施工的重要组成部分,应根据施工设施布置情况,保证一次定位,根据需要采取隔离保护措施。

(3)施工现场应挂牌展示下列内容

①各职务岗位责任;

②安全生产规章;

③防火安全责任;

④作为文明施工的日常内容,施工班组每日收工前必须清理本班组施工区域,以保证施工现场清洁。

9.雨季施工及防风措施

(1)合理调整原材料的运输速度和安装速度,在保证不怠工的前提下,尽量减少材料在现场的堆放余量。

(2)每日收工前将屋面剩余的板材用绳索绑扎固定或运回料场。

(3)每日开工、收工前检查临时支撑是否完好,如发现不牢或隐患现象,立即采取措施加固。

(4)大雨、大风、雷电天气应立即全面停止作业,并应预先采取措施,屋面上未固定材料应在预感变天时予以固定。

(5)一旦遇大雨应立即切断所有电动工具的电源,雷电天气禁止吊装及高空作业,雨天过后及时全面认真检查电源线路,排除漏电隐患,确保安全。

10.技术质量措施

(1)开工前做好技术、质量交底,让施工人员心中有数,树立质量第一的观念。

(2)根据施工技术要求,做好施工记录,贯彻谁施工、谁负责的精神,凡上道工序不合格,下道工序不予施工,各工序之间互检合格后方可进行下道工序施工。对重要工序经专职质检员检查认可后方可继续施工。做到层层把关,相互监督。

(3)定期检测测量基线和水准点标高。

施工基线的方向角误差不大于12″。施工基线的长度误差不大于1/1 000。基线设置时,转角用经纬仪施测,距离采用钢尺测距,并由质检校核。坐标点采用牢靠保证措施,严禁碰撞和扰动。

(4)其他严格按国家相关规范执行。

【思考题】

1.简述轻型钢结构的概念。

2.说明轻型钢结构的种类、形式和组成。

3.轻型钢结构的主要加工方法有哪些?

4.怎样处理轻型钢结构厂房的基础及其支撑面?

5.怎样处理钢结构厂房地脚螺栓?

6. 在运输过程中如何保护轻型钢结构?

7. 简述门式钢结构厂房的安装工艺流程。

8. 简述钢柱的吊装方法。

9. 简述钢梁的吊装方法。

10. 试述屋面和墙面彩钢板的安装方法,并说明钢丝网＋铝箔保温棉＋单彩板的屋面施工方法。

11. 檐口的构造有几种形式,如何应用?

12. 什么是压型板,有何用途?

13. 简述压型板的安装工艺流程。

14. 轻型钢结构的除锈方法有哪些?

15. 如何选择轻型钢结构的防锈涂料?

16. 什么是漆膜,漆膜厚度是如何规定的?

17. 轻型钢结构安装的质量控制要点是什么?

18. 梁柱连接与安装的质量控制要点是什么?

19. 檩条和支撑构件的制作安装要点是什么?

20. 轻型钢结构安装现场安全生产的"六大纪律"及施工现场"六大要素"是什么?

【作业题】

1. 编制某厂房地脚螺栓的固定方案。

2. 编制压型板的制作安装工艺。

项目4 高层钢结构工程的安装

本项目学习要求

一、知识内容与教学要求

1. 高层钢结构工程的含义及发展概况；
2. 高层钢结构工程的分类及结构特点和施工特点；
3. 高层钢结构工程起重机的选用与装拆；
4. 高层钢结构工程吊装工艺方案；
5. 高层钢结构工程测量与校正的要求；
6. 高层钢结构工程安全施工措施；
7. 高层钢结构工程质量控制要点。

二、技能训练内容与教学要求

1. 掌握高层钢结构工程施工企业的资质要求；
2. 根据具体工程进行高层钢结构工程起重主机的选择与装拆；
3. 能编制高层钢结构工程吊装方案；
4. 能编制高层钢结构工程校正测量工艺；
5. 能制定高层钢结构工程安全施工措施；
6. 能正确制定高层钢结构工程施工质量计划。

三、素质要求

1. 要求学生养成求实、严谨的科学态度；
2. 培养学生乐于奉献,深入基层的品德；
3. 培养与人沟通,通力协作的团队精神。

4.1 高层钢结构工程概述

4.1.1 高层建筑简史

古代就开始建造高层建筑,埃及于公元前 280 年建造的亚历山大港灯塔,高 100 多米,为石结构(今留残址)。中国建于 523 年的河南登封县嵩岳寺塔,高 40 m,为砖结构,建于 1056 年的山西应县佛宫寺释迦塔,高 67 多米,为木结构,均保存至今。

现代高层建筑从美国兴起,1883 年在芝加哥建造了第一幢砖石自承重和钢框架结构的保险公司大楼,有 11 层。1913 年在纽约建成的伍尔沃思大楼,有 52 层。1931 年在纽约建成的帝国大厦,高 381 m,102 层。第二次世界大战后,世界范围内出现了高层建筑繁荣时期。1962~1976 年建于纽约的两座世界贸易中心大楼,各为 110 层,高 411 米。1970~1974 年建于芝加哥的西尔斯大厦为 110 层,高 443 m,是当时世界上最高的建筑。加拿大兴建了多伦多的商业宫和第一银行大厦,前者高 239 m,后者高 295 m。日本近十几年来建起大量高百米以上的建筑,如东京池袋阳光大楼为 60 层,高 226 m。法国巴黎德方斯区有 30~50 层高层建筑几十幢。苏联在 1971 年建造了 40 层的建筑,并发展为高层建筑群。

中国近代的高层建筑始建于 20 世纪 20~30 年代。当时全国也是当时亚洲最高的建筑物,上海国际饭店于 1934 年落成,大楼 24 层,其中地下 2 层,地面以上高 83.8 m,钢框架结构,钢筋混凝土楼板,它是我国第一幢高楼。它在上海一直保持最高纪录达半个世纪。20世纪 50 年代在北京建成 13 层的民族饭店,15 层的民航大楼,20 世纪 60 年代在广州建成 18 层的人民大厦,27 层的广州宾馆。20 世纪 70 年代末期起,全国各大城市兴建了大量的高层住宅,如北京前三门、复兴门、建国门和上海漕溪北路等处,都建起 12~16 层的高层住宅建筑群,以及大批高层办公楼、旅馆。但由于经济和技术原因,建国后到 20 世纪 80 年代前再没有修建过高层钢结构建筑。进入 90 年代以后,一批高层、超高层建筑如雨后春笋般建起。由于外资工程的兴建,建筑用钢材的发展,高层钢结构建筑开始逐渐增多。1986 年建成的深圳国际贸易中心大厦,高 50 层。浦东开发区的建设,使上海的高层建筑钢结构发展尤其迅速,如上海金茂大厦于 1994 年开工,1998 年建成,有地上 88 层,若再加上尖塔的楼层共有 93 层,地下 3 层。上海环球金融中心是位于中国上海陆家嘴的一栋摩天大楼,2008 年 8 月 29 日竣工。是中国目前第二高楼、世界第三高楼、世界最高的平顶式大楼,楼高 492 m,地上 101 层。上海中心大厦楼高 632 m,将于 2014 年建成中国第一高楼,见图 4-1。据初步统计,我国大陆已建和在建的高层钢结构建筑,总建筑面积为 305.09 万 m^2,总用钢量约为 29.442 万 t,其功能大多为综合、办公、宾馆,分布地区主要在上海、北京、深圳。

图 4-1　上海陆家嘴高楼群

世界各城市的生产和消费的发展达到一定程度后,莫不积极致力于提高城市建筑的层数。实践证明,高层建筑可以带来明显的社会经济效益:首先,使人口集中,可利用建筑内部的竖向和横向交通缩短部门之间的联系距离,从而提高效率;其次,能使大面积建筑的用地大幅度缩小,有可能在城市中心地段选址;第三,可以减少市政建设投资和缩短建筑工期。

4.1.2 高层建筑定义

（1）国外高层建筑的定义

在美国，24.6 m 或 7 层以上视为高层建筑；在日本，31 m 或 8 层及以上视为高层建筑；在英国，把等于或大于 24.3 m 的建筑视为高层建筑。

（2）国内高层建筑的定义

在中国，旧规范规定：8 层以上的建筑都被称为高层建筑，而目前，接近 20 层的称为中高层，30 层左右接近 100m 称为高层建筑，而 50 层左右 200 m 以上称为超高层。在新《高规》即《高层建筑混凝土结构技术规程》（JGJ3—2002）里规定：10 层及 10 层以上或高度超过 28 m 的钢筋混凝土结构称为高层建筑结构。当建筑高度超过 100 m 时，称为超高层建筑。中国自 2005 年起规定超过 10 层的住宅建筑和超过 24 米高的其他民用建筑为高层建筑。

中国的房屋 6 层及 6 层以上就需要设置电梯，对 10 层以上的房屋就有提出特殊的防火要求的防火规范，因此中国的《民用建筑设计通则》（GB 50352—2005）、《高层民用建筑设计防火规范》（GB 50045—95）将 10 层及 10 层以上的住宅建筑和高度超过 24 m 的公共建筑和综合性建筑称为高层建筑。

（3）最新高层建筑的定义

超过一定层数或高度的建筑称为高层建筑。高层建筑的起点高度或层数，各国规定不一，且多无绝对、严格的标准。

4.1.3 高层建筑的分类

（1）国外高层建筑的分类

1972 年国际高层建筑会议将高层建筑分为 4 类：第一类为 9～16 层（最高 50 m），第二类为 17～25 层（最高 75 m），第三类为 26～40 层（最高 100 m），第四类为 40 层以上（高于 100 m）。

（2）国内高层建筑的分类

中国《民用建筑设计通则》（GB 50352—2005）将住宅建筑依层数划分为一层至三层为低层住宅，四层至六层为多层住宅，七层至九层为中高层住宅，十层及十层以上为高层住宅。除住宅建筑之外的民用建筑高度不大于 24 m，否则为单层和多层建筑，大于 24 m 者为高层建筑（不包括建筑高度大于 24 m 的单层公共建筑）；建筑高度大于 100 m 的民用建筑为超高层建筑。

建筑高度的计算：当为坡屋面时，应为建筑物室外设计地面到其檐口的高度；当为平屋面（包括有女儿墙的平屋面）时，应为建筑物室外设计地面到其屋面面层的高度；当同一座建筑物有多种屋面形式时，建筑高度应按上述方法分别计算后取其中最大值。局部突出屋顶的瞭望塔、冷却塔、水箱间、微波天线间或设施、电梯机房、排风和排烟机房以及楼梯出口小间等，可不计入建筑高度内。

4.1.4 高层建筑钢结构的结构类型和结构体系

高层建筑的主要结构形式按材料分为钢筋混凝土结构，钢结构，钢结构－钢筋混凝土组织结构;按结构受力来分为框架结构,框架剪力墙结构,剪力墙结构,筒结构,框架筒结构,其他组合结构等。

4.1.4.1　高层建筑钢结构的结构类型

高层建筑钢结构的结构类型主要有以下 3 种。

(1)钢结构　高层钢结构一般是指 6 层以上(或 30 m 以上),主要采用型钢、钢板连接或焊接成构件,再经连接、焊接而成的结构体系。高层钢结构常用钢框架结构(主要构件是工字钢组成的)。

(2)钢－混凝土结构　即钢框架——混凝土核心筒结构形式。在现代高层、超高层钢结构中应用较为广泛,多指框架结构,框架结构是指由梁和柱以钢接或者铰接相连接而成构成承重体系的结构,即由梁和柱组成框架共同抵抗适用过程中出现的水平荷载和竖向荷载。采用该结构的房屋墙体不承重,仅起到围护和分隔作用,一般用预制的加气混凝土、膨胀珍珠岩、空心砖或多孔砖、浮石、蛭石、陶粒等轻质板材等材料砌筑或装配而成。

(3)钢管混凝土结构　钢管混凝土就是把混凝土灌入钢管中并捣实以加大钢管的强度和刚度。一般把混凝土强度等级在 C50 以下的钢管混凝土称为普通钢管混凝土;混凝土强度等级在 C50 以上的钢管混凝土称为钢管高强混凝土;混凝土强度等级在 C100 以上的钢管混凝土称为钢管超高强混凝土。

钢管混凝土由于其承载力高、塑性和韧性好等优点,被广泛应用于单层和多层工业厂房柱、设备构架柱、送变电杆塔、桁架压杆、桩、空间结构、高层和超高层建筑以及桥梁结构中。

钢管混凝土结构具有比普通钢筋混凝土结构更优越的承载性能和抗震性能,具有更好的延性、耐久性,在转换结构中采用钢骨转换梁将会有效地提高转换结构的整体功能。

在高层建筑结构中,钢管混凝土柱具有很大的优势:具有承载力高,抗震性能好的特点,既可以取代钢筋混凝土柱,解决高层建筑结构中普通钢筋混凝土结构底部的:"胖柱"问题和高强钢筋混凝土结构中柱的脆性破坏问题;也可以取代钢结构体系中的钢柱,以减少钢材用量,提高结构的抗侧移刚度。钢管混凝土构件的自重较轻,可以减小基础的负担,降低基础的造价。全部采用钢管混凝土柱的工程可以采用"全逆作法"或"半逆作法"进行施工,从而加快施工进度;钢管混凝土柱的钢材厚度较小,取材容易、价格低。其耐腐蚀和防火性能也优于钢柱。钢管混凝土柱不易倒塌,即使损坏,修复和加固也比较容易。

4.1.4.2　高层建筑钢结构的结构体系

高层建筑钢结构的结构体系主要有以下几种。

在高层建筑中,目前有三种结构体系:混凝土结构、钢结构和由两大基本体系组成的混合结构。混合结构主要表现为以下几种结构体系。

(1)框架体系　钢筋混凝土体系。

(2)双重抗侧力体系　①钢框架－支撑(剪力墙板)体系;②钢框架－混凝土剪力墙体系;③钢框架－混凝土核心筒体系。

(3)筒体体系　①框－筒体系;②桁架筒体系;③筒中筒体系;④束筒体系。

在高层建筑混合结构中,钢结构主要应用形式为①作为钢框架与混凝土核心筒组成受力结构体系是高层混合结构中常用的形式,如上海金茂大厦、厦门远华大厦、深圳地王大厦等;②作为劲性骨架与混凝土一起组成受力构件,包括钢管混凝土等;③组成网架、桁架等大跨屋盖结构体系。

混合结构兼有钢与混凝土两者的优点,整体强度大、刚性好、抗震性能良好,当采用外包混凝土构造形式时,更具有良好的耐火和耐腐蚀性能。混合结构构件一般可降低用钢量15%～20%。混合楼盖及钢管混凝土构件,还具有少支模或不支模,施工方便快速的优点。因此混合结构在高层钢结构建筑中所占比重较多。

2011年我国钢产量已超过6.8亿吨,是世界上的钢产量大国,同时,钢材的品牌、规格与质量也日益提高,为我国高层建筑用钢提供了物质基础。我国建筑技术政策鼓励"发展钢结构(含预应力钢结构)。对于超高层建筑结构,大跨空间结构或大跨重载工业厂房等,可采用钢结构;对大跨空间屋盖系统,可选用钢网架、网壳、悬索、壳体、膜结构等。加速推广轻钢结构","研究推广组合结构和混合结构,为了充分发挥不同结构材料的性能,根据建筑物特点,可采用两种及以上结构材料构成的组合结构,如由型钢、钢筋、混凝土构成的劲性钢筋混凝土;由钢管和混凝土构成的钢管混凝土。在一个建筑物上可采用两种及以上结构形式构成的混合结构,如采用钢筋混凝土作为高层建筑的核心筒,高层建筑外柱采用钢框架结构与其相连"。可见钢结构(包括混合结构)在今后高层建筑中将越来越多。

4.1.5 高层建筑的主要户外设施

(1)城市高层住宅建筑外加附属物体包括:①居民使用的户外空调主机;②防盗门窗护网;③门窗玻璃;④企业的户外广告、招牌匾额;⑤户外照明及通信装置;⑥户外门窗遮阳遮雨用具。

(2)高层建筑顶端的通信发射接收设施:①企业通信专用设备;②信息产业收发信息设施;③卫星通信接收设备;④户外民用天线。

(3)高层建筑的水暖设备:①原高层建筑供暖系统的终端设备;②冷却塔,高水位水箱。

(4)高层建筑所安装的太阳能装置:①民用以及企业用太阳能供暖设备;②民用及企业用太阳能供电装置。

4.2 高层建筑钢结构的特点

4.2.1 高层建筑钢结构的优缺点和施工的特殊要求

(1)高层钢结构的优缺点

钢结构之所以在高层建筑工程中得到广泛应用,是由于它具有以下特点:

①强度高,塑性、韧性好;

②质量轻;

③材质均匀和力学计算的假定比较符合实际;

④制作简单,施工工期短;

⑤它也有耐火、耐腐蚀性差,造价稍高等不足之处。

但综合评定,钢结构仍是结构体系中重要的组成部分,是值得扩大推广应用的。

(2)高层钢结构施工的特殊要求

钢结构的施工大体上可分为两大部分,一是钢构配件的制作,二是现场的拼接安装,除此之外，还有防腐、防火处理等。从技术上看，钢结构施工有以下特殊要求。

①对测量、定位、放线工序要求高 这在制作和安装阶段都是较为重要的问题。钢结构力学计算模型比较清楚，对尺寸变化比较明显。下料不精确，会造成构件的变形，安装时不能就位，影响承载效果。同时在高层建筑中，房屋高、体型大，误差积累非常显著，柱子或其他构件微小的偏移会造成上部很大的变位，极大地改变结构的受力，影响设计效果，甚至产生工程事故。

②安装过程中对天气、温度等条件敏感 钢材热胀冷缩，尺寸变化较大，温度过高或过低都会对安装精度产生影响。同时，在钢材连接中，焊接和栓接的质量与天气、温度息息相关，刮风、下雨、下雪都不适宜进行工作。钢结构焊接有其专门的技术规程要求，实际工作中，自然条件不能满足工作要求时，往往要采取人工措施给施工创造条件，比如焊条的预热、钢板的预热加温等。

③钢结构安装对机械设备要求高 钢结构施工是一种预制化、装配式的施工，对起重、运输等机械的性能要求高。由于钢构件质量大、体型大，高层建筑施工中高空作业多，对吊装过程中的技术要求高，吊装的施工荷载必须同其自身设计承载力相吻合，钢构件在运输、堆放、起吊、就位及安装过程中，要按事先模拟设计的条件进行。另外，在一些特殊的施工方法中，如同步顶升法、高空滑移法等施工时，对机械设备性能有更高的要求。

④防腐、防火要求严 分施工过程中的防腐、防火和安装完成后的防腐、防火。

⑤钢结构工程量大，要求堆场大 因为钢结构构件多，现场必须设置临时堆放场地及相应的中转堆场。

4.2.2 高层建筑钢结构施工的特点

(1)施工精度要求高

高层钢结构工程安装节点的形式(坡口焊接或高强度螺栓连接)要求构件的制作、施工测量、构件安装等关键环节必须保证足够的尺寸精度。为此应从测量设备和量具、测量方法和测量频率、环境温度对测量的影响等方面严格控制构件和安装尺寸精度。

(2)厚钢板焊接难度大

钢结构工程焊接钢板厚度大部分为 20 mm 以上厚钢板，而且全部为全焊透焊缝，其中焊接收缩变形、焊接接头脆化、焊接裂纹等缺陷的产生将成为必须解决的问题。为此应从焊接方法、材料的选择、焊接工艺评定、焊工技能考试、施焊环境、无损探伤等重要环节严格控制。

(3)构件预制与现场安装同步进行

高层钢结构工程的施工质量很大程度上取决于预制构件质量，钢材质量、构件尺寸、焊接质量、接头处理、除锈涂装等重要工序的质量和构件预制的先后顺序将直接影响现场安装的施工进度和质量。构件预制与现场安装同步进行，必须在构件预制场地和工程施工现场合理安排监理人员，并保持有效的信息沟通，在进度计划、首件验收、构件编号、构件出厂验收等关键环节严格把关，确保预制、安装工作协调进行。

(4)施工速度快，各工种交叉作业

钢结构工程以其施工速度快而著称，在合理安排各工序交叉作业的前提下，施工将以高速度进行。施工现场存在两种交叉作业。

①钢结构安装工程范围内的交叉作业，包括测量、吊装、焊接、螺栓连接、无损探伤、防

腐处理等。

②与其他工程的交叉作业,包括 ±0.000 以下混凝土梁与型钢混凝土柱的交叉作业、楼板混凝土工程与钢结构工程交叉作业、其他工程的预留、预埋施工等。项目监理部应根据施工组织设计合理安排监理人员,按工序分头把关,加强各工序控制之间的信息沟通,严格控制隐蔽工程验收。

(5)施工环境对工程质量影响较大

钢结构安装均为高空作业,施工单位必须采取有效的安全防护措施。从施工质量和安全角度考虑,风力过大时不宜吊装、焊接,雨雪天气或湿度过大时不宜焊接、油漆,气温过低时不宜焊接,冰雪覆盖不宜上人。

4.3　高层建筑的安装条件

高层建筑的安装需要具备相应的资质条件,钢结构公司具备二级专业承包资质方能承接高层钢结构的安装工程。且符合国家及行业的规定,企业的从业人员应达到相应的要求。

4.3.1　高层建筑的安装企业从业人员应具备的素质

不同层面工程技术人员应具备的专业技能。

(1)高层工程技术人员

①具备全面的钢结构的设计、制造、安装工程技术技能。在设计上应有多座大型钢结构建筑的作品。还应至少有超过 10 个以上的复杂钢结构的设计经验。如大型空间旋转钢梯、8 m 以上悬臂的玻璃雨篷结构、高层用观光电梯框架的设计等。应清楚和了解我国颁布的不同时期的三个《钢结构设计规范》的基本内容和其特点。在制作上精通钢结构制作技术。熟悉焊接变形与焊接收缩规律,并能准确计算出焊接收缩量。精通各类钢结构加工工艺和工装胎具的设计。具有组织和领导钢结构加工技术工作项目 50 个以上的经验。特别是安装工程技术技能出类拔萃。具有丰富的施工经验和解决问题的超高能力。

②有着丰富的起重吊装技术技能和起重吊装现场施工经验。有从事多座大型工业厂房吊装的工程经验。熟悉了解汽车吊、轮胎吊的机械特性。从事过土法起重技术工作。进行过独角扒杆、灵机扒杆、人字扒杆、龙门架、三脚架的设计和应用。能够不借助任何书籍和资料迅速进行吊装机、索具的设计、计算和选择。对于现场出现的安装技术问题能够迅速提出 1~3 个解决问题的方法和施工要求。

③精通塔式起重机的设计、制造、使用技术。熟悉其他起重机的使用技术。起码针对在高层钢结构工程用的塔式起重机的一种型号进行过全面的了解和掌握其结构特点。熟练地对塔式起重机的大臂、塔身、起升钢丝绳在定点装配时产生的组合位移进行精确计算。包括垂直和水平两个作用面。能对钢构件进行精确安装。熟练地对塔式起重机附着锚固工况进行分析计算。并根据实际锚固作用力判断钢结构框架的承载力,在安装钢结构时充分考虑该因素对安装工艺的影响。熟练地对塔式起重机内爬工况的作用力进行分析计算,并根据实际作用力判断钢结构框架的承载能力,在安装钢结构时充分考虑该因素对安装工艺、安装质量的影响。

④熟悉掌握钢结构工程有关的国家规范、标准。如《钢结构施工与质量验收规范》《钢结构与砼结构设计规范》《钢管脚手架规范》《塔式起重机设计规范》和有关安全施工方面的规范等。

⑤了解和掌握国际与国内的类似工程的施工技术状况、工艺等。

⑥掌握本单位的施工队伍技术现状和各系列工程技术人员的现状和各自的岗位责任制情况。

⑦掌握现场施工组织设计与方案制定与落实情况。

⑧精通钢结构工程的经济分析技能,熟练地掌握安装工程的费用预算情况。

（2）中层工程技术人员

①具备钢结构的安装工程技术技能。掌握现场使用的塔式起重机基本性能和技术参数。

②有一定的起重吊装技术技能和起重吊装现场施工经验。

③熟悉掌握《钢结构工程施工质量验收规范》GB20205—2001、《钢结构设计规范》、焊接专业技术、涂层专业技术等。

④清楚现场施工组织设计与方案的具体内容,掌握自己管理的施工队伍技术现状,并组织贯彻执行。

⑤具有解决现场一般技术事件的能力。

⑥具有很高的钢结构图纸审图、绘图能力,掌握现状钢结构部件与图样的一致性。

⑦能够完成一般的钢构安装工程的经济分析。

⑧能够绘制安装工程进度网络图和相应技术指标分析用图。

（3）现场工程技术人员

①具有一般的钢结构图纸视图能力。具有一般的现场绘制施工草图的能力。

②掌握一般的钢结构施工计算工作。如一般的起重吊装用机索具的强度与承载能力的计算。

③能够理解和执行现场施工组织设计与方案,做好安装前的准备工作。

④能够贯彻执行上级布置的技术工作。

⑤基本掌握现场使用的塔式起重机基本性能和技术参数。

⑥能够编写和办理施工现场施工技术洽商,具备及时沟通与监理、甲方、上级的工程技术信息的能力。

⑦能够编写施工现场技术工作日志。

⑧能够编写施工现场各类监理验收报表。如分步、分项工程记录表、原材料进场报验表、隐蔽工程报验表等。

4.3.2　高层钢结构起重设备的选用与装拆

建设高层钢结构建筑采取的重要机械为塔式起重机。应依据其构造的立体几何外形和尺寸、构件质量等进行选用,见图4-2。

（1）塔式起重机的选择

除个别状况外,尽可以采取外附式起重机,拆装方便。

选用外附着式塔吊时,塔基可选在公共层或另设塔基;选用内爬式塔吊时,塔吊设在电梯井处。

图 4 – 2　塔式起重机的使用

（2）塔式起重机地位和性能的选择

塔式起重机的地位和性能应满足以下要求：

①要使臂杆长度具备足够的掩盖（修建物）面；

②要有足够的起重能力，满足不同地位构件起吊质量的要求；

③塔式起重机的钢丝绳容量，要满意起吊高度和起重能力的要求；起吊速度要有足够的层次，满足安装需要；

④多机作业时，应斟酌：当塔吊为高层臂杆时，臂杆要有足够的高差，可以平安运转不碰撞；各塔吊之间应有足够的平行间隔，确保臂杆与塔身互不碰撞；塔吊的顶升、锚固或爬升需去确保安全。

（3）塔吊的顶升、锚固或爬升应斟酌以下问题：

①外附着式塔吊

吊钩高度应满足装置高度和各塔吊之间的高度差请求，并依据塔吊塔身许可的自在高度来肯定锚固次数。塔吊的锚固点抉择有利于钢结构加固，并能先造成框架整体构造以及有利于幕墙装置的部位。对锚固点应进行盘算。

②内爬塔吊

塔吊爬升的地位应满足塔身自身高度和钢结构每节柱单元装置高度的要求。内爬塔吊的基座与钢结构梁－柱的衔接方式，应进行盘算核定。内爬塔吊所在地位的钢结构，应在爬升前焊接结束，造成整体。

（4）塔式起重机使用前的准备工作

①认真组织有关人员进行塔吊安装的验收工作，并认真填写有关验收表。做好塔吊基础隐蔽工程的验收工作。

②进行全面的机械设备保养工作。

③做好试运转工作。按试车计划进行调试。对力矩限制器、行程限位装置进行最优化的设定。

④空载、重载试车，确保无问题。

⑤做好机械设备的工作日志与历履书的填写工作。做好驾驶员的交接班记录工作。

⑥做好防雷电的地线布置工作。满足有关规定要求。如导线截面积大于 150 mm^2 和

阻抗值小于 4 Ω 的规定。

⑦基础处的排水功能有效。

⑧驾驶员持证上岗,身体状况达标,人员配备合理。

(5)立、拆塔吊注重事项

①选用塔吊时要斟酌施工现场立、拆塔吊的条件。

②立塔。外附着式塔吊在深基坑边坡立塔时,塔基可依据详细状况选用固定式或行走式基础,但要斟酌基坑边坡的稳固,即要斟酌最大轮压值及相应的平安办法;内爬塔可采取在修建物外部设钢平台进行立塔。

③拆塔。采取外附着式塔吊时,重要的是应考虑高层建筑群楼房施工对拆塔的影响。内爬塔的撤除要依赖屋面吊车进行,因而要斟酌屋面吊最大轮压值和轨道的埋设不得大于钢结构的承载能力。

④凡因立、拆塔吊引起对基坑、钢结构的附加荷载,均应事前进行构造验算。

4.4 高层钢结构吊装工艺方案

4.4.1 高层钢结构安装工艺准备工作

(1)安装工艺准备工作的内容

①熟悉了解本工程情况。

②掌握本次钢结构的制造情况。

③全国同类型钢结构高层安装的现状。

④世界同类型钢结构的高层安装现状。

⑤技术资料的准备工作。

⑥安装工程施工组织设计与安全技术方案的起草。

⑦人员的培训与组织。

⑧高层(超高层)钢结构安装工程企业标准的制定。

⑨对制造出厂的钢结构部件的质量进行全面的检查核实。将不合格的钢结构部件进行调整或返工处理。

⑩工地现场材料的堆放进行准备工作。计算地面的承载能力等。

(2)起重机的工艺方案准备

①起重吊装机索具的准备 起重吊装用的机索具使用前应检查起重功能是否正常,有些机索具该换的换,该修的修,确保功能正常,使用安全。

②信号传递工具的准备 为了保证施工人员的安全。当完成吊装作业后施工人员不用爬到吊点处进行解除绳结的约束。设计与制作出自动卡环工具。当完成吊装作业后。施工人员在下面就能解除绳结的约束。这是减少施工人员的高空作业所采取的必要手段。

③钢结构部件现场短途运输车辆的设计、制作。要求满足承载与行走的基本需求和具有连接、解除方便的功能。

④钢结构部件现场短途运输道路的准备。包括在地下室顶板上进行运输的支顶加固措施的实施工作。要有详细的理论计算保证。

⑤现场实际塔吊吊装不同规格的钢结构部件在吊起和降下这一不同过程中的不同位移量。将计算结果列出表格。用于钢结构部件精确吊装定位。

⑥确定出内爬式还是外附着式塔吊的布置方案。

（3）工地现场钢结构部件的吊装前准备工作

①按施工组织设计要求，对不同的钢结构部件与外形大小结构特点按吊装顺序进行编组、编号。按计划设计位置图进行码放工作。

②对起吊前的钢结构部件水平移动到起吊处。

③对起吊前的钢结构部件进行垂直度校正，并做好工艺装备的安装工作。如缆风绳临时固定点的捆绑。校正用支撑杆支点位置的确定与装配。吊点定位临时固定装置的安装。防钢止结构板边棱角被撞，并防止切断钢丝绳和脱绳和限制其位移。

④完成精确测量定位工作。

注意：a.测量选用通过国家计量部门检测合格的钢尺、经纬仪和水平仪。b.对检测用钢尺的截面进行测量。选用对应规格的弹簧拉力计。查表选用对应的测量尺寸修正系数。并在测量中正确使用量具、仪器和修正系数。c.选用合适的放线工具进行放线、画线。

⑤施工人员操作用脚手架的架设。对人员操作脚手架应有理论计算保证。架设完成后，安全技术人员要组织验收。合格后方可使用。对验收工作要有书面的验收记录。

⑥人体防坠落安全网的架设安装。架设完成后，安全技术人员要组织验收。合格后方可使用。对验收工作要有书面的验收记录。

⑦完成操作人员的安全带的悬挂装置的安装工作。

⑧完成操作人员到施工面简易道路的布置工作。

⑨对起重机索具进行检查与安全验收工作。做好书面记录与办理有关人员签字的手续。

⑩组织施工技术交底与安全动员会。使全体人员明确钢结构安装的工艺与技术要求。明确安全工作的基本操作方法和有关规定。

4.4.2 高层钢结构安装工艺

4.4.2.1 安装工艺的基本要求

（1）对钢结构部件进行吊装作业。钢结构部件到位后，校对安装基准线，进行精确定位。

（2）对钢结构部件进行定位后。将部件的自重对连接点处的作用力控制在80%。控制方法利用塔吊的垂直位移量按计算表进行控制。用水平仪和经纬仪读数调整。

（3）对钢结构部件进行基本的连接。螺栓或焊接多点。按方案要求进行作业。

（4）对钢结构部件进行安装精度的调整控制。用经纬仪测量柱子的垂直度时注意阳光对柱子侧面热胀冷缩的影响。

（5）钢结构部件就位时，部件的自重对连接点处的作用力控制在80%后。塔吊小车应按塔吊水平位移量计算确定值向大臂端部移动一段距离。以保证塔吊起升钢丝绳与立柱在一个垂直线上。

（6）钢结构部件就位后，检验合格后进行螺栓紧固或焊接工作。

（7）钢梁的吊装可采用两吊点或4吊点布置。注意4吊点用两根绳布置双平衡滑轮。吊点捆绑处吊点与相邻的吊点的穿绕方向要一正一反。确保大梁始终处于平衡状态。做好棱角切绳的防止保护工作。可将管子一分为二处理，垫于棱角处。

(8)当本层工作完成后做局部验收,不合格必须整改至合格为止。

(9)做好下一层安装工程的准备工作。

4.4.2.2　安装工艺过程的技术要求

(1)准备工作。准备工作包括钢构件预检和配套、定位轴线及标高和地脚螺栓的检查、钢构件现场堆放、安装机械的选择、安装流水段的划分和安装顺序的确定、劳动力的进场等。

(2)多层及高层钢结构吊装,在分片区的基础上,多采用综合吊装法,其吊装程序一般是:平面从中间或某一对称节间开始,以一个节间的柱网为一个吊装单元,按钢柱→钢梁→支撑顺序吊装,并向四周扩展;垂直方向由下至上组成稳定结构,同节柱范围内的横向构件,通常由上向下逐层安装。采取对称安装、对称固定的工艺,有利于将安装误差积累和节点焊接变形降低到最小。

安装时,一般按吊装程序先划分吊装作业区域,按划分的区域、平等顺序同时进行。当一片区吊装完毕后,即进行测量、校正、高强度螺栓初拧等工序,待几个片区安装完毕,再对整体结构进行测量、校正、高强度螺栓终拧、焊接。接着,进行下一节钢柱的吊装。

(3)高层建筑的钢柱通常以 2~4 层为一节,吊装一般采用一点正吊。钢柱安装到位、对准轴线、校正垂直度、临时固定牢固后才能松开吊钩。安装时,每节钢柱的定位轴线应从地面控制轴线直接引上,不得从下层柱的轴线引上。在每一节柱子范围内的全部构件安装、焊接、栓接完成并验收合格后,才能从地面控制轴线引测上一节柱子的定位轴线。

(4)同一节柱、同一跨范围内的钢梁,宜从上向下安装。钢梁安装完后,宜立即安装本节柱范围内的各层楼梯及楼面压型钢板。

(5)钢结构安装时,应注意日照、焊接等温度变化引起的热影响对构件伸缩和弯曲引起的变化,并应采取相应措施。

4.4.2.3　高层钢结构安装工艺的注意事项

(1)做好分部、分项的技术验收资料工作,按国家规定的表格进行认真的填写。

(2)对钢结构进场的原材料化验单、机械性能报告单、焊条的出厂质量合格证明。螺栓的出厂质量合格证明等。进行收集与整理,并及时向监理报验签字生效。

(3)做好隐蔽工程工作。填好相应验收表。及时向监理报验签字生效。

(4)做好螺栓现场检验、力学试验工作。

(5)做好 1 级、2 级焊缝的现场检验工作。

(6)做好油漆涂层检验工作。

(7)做好防火涂料的检验与现场涂层的检验工作。

(8)做好钢结构安装精度的检验验收工作。

(9)认真做好技术档案的编制工作。

(10)认真做好安全预案或紧急安全措施。

4.4.3　高层建筑钢结构校正测量工艺

随着建筑业的发展以及建筑技术水平的提高,高层和超高层建筑钢结构工程越来越多。在钢结构工程安装过程中,测量是一项专业性较强且又非常重要的工作。测量精度的高低直接影响到工程质量的好坏,是衡量钢结构工程质量的一项重要指标。

高层建筑的场地控制测量、基础以上的平面与高程控制与一般民用建筑测量相同,应特别重视建筑物垂直度及施工过程中沉降变形的检测。对高层建筑垂直度的偏差必须严格控制,不得超过规定的要求。高层建筑施工中,需要定期进行沉降变形观测,以便及时发现问题,采取措施,确保建筑物安全使用。

上海浦东国际金融大厦是一座高达 226 m 的超高层钢结构工程,该工程地下 3 层,地上 53 层,中央核心筒为劲性钢筋混凝土结构,外围是由 19 节钢柱组成的钢结构。该工程采用"天圆地方"的设计方案,造型新颖、美观,但其结构复杂、施工难度大,安装校正测量精度要求高。核心筒的三次变体和高层栋的倾斜收缩都对测量提出了特殊要求;施工单位以其较强的专业技术和良好的敬业精神保证了钢结构工程的精确安装校正。

下面对该工程的有关测量技术问题及其解决方法作简要的阐述。

(1)平面控制网测设和高程的竖向传递

①平面控制网测量设计

首先对监理公司提供的控制点分布图和有关起算数据,采用 T2 经纬仪和 PTS – Ⅲ05 全站仪分别进行两侧回测角测距,联测无误后即将其作为该工程布设平面控制网的基准点和起算数据。

根据已知基准点与设计轴线的关系,采用极坐标法、直角坐标法及方向线法相结合,采用全站仪放样出图,该工程由 24 条纵横主轴线组成的建筑方格网(方格网的精度要求如表 4 – 1),并据此在首层预埋件上布设 12 个控制点,其中以 K1 ~ K8 组成的控制网作为主体。

表 4 – 1　建筑方格网主要技术指标

等级	边长/mm	测角中误差(″)	边长相对中误差
一级	50 ~ 200	±5	1/40 000

结构的平面控制网,K9 ~ K12 组成的控制网作为核心筒的平面控制网。随着核心筒的变体和高层栋的收缩,在原有控制网的基础上将不断加密新的控制点,从而组成新的控制网。平面控制网的测量精度如表 4 – 2 所示。

表 4 – 2　建筑平面控制网主要技术指标

等级	范围	测角中误差(″)	边长相对中误差	方位角闭合误差
一级	钢结构建筑	±9	1/24 000	$\pm 10\sqrt{n}$

注:其中 n 为测站数。

将首层布设的控制点,运用徕卡天顶仪依次投测所需施工楼层并用激光接收板接收。慢慢旋转铅直仪(0°,90°,180°,270°,360°)便在接收板上得到一个激光圆,圆心即为该控制点的接收点。激光点的直径应小于 1 mm,激光圆的直径应小于 3 mm。对接收点组成的控制网进行角度、距离闭合测量;经计算机平差计算,满足表 4 – 1 的精度要求后,即作为该楼层的平面控制网;并以此作为本楼层细部放线的依据。

②高程的竖向传递

首先,对监理公司提供的施工现场的标高基准点与城市水准点进行联测,然后用 N3 水准仪按照国家二等水准测量规范要求,在首层核心筒墙面上合理引测四个标高基准点。

如图 4 – 3 所示,用两台水准仪配合 50 mm 钢尺,通过下式进行计算,把首层标高基准点传递到各施工楼层,并对其进行闭合检查,闭合差小于 2 mm 时,即作为本楼层标高测量的基准。

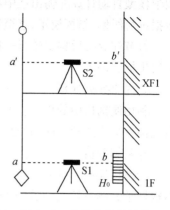

$$b' = H_0 + a' - a + b$$

式中　b'——S2 水准仪的视线高;

　　　H_0——首层标高基准点高程;

　　　a'——S2 水准仪在 50 mm 钢尺上读数;

　　　a——S1 水准仪在 50 mm 钢尺上读数;

　　　b——S1 水准仪的视线高与 H_0 的高差。

图 4 – 3　高程的竖向传递

总包方的沉降观测资料显示,高层栋与核心筒的沉降步调不相一致,这是由于工程施工过程中,核心筒一直高过高层栋 6 ~ 8 层所造成的。为了保证钢柱与核心筒相接的大梁两端水平度,结合沉降资料的规律,在核心筒连接板安装过程中,施工方通过把连接的标高抬高 3 mm,来确保同层楼面的标高相一致;达到了令人满意的效果。

(2)全站仪实时钢柱校正测绘系统的应用

经典的经纬仪 + 钢尺测量法,是目前钢结构测量校正所采用的普遍方法;其原理简单、直观,容易被大多数人所接受,但细部放线工作较多,工作量较大,对现场的通视条件要求较高,不仅耗费大量的人力、物力,而且效率较低。在高新技术日益发展的今天,全站仪和计算机得到了广泛的应用,运用接口技术使二者相连,建立一套完整的全站仪实时测绘系统,对钢柱进行测量校正还是一直在探索的新课题。工程进入标准层(39 层)施工阶段开始,可完全脱离了传统的校正测量方法,而是采用新技术、新设备,运用该系统软件实时有效地对钢柱进行安装校正测量,取得了较为理想的效果。下面将着重介绍该系统的开发和应用情况。

①基本原理

根据该工程的特点和平面图的具体情况,以轴线为基准建立一个施工测量坐标系;计算各柱中心和控制点在该坐标下的理论坐标,运用极坐标原理对钢柱进行测量校正。

②硬件构成

a. 数据采集器为 SokkiSet2B 全站仪;b. SokkiaRS30N 型反贴片;c. 处理器采用 586 便携机;d. 全站仪操作平台。

③RS30N 反光贴片常数测定

用 Set2B 全站仪和与其配套的棱镜精确测量一般距离 S,然后移开棱镜,使反光贴片的竖丝对准棱镜对中点进行测量,测得距离为 b',调整全站仪的棱镜常数,直至 $S' = S$。经过多次试验,最终确定反光贴片的常数为 2。

④外业数据采集及现场纠偏

为了给钢柱测量校正创造有利条件,也为了该系统的有效实施,专门设计并加工了全站仪操作平台,运用膨胀螺栓使其固定在该节柱顶层的核心筒墙面上,并且安装在控制点的正上方。运用激光铅直仪把控制点投测到操作平台上,并且使全站仪对中该接受点。架好全站仪,后视另一控制点,瞄准反光贴片(贴片竖丝对准柱顶中心,且贴片面朝向全站仪),运用极坐标原理测得斜距、水平夹角和竖直角,该数据自动传输给便携机,利用建立的数学模型自动计算并输出柱中心的实测坐标(X,Y)以及实测值与理论值之差值;现场据此数据进行纠偏,指挥校正,直至满足精度要求。

每节柱焊接后均要进行一次柱中心点位偏差测量,按上面同样的测量方法得到各柱焊接后坐标文件。

⑤内业数据处理

利用便携机中的柱中心理论坐标,校正后实测坐标,焊接后坐标实测数据,可以进行柱点位偏差平面图和立面图的绘制。

⑥利弊分析

全站仪实时测绘系统大大减少了外业工作时间,提高了工作效率,而且可以同时进行多根柱子的测量校正,减轻了测量人员的劳动强度,提高了测量精度,节省了测量人员的投入;但需要投入全站仪、计算机等先进设备,对测量人员的素质要求也较高。

(4)钢结构安装误差

测量误差主要受以下因素的影响:

①控制点布设误差,控制点投点误差;

②细部放线误差;

③外界条件影响;

④仪器对中、后视误差;

⑤摆尺误差;

⑥读数误差。

规范要求和本工程采用的钢结构安装误差的限差,见表4-3。竣工资料显示:钢柱最大轴线偏差满足了规范规定的限差要求。

表4-3 工程规范要求和钢结构安装误差

项次	项目	GB50205—2001 附录 C 允许偏差/mm	本工程自控允 许偏差/mm	实际偏差 /mm
1	钢结构定位轴线	$e \leqslant L/2000$ ±3.0	$e \leqslant L/2000$ 且 ±2.0	2.0
2	柱子定位轴线	$e \leqslant 1.0$	$e \leqslant 1.0$	1.0
3	地脚螺栓偏移	$e \leqslant 2.0$	$e \leqslant 2.0$	2.0
4	插入柱就位偏差	$e \leqslant 3.0$	$e \leqslant 3.0$	2.0
5	上柱下柱连接外错口	$e \leqslant 3.0$	$e \leqslant 3.0$	2.0
6	底层柱基点标高	$-2.0 \leqslant e \leqslant 2.0$	$-2.0 \leqslant e \leqslant 2.0$	$-2.0 \sim 2.0$
7	单节的垂直度	$e \leqslant H/1000$ $E \leqslant 10.0$	$e \leqslant H/1000$ 且 $e \leqslant 5.0$	5.0
8	主体结构整体垂直度偏差	$e \leqslant H/2500$ $e \leqslant 50.0$	$e \leqslant H/2500$ 且 $e \leqslant 30.0$	15
9	同节柱柱顶标高之差	$-5.0 \leqslant e \leqslant 5.0$	$-5.0 \leqslant e \leqslant 5.0$	$-5.0 \sim 5.0$
10	同根梁两端水平度	$e \leqslant L/1000$ $E \leqslant 10.0$	$e \leqslant L/1000$ $E \leqslant 5.0$	5.0
11	主梁与次梁表面高差	$-2.0 \leqslant e \leqslant 2.0$	$-2.0 \leqslant e \leqslant 2.0$	$-2.0 \sim 2.0$

4.4.4　高层建筑钢结构施工中存在的问题及对策

我国钢结构的施工水平发展很快，在短时间内，已能独立承建一些超高层和大跨度结构。除超高层建筑外，大空间钢结构中以钢管为杆件的球节点平板网架，多层变截面网架及网壳等是我国空间钢结构用量最大的结构形式，在设计、施工方面均达到国际先进水平。轻钢结构技术具有质量轻、强度高、安装速度快等优点。此外，钢结构的吊装、连接和防护技术也已达到了很高的水平。在现代化项目管理和计算机应用方面，一些企业已运用系统工程、网络计划、目标管理和现代管理技术编制施工组织设计，统筹安排施工技术方案和计划进度。

（1）存在的问题

我国钢结构施工技术水平总体并不比国外差，我们的不足主要表现在管理方面。

①缺乏总承包的能力，这与企业的管理、资金、技术息息相关。

②项目管理粗犷，在质量、成本、进度、安全控制，合同、信息、现场、要素管理方面与国外相比还有差距。

③计算机应用水平低，人员缺乏，从业人员水平低，资源缺乏，忽视软件开发等。

④钢结构施工中传统的手工业还大量存在，信息化、智能化施工还未全面开始形成。

⑤开拓国际化水平低，企业缺乏综合性人才和及时的信息，不能走出国门。此外，还有很多企业没意识到钢结构的发展，仍然把钢结构施工看作是混凝土施工的附属，没能把钢结构施工有效分离，建立一批专业化的公司，并形成独立的施工体系。

（2）发展对策

发展我国的高层建筑钢结构，应从存在的问题出发，采取一系列措施。从企业外部来讲，国家应制定相关的行业技术政策鼓励和发展钢结构施工。比如，加强对钢结构施工企业的资质等级管理，扶持一批技术力量、管理水平高的企业。在造价定额等方面跟上钢结构的发展。我国的建筑市场早已步入市场化，发展钢结构施工主要在企业内部，主要是加强企业管理，壮大企业的实力，使企业跟上市场的需要。项目管理同企业管理紧紧相伴，企业要以项目为基点，加大科技投入，加速科技水平和管理水平的提高，项目运用先进的技术和管理，才能在项目生产中降低成本，使企业获得效益。良好的施工技术方案和组织管理是降低项目成本的根本途径。就我国目前钢结构施工企业的现状，发展钢结构施工技术和管理要从以下几个方面进行。

①注重培养钢结构施工方面的人才。

钢结构施工企业的发展壮大是从施工实践中逐渐积累经验和技术的。不可否认，这中间的一些老工人、老技术人员具有丰富的实际操作能力，是一批重要的力量，但在企业的人才培养方面还要重视年轻人，特别是拥有知识的年轻人。

②要加强企业与科研机构的合作。

在超高层和大跨结构施工中，有些技术难题依靠企业本身的力量解决不了，需要与大专院校、设计院或科研机构合作。另外，在大部分情况下，企业研究如何使施工方案优化的问题，与研究机构合作可进行价值工程的应用研究，与专门科研机构合作可尝试采用新工艺，与厂商合作可开展新材料应用等。总的说来，要求企业能充分意识到科技对企业发展的作用，充分利用科研机构的力量和成果，把企业的水平和效益搞上去。

③企业要注意科技新动态和管理新方向，注意纳新，接受新信息。

现代科技发展很快，学科相互交叉也十分频繁，一些新型材料、软件、专利技术、新机械设备不断出现，要注意搜集这方面的动态，以结合自身情况，消化吸收。这要求企业对内部的科技信息部门加以重视，使其充分发挥作用。

④企业要对自身的技术成就和施工经验进行不断总结，以形成工法，在本企业的项目生产中推广应用。

各项措施都离不开资金的投入，企业应建立专项科技开发资金，实际运作中，将因科技推广而对工程产生的效益作为科技开发资金的来源，以形成良性循环，不断促进科技水平的提高，同时使那些可以使项目获得效益的科技成果自觉地被运用，这是问题的根本。

⑤积极发展工程总承包，形成以专业化施工队为基础的钢结构工程总承包公司，同时积极向国内外开拓市场。

国家对建筑业已制定了近期的技术政策和10项新技术推广纲要，其中钢结构工程是重要的一部分，相信随着钢结构市场的不断扩大，高层建筑钢结构施工将获得巨大的发展。

4.5 高层建筑钢结构施工安全措施

制定高层建筑钢结构在施工中防止高处坠伤亡事故发生的措施十分重要，高处作业安全防护是建筑施工中必不可少的重要安全防护措施。在1992年8月1日起施行的《建筑施工高处作业安全技术规范》（JGJ80—91）和1999年5月1日起施行的《建筑施工安全检查标准》（JGJ59—99）（以下简称《标准》）等相关安全生产法律、法规、规范及标准落实执行以来，对加强建筑施工现场安全管理，提高安全防护水平，搞好文明施工，规范施工企业安全防护提供了强有力的依据。特别是对建筑业高处坠落、坍塌、触电、中毒、机械伤害五大伤害真正起到了防患于未然的作用，事故发生率明显下降。但近几年，在建筑施工中高处坠落事故还时有发生，突出体现在高层的公共建筑（如商场、演出场所、体育场馆等）和工业建筑中的装饰工程、屋面工程。针对这一现象，具体措施如下。

4.5.1 在岗人员必须掌握高处作业相关知识

各施工企业主要负责人、项目负责人、专职安全生产管理人员及作业人员要熟练掌握高处作业相关知识。

（1）根据国家标准《高处作业分级》（GB3608—83）的规定，明确高处作业要划分等级，凡在坠落高度基准面2 m以上（含2 m）有可能坠落的高处进行的作业，均称为高处作业；在建筑、设备、作业场地、工具设施等的高部位作业，包括作业时上下攀登的范围都属于高处作业。

（2）高处作业的高度是指作业区各作业位置至相应坠落高度基准面之间的垂直距离中的最大值，称为该作业区的高处作业高度（所谓基准面，即为由高处坠落达到的底面。而底面也可能高低不平，所以对基准面的规定是最低着落点）。

（3）高处作业的级别及坠落半径。其可能坠落范围的半径 r，根据高度 h 不同分别是：
一级高处作业：作业高度（h）2~5 m时，坠落半径（r）为2 m；
二级高处作业：作业高度（h）5~15 m时，坠落半径（r）为3 m；

三级高处作业:作业高度(h)15~30 m时,坠落半径(r)为4 m;

特级高处作业:作业高度(h)30 m以上时,坠落半径(r)为5 m。

(4)高处作业的种类

高处作业的种类分为一般高处作业和特殊高处作业两种。特殊高处作业包括以下类别①强风高处作业,在阵风6级(风速10.8 m/s)以上的情况下进行的高处作业。②异温高处作业,在高温或低温环境下进行的高处作业。③雪天高处作业,降雪时进行的高处作业。④雨天高处作业,降雨时进行的高处作业。⑤夜间高处作业,室外完全采用人工照明进行的高处作业。⑥带电高处作业,在接近或接触带电体条件下进行的高处作业。⑦悬空高处作业,在无立足点或无牢靠立足点条件下进行的高处作业。⑧抢救高处作业,对突然发生的各种灾害事故进行抢救的高处作业。

依据高处作业的含义、范围、级别及坠落半径和种类,更好地分析高处坠落发生的直接原因和间接原因,有利于制定出更有经济价值、更适用有效的施工现场防护方案。

4.5.2　认真分析高层在建工程施工中发生高坠伤亡事故的原因

(1)施工企业的安全生产管理责任制度是否健全。安全生产责任制是企业安全生产管理的核心,也是落实"安全第一、预防为主"安全生产方针的根本,因此,企业制订的各项规章制度必须建立健全在安全生产责任制的基础上。通过安全生产责任制的落实明确各级管理人员的责任,高处作业人员的操作规程及三级安全教育,分阶段、分部、分项、分工种进行安全技术交底,每名作业人员必须熟练掌握,并做好记录、签字,达到预测、预报、预防事故的目的。

(2)安全生产费用的投入是否保证。在有的建设工程中,承包商的投标报价和承发包合同中的安全措施费居然是没有的。这是企业不重视安全生产和建筑市场不规范竞争的结果。事实上,通过事先对安全生产的投入,把事故和职业危害消灭在萌芽状态,是最经济、最可行的生产建设之路。有研究成果显示,安全保障措施的预防性投入效果与事故整改效果的关系比是1:5的关系。因此,企业管理者应该建立安全经济观,加大安全资金投入,因为依靠先进的科技手段和先进设备、设施,也是实现安全生产、有效避免重大事故发生的根本所在。

(3)工程总承包单位和分承包单位对分包工程的责任是否明确。总承包单位依法将建设工程分包给其他单位的分包合同中应当明确各自在安全生产方面的权利、义务。总承包单位和分包单位对分包工程的安全承担连带责任。目前,多数装饰工程和屋面工程由专业公司分包,分包单位不服从管理导致事故发生的,由分包单位承担主要责任。

(4)施工企业是否具备安全生产条件的规定。每项工程应当由具备安全生产条件的施工企业承建,特别是分包工程的专业公司必须经安全生产许可评价,取得安全生产许可证方可施工,否则无施工权。

(5)安全防护用具是否使用合格产品。施工企业采购、租赁的安全防护用具(安全带、安全帽、钢管、扣件等),必须具有生产(制造)许可证,产品合格证,并在进入施工现场前进行检验。要有专人管理,定期进行检查、维修和保养,建立相应的资料档案。同时依据建设部、工商总局、质检总局于1998年9月4日发布的《施工现场安全防护用具、机械设备使用监督管理规定》要求,对不合格的防护用具等及时进行报废处理。

(6)是否正确处理好抢工期、赶进度和安全防护设施不到位的利害关系。现在多数工程的工期要求紧,建设单位和施工单位往往产生一种侥幸和急于求成的心理,一味地抢工期、赶进度,安全管理和安全防护设施跟不上,安全防护滞后,于是各种冒险蛮干,"三违"作业行为也随之产生。在这种情况下,各方责任主体必须坚持"先安全,后生产,不安全,不生产"的原则。如果安全防护没有按《标准》要求防护到位,决不准许施工人员上岗作业。

4.5.3 积极慎重采取具体预防措施

从历年来多起高层发生伤亡事故的案例分析,总结出应采取的具体预防措施。

(1)施工企业应做好高处作业人员的安全教育及相应的安全预防工作。①所有高处作业人员应接受高处作业安全知识的教育,特种高处作业人员应持证上岗,上岗前应依据有关规定进行专门的安全技术签字交底。采用新工艺、新技术、新材料和新设备的,应按规定对作业人员进行相关安全技术签字交底。②高处作业人员应经过体检合格后方可上岗。施工企业应为作业人员提供合格的安全帽、安全带等必备的安全防护用具,作业人员应按规定正确佩戴和使用。

(2)施工企业应按类别,有针对性地将各类安全警示标志悬挂于施工现场各相应部位,夜间设红灯示警。

(3)高处作业前,应由项目分管负责人组织有关部门对安全防护设施进行验收,经验收合格签字后,方可作业。安全防护设施应做到定型化、工具化,防护栏杆以黄黑(或红白)相间的条纹标示,盖件等以黄(或红)色标示,需要临时拆除或变动安全设施的应经项目分管负责人审批签字,并且经有关部门验收,经验收合格签字后,方可实施。

(4)移动式操作平台应按有关规定编制施工方案,项目分管负责人审批签字并且组织有关部门验收,经验收合格签字后,方可作业。移动式操作平台立杆应保持垂直,上部适当向内收紧,平台作业面不得超出底脚。立杆低部和平台立面应分别设置扫地杆、剪刀撑或斜撑,平台应用坚实木板满铺,并设置防护栏杆和登高扶梯。

(5)大力推广高层施工作业时使用轮子式移动操作平台或轨道式移动操作平台。可参考《建筑施工高处作业安全技术规范》(JGJ80—91)及《钢结构设计规范》(GB50017—2003)等有关资料。

高处作业伤亡事故在建筑业诸事故中占首位。近几年来,各施工单位能够认真按照《标准》要求做好"四口"、"五监边"、洞口作业的安全防护,但决不能忽视高层施工中的高处作业。在符合施工工艺的情况下积极推广采用轨道移动式操作平台和轮子移动式操作平台,比满堂脚手架安全平、立网兜接既省时又省力、省材料,并起到很好的安全防护作用。

在高层施工中,预防火灾确保消防安全不容忽视。从近几年的情况看,高层施工中的火灾事故一般有以下几种类型。

①主体施工中的火灾事故。高层施工模板需要快速周转,某些地区习惯采用胶合板为主的木模板施工,许多筒－剪结构的高层建筑甚至采用连墙带板一次性浇筑砼,这样就会有大量的木模板,一旦引发火灾,后果十分严重。2012年夏初,某市某高层建筑在30层处发生模板火灾事故,当时又正好停电,给施救工作带来困难,如此高度连消防队员也"望楼兴叹"。另外,脚手架上采用的竹笆片,冬季养护砼用的草帘,木料加工的废料等都曾引发过不同的事故。

②设备安装施工中的火灾事故。工程中的安装和设施配套工作中,因涉及的专业工种较多,材料繁多,工艺复杂,其中不乏需动电焊和氧焊等明火操作的工艺,稍不注意,也时常

发生事故。某市曾多次重复发生屋顶安装冷却塔时由于焊接动火引发火灾,且因玻璃钢塔壳为易燃物而燃烧后不能及时抢救被彻底烧毁。

4.6 高层建筑钢结构施工质量控制

4.6.1 做好工程开工前准备工作

(1)强化施工图纸的会审工作。图纸是工程施工的依据,工程开工前项目控制机构要组织控制人员熟悉工程图纸与项目有关的规范标准、工艺技术条件,充分领会设计意图。

(2)认真审查钢结构安装施工组织设计。施工组织设计是施工单位全面指导工程实施的技术性文件,施工组织设计的完善程度直接影响工程的质量、进度。因此,钢结构安装工程施工组织设计审查要有针对性和重点。审查的重点内容有:

①质量保证体系和技术管理体系的建立;
②特殊工种的培训合格证和上岗证;
③新工艺的应用;
④对工程项目的针对性;
⑤质量、进度控制的措施和方法;
⑥施工计划(工期)的安排。

4.6.2 加强现场施工过程中的质量控制

4.6.2.1 钢结构基础工程的质量控制

钢结构工程的基础一般都采用混凝土独立柱基础,基础的混凝土及钢筋、模板的施工与其他工程的施工工序及方法相同,而基础独立柱中预埋的螺栓是质量控制的重点,单个螺栓及每组螺栓之间的间距、高低的偏差,直接影响钢结构工程的安装质量,在控制质量控制过程中,要求施工单位必须严格控制好。

4.6.2.2 钢结构主体工程的质量控制

(1)钢构件的质量验收。钢构件的加工已实行工厂化生产,钢构件的进场质量验收非常重要。

(2)钢构件安装质量控制。柱、梁安装时,主要检查柱底板下的垫铁是否垫实、垫平,柱是否垂直和位移,梁的垂直、平直、侧向弯曲、螺栓的拧紧程度以及摩擦面清理,验收合格后,方可起吊。当钢结构安装形成空间固定单元,并进行验收合格后,要求施工单位将柱底板和基础顶面的空间用膨胀混凝土二次浇筑密实。

①钢柱吊装质量控制

a.对柱基的定位轴线间距、柱基面标高和地脚螺栓预埋位置进行检查,复测合格并将螺纹清理干净,在柱底设置临时标高支撑块后方可进行钢柱吊装。

b.吊装钢柱根部要垫实,起吊时钢柱必须垂直,吊点设在柱顶,利用临时固定连接板上的螺孔进行,起吊回转过程中应注意避免同其他已吊好的构件相碰撞。

c.钢柱安装前应将登高楼梯固定在钢柱预定位置,起吊就位后临时固定地脚螺栓,用缆风绳、经纬仪校正垂直度,并利用柱底垫板对底层钢柱标高进行调整。上节柱安装时钢柱两侧装有临时固定用的连接板,上节钢柱对准下节钢柱柱顶中心线后,即用螺栓固定连接板做临时固定,并用风缆绳成三点对钢柱上端进行稳固。

d. 垂直起吊钢柱至安装位置与下节柱对正就位用临时连接板、大六角高强度螺栓进行临时固定,先调标高,再对正上下柱头齿位、扭转。再校正柱子垂直度、高度偏差到规范允许范围内,初拧高强度螺栓达到 220(Nm)时卸下吊钩。

e. 钢柱吊装完毕后,即进行测量、校正、连接板螺栓初拧等工序,待测量校正后再进行终拧,终拧结束后再进行焊接及测量。

②钢梁安装质量的控制

a. 所有钢梁吊装前应该核查型号和选择吊点,以起吊后不变形为准,并平衡和便于解绳。吊索角度不得小于 45°,构件吊点处采用麻布或橡胶皮进行保护。

b. 钢梁水平吊至安装部位,用两端控制缆绳旋转对准安装轴线,随之慢慢落钩,钢梁吊到位时,要注意梁的方向和连接板靠向。为防止梁因自重下垂而发生齿孔现象,梁两端临时安装螺栓(不得少于该节点螺栓数的 1/3,且不少于 2 颗)拧紧。钢梁找正就位后用高强度螺栓固定,固定稳妥后方可脱钩。

c. 安装时预留好经试验确定好的焊缝收缩量。

(3)螺栓安装质量的控制。钢结构工程中螺栓连接一般用高强度螺栓和普通螺栓,普通螺栓连接,每个螺栓一端不得垫 2 个以上垫片,螺栓孔不得用气割扩孔,螺栓拧紧后外露螺纹不得少于 2 个螺距;高强度螺栓使用前我们检查螺栓的合格证和复试单,安装过程中板叠接触面应平整,接触面必须大于 75%,边缘缝隙不得大于 0.8 mm,高强度螺栓应自由穿入,不得敲打和扩孔。

(4)门窗工程安装质量的控制

钢窗安装质量的控制重点有两点,一是钢窗进场合格证、产品试验报告及外观的检查。二是钢窗和固定钢窗的立柱之间的间隙控制。先施工固定钢窗的立柱,有可能出现钢窗与立柱之间缝隙过大或钢窗安不上。在控制过程中,要求施工单位先固定钢窗一边的立柱,待钢窗完全固定就位后,再焊接另一边的立柱,这样保证钢窗与立柱之间无缝隙。

钢结构工程的施工在我国起步不久,在钢结构工程施工控制过程中,要真正发挥工程技术人员的作用,要求工程在施工时要严格控制好进度,同时工程师也要做好质量把关工作,这样才能保证钢结构工程的施工质量。

随着新技术、新材料和新工艺的广泛应用,高层建筑在房产市场越来越普遍。近年来高层建筑发展很快,高层建筑结构复杂,施工周期较长,混凝土浇注量也较大。为此,有必要对高层建筑施工工艺技术和管理进行研究、总结,并不断完善,才能建设出质量过硬的建筑,创造更好的经济和社会效益。

【工程实例】

案例 1:山西某高层钢结构工程安装施工方案内容简介

总建筑面积约 60 000 m²,结构形式为钢框架 + 剪力墙结构,钢构件种类包括钢柱,分为箱形柱(内灌混凝土)、十字形劲骨外包混凝土、H 型钢柱,箱型钢柱及十字钢柱主要截面为 500×500;H 型钢柱主要截面为 400×300,H 型钢梁截面形式很多,截面为 600×250 ~ 244×175 不等,次钢构件主要为楼梯。

箱形钢柱、十字钢柱、H 型钢柱、H 型钢梁、钢支撑等主构件采用 Q345 钢,次构件均采用 Q235 钢。钢柱对接采用夹板加安装螺栓临时固定后,用全熔透焊缝焊接;钢梁和钢柱之间采用刚接;钢梁和钢梁采用铰接(部分采用刚接);支撑连接采用刚接。

案例 2:某超高层建筑钢结构制作方案 内容介绍

16 根组合钢柱钢框架,内部竖向核心筒 22 根 H 型钢柱,横向由五组以 H 型钢截面为主的腰桁架和各层楼层梁组成,在东西两面腰桁架间以巨型斜支撑构成稳定的钢结构体系。

本工程主要的制作构件类别为矩型钢管柱、H 型钢柱、H 型钢梁、箱型钢柱、腰桁架和斜支撑等。

组合型钢截面最大高度 3.95 mm,宽度 2.7 mm:巨型斜支撑、外框柱、酒店框架梁柱和斜撑、雨棚网格等。

热轧方钢管:大堂入口雨棚网格等。

焊接 H 型钢:外框架梁、楼层梁、腰桁架、剪力墙内钢柱等。

热轧 H 型钢:一般楼层钢梁等。

钢管:顶部结构及部分立柱等。

焊接截面:伸臂桁架等。

构件加工制作分段与现场安装的协调。

厚板焊接和残余应力消减。

超大超重构件的运输等。

矩型柱节点加工制作图解。

腰桁架及节点分段和制作图解。

主要施工工艺:

H 型截面楼层梁和劲性柱制作工艺。

圆管顶拱制作工艺等。

厚板焊接工艺,消残工艺,预拼装工艺,涂装工艺,运输方案及成品保护措施等。

检测内容:本工程检测主要包括原材料的检测,各种构件外形尺寸、涂装、无损检测及制作过程检测等。

方案特色:结合工程实际及难点编制,施工流程、施工示意图等丰富,三维效果图直观。

方案编制重点:矩型柱节点加工制作图解,腰桁架及节点分段和制作图解,H型截面楼层梁和劲性柱制作工艺,顶拱制作工艺,焊接工艺,消残工艺,预拼装工艺,涂装工艺,运输方案及成品保护措施等。

其他信息:2万余字,52页,编制于2007年。

【思考题】

1. 高层建筑钢结构的定义是什么?
2. 高层建筑钢结构施工的特点是什么?
3. 如何选择高层建筑钢结构的起重机械?
4. 高层钢结构工程安装工艺准备工作有哪些内容?
5. 编制起重机的工艺方案准备些什么?
6. 工地现场钢结构吊运前准备工作有哪些?
7. 高层钢结构安装工艺的基本要求是什么?
8. 高层钢结构安装工艺过程的一般技术要求是什么?
9. 高层钢结构安装时的注意事项是什么?
10. 高层钢结构安装时的测量重点是什么?
11. 高处作业的级别是如何规定的?
12. 高处作业的种类是如何规定的?
13. 钢柱的吊装时如何控制质量的?
14. 钢梁的吊装时如何控制质量的?
15. 门窗工程的安装是如何控制质量的?
16. 说明高层钢结构安装工艺编写的主要内容是什么?

【作业题】

1. 编制某高层钢结构工程的吊装方案。
2. 编制某高层钢结构工程的安全危险控制点方案。

项目5　网架钢结构工程的安装

本项目学习要求

一、知识内容与教学要求

1. 网架钢结构工程的概念、分类及其优越性;
2. 网架钢结构工程的安装基本原则及适用条件;
3. 常见网架钢结构工程的安装方法;
4. 常见网架钢结构工程的安装的施工技术。

二、技能训练内容与教学要求

1. 正确选择网架钢结构工程的安装方法;
2. 根据具体工程进行网架钢结构工程的安装方法的优化;
3. 编写网架钢结构工程的施工工艺流程;
4. 编写网架钢结构工程的质量控制和安全控制措施。

三、素质要求

1. 要求学生养成求实、严谨的科学态度;
2. 培养与人沟通,通力协作的团队精神;
3. 培养学生乐于奉献,深入基层的品德。

5.1　网架钢结构工程概述

5.1.1　网架钢结构概述

空间网架钢结构简称为网架钢结构或网架结构,是近年来迅速发展起来的新型的工业与民用建筑屋盖或楼盖承重结构,它是由许多杆件按照一定的规律组成的空间结构,改变了一般平面桁架的受力体系。结构处于三维空间的受力状态,能承受来自不同方向的荷载,由于杆件间的互相支撑,互相制约,空间刚度大且整体性好。同时,网架是一种高次超静定结构,所以结构非常稳定。

网架及网架工程就是一种由多根杆件按照一定的网格形式通过节点联结而成的空间钢结构产品。网架结构通常是由双向或三向平面桁架所组成的一种空间结构,也有用杆件组成的四角倒锥体空间结构。前者施工简单,同时适合各种形式的节点的连接,如首都体育馆、国际俱乐部网球馆以及上海体育馆等屋盖结构都属此类。一般矩形平面的中、大跨度(30~100 m跨)的屋盖结构,采用双向较合理,因杆件较少,节点处理简单。

在国内,网架结构通常指的是平板(Flat Plate)网架,顾名思义,平板网架是格构化的平板。它是由按一定规律布置的杆件,通过节点连接而形成平板状的空间桁架(Space Truss)结构。就整体而言,网架结构与受弯的实体平板在力学特征方面极为类似。平板网架在竖向荷载作用下不会产生水平推力,属于无推力结构。

而网壳(Latticed Shell),顾名思义为网状壳体,是格构化的壳体。它是由杆件构成的曲面网格结构,可以看作是曲面状的网架结构。

网架结构就整体而言是一个受弯平板,而网壳结构则是主要承受薄膜内力的壳体。如此看来,曲面网架就是属于网壳。

网壳可分为单层或双层,单层网壳它是以杆件按一定规律连接曲面上的点而形成的空间结构,双层网壳则是以杆件分别连接上下两层曲面上的点后,再以腹杆把上下两层杆件连接起来,当然还有局部双层(单层)网壳和三层网壳,其结构组成都可以这样理解。曲面网架的结构形成和上述过程应该是一致的,因此曲面网架和双层网壳在结构组成上并无大的区别。在分析方法上,网架一般是不需要进行整体稳定计算的,虽然现在已经有整体稳定分析的研究,但并没有写入规范,而双层网架一般也不需要进行整体稳定分析。这样二者在分析方法上也并无大的区别。如果说区别,网架没有单层的,因为网架中都是二力杆,当然这和双层网壳还是相同的。单层网壳是空间梁系结构。

简言之,无论单层网壳,还是双层网壳或多层网壳,其主要受力特点在于利用其曲面的薄壳效应(或说薄膜效应),大多数情况下,内力传递路径沿着曲面切线方向。而网架则要宽泛得多,狭义来说其主要还是以横向受力为主,即传力途径相对简单,基本上沿曲面(平面)法向。

实际上,网壳只不过是网架的一种特殊形式,两者从广义的概念来说应该是包含与被包含的关系,国内的定义方法主要还是基于其结构力学特性的差别。空间网格结构应该是一个较为准确地定义。

网架有个规程,网壳也有个规程,两个还相差不小。就拿挠度说吧,网壳规程控制挠度很严格,小于L/400,考虑到单层网壳对缺陷敏感,这个针对单层网壳还比较合适,拿这个去要求双层网壳显然是不太合适的。网架则比这放宽很多,故有的网壳为了跳过网壳规程,被叫作曲面网架或微弯的网架。

近年来,网架结构广泛用作体育馆看台雨篷、飞机库(见图5-1)、展览馆、俱乐部、影剧院、食堂、会议室、候车厅(见图5-2)、双向大柱网架结构大跨距车间等建筑的屋盖结构。

图5-1 网架飞机库

网架结构具有空间受力好、工业化程度高、质量轻、刚度大、稳定性好、外形美观、抗震性能优良等优点;缺点是汇交于节点上的杆件数量较多,制作安装较平面结构复杂。

图 5 - 2 网架候车厅

5.1.2 网架的类型

网架结构按弦杆层数层数不同,可分为双层和三(多)层网架两大类。

双层网架是由上弦层、下弦层和腹杆层组成的空间结构,图 5 - 3 是最常用的一种网架结构。

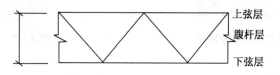

上弦层
腹杆层
下弦层

图 5 - 3 双层网架

平板网架按组成的单元不同可以分为三种体系。

1. 交叉平面桁架

(1)两向正交正放网架,见图 5 - 4。

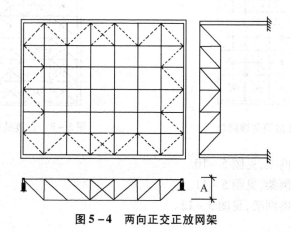

A

图 5 - 4 两向正交正放网架

（2）两向正交斜放网架，见图5-5。

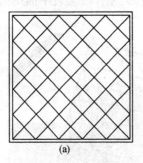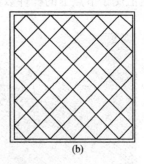

（a）　　　　　　　　　　　　　（b）

图5-5　两向正交斜放网架

（a）有角柱；（b）无角柱

（3）两向斜交斜放网架，见图5-6。

（4）三向网架，见图5-7。

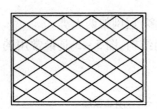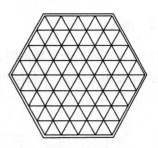

图5-6　两向斜交斜放网架　　　　　**图5-7　三向网架**

2. 四角锥体系网架

（1）正放四角锥网架，见图5-8。

（2）正放抽空四角锥网架，见图5-9。

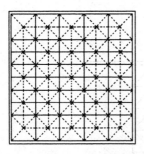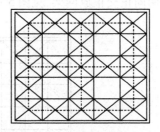

图5-8　正放四角锥网架　　　　　**图5-9　正放抽空四角锥网架**

（3）单向折线型网架，见图5-10。

（4）斜放四角锥网架，见图5-11。

（5）棋盘型四角锥网架，见图5-12。

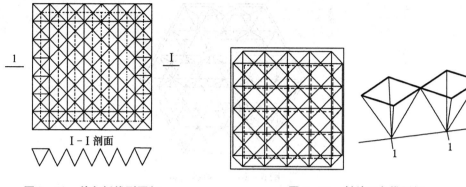

图 5 − 10　单向折线型网架　　　　　图 5 − 11　斜放四角锥网架

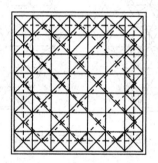

图 5 − 12　棋盘型四角锥网架

（6）星形四角锥网架

星形四角锥网架见图 5 − 13（a），其杆件连接立体图见图 5 − 13（b）。

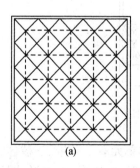
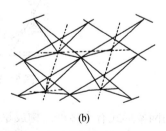

(a)　　　　　　　　　　　　　　　　(b)

图 5 − 13　星形四角锥网架

3. 三角锥体系网架

（1）三角锥体系网架，见图 5 − 14。

（2）抽空三角锥网架，见图 5 − 15。

（3）蜂窝形三角锥网架，见图 5 − 16。

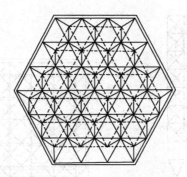

图 5 – 14　三角锥网架

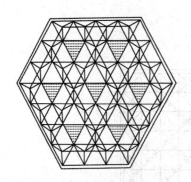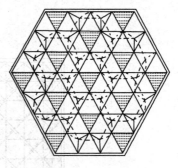

图 5 – 15　抽空三角锥网架

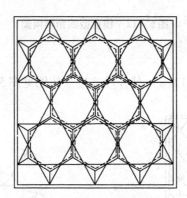

图 5 – 16　蜂窝三角锥网架

　　常用的网架形式有十多种。构成钢结构网架的基本单元有三角锥、三棱体、正方体、截头四角锥等,由这些基本单元可组合成平面形状的三边形、四边形、六边形、圆形或其他任何形体。因此,空间网架结构可以适应各种各样的建筑造型,构成各种美观的形态。

　　一般而言,钢结构网架有三种节点形式:螺栓球节点、焊接球节点、钢板节点。

5.1.3　网架结构的适用范围

　　空间网架结构的适用范围很广,既能适用于大跨度的公共建筑,如体育馆、展览馆、会展中心、博物馆、影剧院、大会堂或会议中心、车站候车大厅、机库候机楼等,又能适用于中小跨度,可用于单层建筑屋盖又能适用于多层建筑的楼盖,既能用于民用建筑,又适用于工业建筑,如厂房、仓库等,亦可用于广告牌、人行桥、体育看台罩棚、塔架、光棚、脚手架等,小型网架还可用于室内外装饰。特别是工业厂房,由于采用网架,使厂房扩大,便于安装各种生产线,工艺布置灵活,这种大柱网的通用车间,能适应工艺变化更新的需要,极受用户欢迎。

5.1.4　网架结构的优越性

与传统的平面结构相比,空间网架结构具有下列优点。

(1)由于网架结构杆件之间的相互作用,使其整体性好、空间刚度大、结构非常稳定。

(2)网架结构靠杆件的轴力传递载荷,材料强度得到充分利用,既节约钢材,又减轻了自重。一个好的网架设计,其用钢量与同等条件下的钢筋砼结构的含钢量接近,这样就可省去大量的砼,可减轻自重 70% ~80% ,与普通钢结构相比,可节约钢材 20% ~50% 。

(3)抗震性能好。由于网架结构自重轻,地震时产生的地震力就小,同时钢材具有良好的延伸性,可吸收大量地震能量,网架空间刚度大,结构稳定不会倒塌,所以具备优良的抗震性能。

(4)网架结构高度小,可有效利用空间,普通钢结构高跨比为 1/10 ~1/8 ,而网架结构高跨比只有 1/20 ~1/14 ,能降低建筑物的高度。

(5)建设速度快。网架结构的构件,其尺寸和形状大量相同,可在工厂成批生产,且质量好、效率高、同时不与土建争场地,因而现场工作量小,工期缩短。

(6)网架结构轻巧,能覆盖各种形状的平面,又可设计成各种各样的体形,造型美观大方。

随着科学技术的不断发展,钢结构的造型及结构形式越来越复杂,这给钢结构设计和施工带来了新的挑战。如以"鸟巢"、"水立方"为代表的奥运场馆,以及国家大剧院、央视新台址、广州电视塔等有影响的钢结构项目,不仅在设计上有所创新和发展,同时在钢结构安装技术方面也取得了新的成就。许多成熟、先进的工艺方法已陆续成为工法,为钢结构行业发展起到了明显的促进作用。由于市场原因,钢结构安装事故及违章现象偶尔发生,造成了不必要的经济损失和社会影响。为了进一步提高钢结构施工总体水平,促进行业发展,钢结构施工除加强施工现场管理外,还应在施工组织设计、方案、技术措施等方面进行研究总结;大力推广新技术、新工艺;针对工程特点,选择安全可靠、技术先进、经济合理的施工方案。

5.2　网架钢结构的安装技术

5.2.1　钢结构吊装方案的基本原则

网架钢结构的安装是指采取一定手段或利用起重设备将网架结构局部或整体吊装到设计的空间位置。一般吊装前须制定网架钢结构吊装方案,制订方案的原则如下:

(1)讲究政策性。以图纸为依据,以规范为准则,严格执行国家有关安全生产法规。

(2)施工可靠性。坚持安全第一,确保方案实施的可行性,增强其可靠度。无论采用哪种方法,首先要考虑该方案是否有成功的先例和配套的设备,否则必须进行方案论证。并注意以下几点:

①根据钢结构特点进行施工验算,证明该方法在施工阶段钢结构的稳定性,杆件应力和变形等是否满足要求;

②使用的机械设备能否满足安装要求;

③施工现场条件是否满足,如土建施工环境和周围构筑物等是否制约该方案实施等。

(3)技术先进性。随着科学技术的发展,钢结构安装领域里的新工艺、新技术、新设备层出不穷。如大吨位的起重机问世,计算机同步控制整体提升和滑移技术等为钢结构安装增添了新篇章。尤其是大型钢结构项目,在现场条件和结构形式允许时,应大力推广应用新技术、新工艺;尽量减少高空作业量,不断提高钢结构的安装效率。

(4)成本经济性。一个好的安装方案应该是方法简便、措施得当、效率高、施工成本低、应用范围广,经得起审查和考验。所以,必须坚持方案对比的原则,进行技术经济分析,选择工期短,成本低的方案。

(5)操作可行性。一个安装方案应有一个以上的操作方法,在操作上应力求简单可行,在人员、设备、材料和施工环境等方面不必提出过高的要求,因地制宜解决安装施工中出现的问题。

5.2.2　网架钢结构吊装方案的适用条件

由于建筑造型和结构形式的不同,施工现场条件千差万别,可以说没有一种工法或方案适用于任何钢结构项目安装,所以每一种安装方法都有各自的支持条件。

按工艺方法考虑:首先了解结构形式、结构质量、安装高度、跨度等特点,结合现场实际情况尽量选用成熟、先进的安装工艺。

按起重设备考虑:首先选用自有设备,充分利用现场起重设备,其次就近租用。一般情况:构件数量少时,多选用汽车吊;门式钢架吊装多选用中小型汽车吊;安装工期较长、安装高度及回转半径较大时,履带吊比汽车吊经济;整体吊装和滑移多采用液压同步提升(顶推)器;中、高层钢结构安装一般选用塔式起重机;普通桥梁安装多采用门吊和架桥机。

网架结构常用的安装方法有:高空散装法、分条分块安装法、结构滑移法、支撑架滑移法、整体吊装法、整体提升法等,这几种常用的安装方法适用条件见表5-1。

表5-1　网架结构安装方法的一般条件

方法名称	吊装内容	结构形式	安装措施	场地要求
散装方法	单根杆件、一球多杆	螺栓球	满堂脚手架	跨内场地
	小拼单元	螺栓、焊接球	满堂或局部脚手架	跨内外场地
分条分块安装法	条状单元	焊接球、管结构	点式支撑架	跨内外场地
	块状单元	焊接、螺栓	点式支撑架	
结构滑移法	分段滑移	重型结构	滑轨与牵引设备	跨外场地
	积累滑移	中小型结构		
支撑架滑移法	按计算单元高空拼装	纵向长、高度低	滑轨与牵引设备	跨内场地
整体吊装法	地面整体拼装	中小型结构	多台起重机	跨内外场地
整体提升法	地面整体拼装	高大型结构	利用结构柱提升	跨内场地
			采用多根拔杆提升	

5.2.3　网架钢结构常用的安装方法

网架钢结构的安装方法随结构的形式和位置的不同而不同,常见的安装方法有以下几种。

(1)高空散装法

高空散装法安装是利用安装好的网架刚度大,稳定性好,可承受一定的荷载的特点,先在地面组装好基准钢网架后吊装就位,在网架上弦立起悬臂扒杆吊,其余单元节点在地面组装好,每单元节点以一个钢球四根杆件为宜,利用卷扬机或人工拉滑轮把单元节点吊至空中就位。安装工人坐在节点上,待高强度螺栓对准钢球上的螺栓后,拧紧,即完成一个单元节点的安装。以此安装顺序延伸向两边扩展下去,直到整个网架安装完。

(2)分条分块安装法

分条或分块安装法又称小片安装法,是指将结构从平面分割成若干条状或块状单元,分别由起重机械吊装至高空设计位置总拼装成整体的安装方法。例如网架结构跨度较大,无法一次整体吊装时,须将其分成若干段。网架结构,可沿长跨度方向分成若干条状区段或沿纵横两个方向划分为矩形或正方形块状单元。

分条或分块法采用地面拼装,脚手架数量较小,但组装拼成条状或块状单元其质量较大,必须有大型起重机进行安装,高空拼装工作量大,安装时易发生网架的变形,质量控制难度较大,见图 5 – 17。应注意的是分条安装法适用于正放类网架,安装条状单元网架时能形成一个吊装整体,而斜放类网架在安装条状单元网架时则需要设置大量临时加固杆件,才能使之形成整体后进行吊装。因此,斜放类网架一般很少采用分条安装法。

图 5 – 17　分条或分块法实图

分条或分块方法的特点是大部分焊接、拼装工作在地面进行,高空作业较少,有利于控制质量。它可省去大部分拼装脚手架。

分条或分块安装的主要技术问题:

①分条分块的单元质量应与起重设备的起重能力相适应;

②结构分段后,在安装过程中需要考虑临时加固措施,在后拼杆件、单元接头处仍然需要搭设拼装胎架;

③网架结构划分单元应具有足够刚度并保证几何不可变性;

④当网架等结构划分为条状单元时,受力状态在吊装过程中近似为平面结构体系,其挠度值往往会超过设计值,因此条状单元合拢前必须在合拢部位用支撑调整结构的标高,

使条状单元挠度与已安装的网架结构的挠度相符;

⑤单元拼装的尺寸、定位要求准确,以保证高空总拼时节点吻合并减少偏差,一般可以采用预拼装的办法进行尺寸控制。

(3)支撑架滑移法

支撑架骨移法就是网架工程点支撑累积滑移法,利用网架结构的空间受力特点,在滑移过程中增设一些临时的、变动的支撑点,以改善施工过程中刚度、强度不足的情况。它的适用条件是占用跨内场地、安装高度较低、结构面积较大或纵向长度较长。施工阶段采用的临时支撑架,是结构安装方案中的关键性技术措施。

第一,安装高度在 15 m 以下时,可选用普通扣件式钢管脚手架或碗口式脚手架做支撑架。

第二,对于架体较高,且承重力较大时,宜选用型钢支撑架。无论采用哪种方案,在设计计算时除按规范要求外,还要考虑水平动荷载,必要时增设大斜撑以提高其整体稳定性。施工时应注意事项:

①在设计中,除支撑架体本身满足强度和稳定要求外,还须对地基基础所支撑的结构进行验算,必要时采取有效的加固措施;

②支撑架受力后要进行观测,以防基础沉降或架体变形对结构产生影响;

③支撑架使用的千斤顶、倒链等安装机具,必须严格执行工艺方案,不得盲目使用,以防对架体和结构产生不利;

④支撑架拆除必须有落位拆除措施,应同步、匀速、缓慢进行,不得盲目拆除。

(4)倒装法施工

倒装法是一种先上后下的特殊安装工艺,它适用于结构高宽比大,如钢塔、桅杆等构筑物。且常规起重机难以靠近吊装的情况下,一般多采用倒装法。该方法要着重考虑安装过程结构整体稳定和设备自身稳定问题,具有可靠的支撑稳定措施。

(5)结构滑移法

结构滑移法已发展到采用液压顶推器和计算机同步控制技术,被过去的网架滑移法更先进了一步。

它的适用条件是:第一,由于现场条件限制,跨内不能设起重机和支撑架;第二,结构支撑条件有利于铺设滑移轨道;第三,经计算滑移单元结构的强度和刚度均满足要求;第四,了解结构支座形式和固定方法;第五,纵向滑移路线越长,效率越高。

(6)整体提升法

整体提升法目前多采用的计算机同步控制、液压提升设备,该工艺逐步代替了穿心式机动提升和千斤顶顶升方案,其设备轻便,技术先进。

①适用条件

它的适用条件是:第一,占用跨内场地;第二,安装高度较高;第三,构件较重。第四,限于垂直吊装,不能水平位移。即安装高度越高,提升质量越重,效果越好。

②选择原则

液压整体提升法,对于超大型空间结构,在施工方案的选择上一般基于以下原则:a. 确保安装精度;b. 尽量减少高空作业量;c. 尽量减少支撑架的量;d. 尽量缩短工期;e. 尽量降低施工成本。

③施工特点

液压提升法是一种用于超大、超重型结构施工的现代化施工方法,该工法的基本过程是先在地面组装完成一个完整的结构,再把提升支点和液压千斤顶设在建筑物的上部,施工时用液压千斤顶连接的钢索把结构整体平稳地提拉上去,然后把网壳结构固定在支座上。

液压提升法的特点是提升设备起重能力很大而设备本身的质量却相对较轻,而且提升高度几乎不受限制。把该工法应用于大跨度网壳结构施工的主要优点是:

a. 由于组装工作几乎全部在地面或靠近地面的位置进行,所以高空作业量大大减少,这对方便施工操作、提高施工质量和保障施工安全有利,同时也方便了施工检查与管理工作;

b. 除网壳结构外,地面组装还包括屋面、设备等其他材料,使安装总工作量明显减少;

c. 脚手架用量最少,节省了支架材料租用与装拆费用,也节省了装拆脚手架的时间;

d. 由于钢结构网壳与土建可同步施工,所以对大跨度空间结构以及高度较大的空间结构来说,该施工方法总工期最短,成本最低。

在准备工作充分、操作过程规范的前提下,液压提升法是工效最高、最省力和最安全的施工方法。因此,它具有很好的推广应用价值。

④施工方法

对于大跨度复杂造型钢结构,屋盖整体提升施工方法如下:

a. 按照施工要求划分若干提升单元,并独立提升;

b. 完成提升单元的初步拼装;分别再次提升至设计标高附近,然后将所有提升单元扩大拼装成一个整体后,再依次进行不同标高的扩展拼装和提升,直至网架的设计标高;

c. 在室内网架拼装、提升的同时,室外网架也分单元进行拼装,然后再分别与室内网架进行对接;

d. 室内外网架对接形成整体后,再分步实施网架的卸载。采用本方法进行网架施工,全部为地面拼装焊接,避免了高空作业,定位更准确方便,降低了架体搭设所需的成本,大大缩短了总施工工期。

(7)土法吊装

土法吊装是利用独角拔杆、人字架、卷扬机、滑轮组等作为起重设备进行结构吊装,它适用于构件重、数量少、安装高度较高的工程。由于大吨位起重设备和先进的安装工艺越来越多,所以土法吊装也越来越少。

(8)旋转法施工

该方法主要用于桥梁安装上,由于铁路、公路交通影响,以及山川河沟等特殊环境下,其他架桥方法受到限制时,多采用旋转法施工。

(9)整体顶升法

整体顶升法是把网架整体拼装在设计位置的垂直投影地面上,然后用千斤顶将网架顶升到设计标高。

(10)整体吊装法

整体吊装法适用于各种类型的网架结构,吊装时可以在高空平移和旋转就位。

5.2.4　网架钢结构的施工技术

5.2.4.1　网架钢结构整体吊装施工技术

网架钢结构整体吊装技术分为起重机吊装和拔杆吊装两大类。

（1）起重机吊装

采用一台或两台起重机单机或双机抬吊时，如果起重机性能能满足结构吊装要求，现场施工条件（包括就位拼装场地、起重机行驶道路等）能满足起重机吊装作业需要时，网架可就位拼装在结构跨内，也可就位拼装在结构跨外。采用三台起重机三机抬吊时，如网架结构本身和现场施工条件允许另一台起重机可在高空接吊时（先由两台起重机将网架双机抬吊到高空，另一台起重机站在第三面方向在高空进行接吊，使网架平移到设计安装位置），此时，网架也可拼装在结构跨外。采用多台起重机联合抬吊网架时，网架应就位拼装在结构跨内，网架拼装就位的轴线与安装就位的轴线的距离应按各台起重机作业性能确定，原则上各吊点的轨迹线均应在起重机回转半径的圆弧线上。

网架吊点位置、索具规格、起重机的起重高度、回转半径、起质量以及在吊装过程中网架结构的应力应变值均应详细验算，并应征得设计单位同意。现场起重机行驶道路是确保起重机吊装的安全基础，吊装时路面承载力不低于 $150\sim200\ kN/m^2$。施工荷载（吊装质量）应包括网架结构自重、吊装索具（铁扁担）质量和与网架一起吊上去的脚手架等质量，安装时动力系数取 1.3。采用双机抬吊时起重机额定负荷（起质量）应乘折减系数 0.8；采用多机抬吊时起重机额定负荷（起质量）应乘折减系数 0.75。起重机的型号、吊钩起升速度应尽量统一，确保同步起升或下降。在实施起重机整体吊装网架时，应事先进行试吊，在确实安全可靠的情况下才能正式起吊。

（2）拔杆吊装

采用单根或多根拔杆整体吊装大中型网架时，网架必须就位拼装在结构跨度内，其就位拼装的位置要根据拔杆的设置、吊点位置、柱子断面和外形尺寸等因素确定。吊装方法和技术要求必须针对网架工程特点、现场施工条件、吊装设备能力等诸多因素确定。

①单根拔杆整体吊装网架方法（即独脚拔杆吊装法）

a.施工布置

（i）独脚拔杆位置要正确的竖立在事先设计的位置上，其底座为球形万向接头，且应支撑在牢固基础上，其顶部应对准拼装网架中心脊点。网架拼装时应预留出拔杆位置，其个别杆件可暂不组装。

（ii）拔杆需有五组滑轮组组成，其中两组后揽风，两组侧揽风，一组前揽风，滑轮组规格应根据实际计算的牵引力选用。

（iii）网架吊点设置应根据计算确定，每个吊点设在相应的节点板（球节点）上，并和节点板（球节点）同时制作。起吊钢丝绳可采用两组"双跑头"起重滑车组。

（iv）如遇个别吊点与柱相碰，可增加辅助吊点，两吊点用短千斤连接平衡滑轮。

（v）为使网架起吊平衡，应在网架四角分别用 8 台绞车围溜，其中 4 台系上弦，4 台系下弦，做到交叉对称设置，在提升时必须配合做到随吊随溜。

（vi）为保证网架起吊过程中不碰柱子，可采用以下两项辅助措施：一是在可能碰到的轴边桁架上装三个滚筒；二是对有小牛腿的柱子选其中与网架间隙最小（但不应小于

100 mm)的柱子,可用小于 L100 角钢把该柱小牛腿从下到上临时连接起来,以起到起吊导轨的作用。

（vii）关于网架起吊过程中是否需要临时加固（如拔杆位置暂不装杆件处）措施,应由设计计算确定。

b. 进行试吊

试吊是全面落实和检验整个吊装方案完善性的重要保证。

（i）试吊的目的　试吊的目的有三个:一是检验起重设备安全可靠性;二是检查吊点对网架刚度的影响;三是协调从指挥到起吊、揽风、溜绳和卷扬机操作的总演习。

（ii）试吊做法　首先将 8 台溜绳绞车稳紧,采用大锤球检查拔杆顶是否对准拼装网架脊点,调整揽风绳使其对正,随即慢慢收起吊钢绳,到发现网架已开始起离支墩即止,然后利用每个跑头逐角使其离墩 50～100 mm,先定一个方向缓慢放松该向溜绳,如发现网架向前摆动,即应停止溜绳动作,调整该向拔杆揽风,直试到不向前摆动为止,重新收紧该向揽风。如此逐向试到不向前摆动,说明拔杆顶真正对正网架中心脊点。下步即可进行整体提升 300～500 mm,此时四向溜绳绞车应密切配合随吊随溜,如某角高差不一致可单跑头牵引调整,使四角高差一致。以后可以进行横移试验,利用调整揽风（溜绳应同时配合松紧）使网架向左或右横移 100 mm,认可后再横移回原支墩就位。以上试吊全过程,都应派人看管所有滑轮组机具、索具及锚桩变化情况,及时向指挥人员报告。等整修试吊签订认可后才能正式吊装。

（iii）起吊　利用数台电动卷扬机同时起吊网架,关键是如何保证做到起速"同步"。办法是在正式起吊前在网架四角上分别挂上一把长钢尺,为控制四角高差不超过 100 mm 的量具。在提升柱顶安装标高以下一段高程中,采取每起吊 1 m 进行一次检测,根据四角丈量的结果,以就高不就低办法分别逐跑头提升到统一标高,然后再同时逐步提升,它与整体提升法基本相似,只是起重设备不同,适用于中小型结构安装。早期采用多台独脚拔杆或人字架、卷扬机、滑轮组及缆风体系进行大吨位吊装。现在,由于大吨位起重机较多,对中小型工程根据需要选用多台起重机集中抬吊进行安装,见图 5-18。

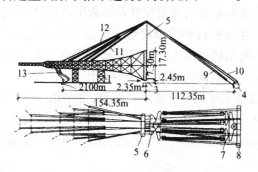

图 5-18 塔架整体吊装的布置图

1—临时支架;2—副地锚;3—扳铰;4—主地锚;5—人字拔杆;6—上平衡装置（铁扁担）;7—下平衡装置;8—主地锚;9—后保险滑轮组;10—起重滑轮组;11—前保险滑轮组;12—吊点滑轮组;13—回直滑轮组

②多根拔杆整体吊装网架方法（即拔杆集群吊装法）

多根拔杆整体吊装网架方法是采用拔杆集群,悬挂多组复式滑轮组与网架各吊点吊索连接,由多台卷扬机组合牵引各滑轮组,带动网架同步上升。因此,首先要把支撑网架的柱子安装好,接着将网架就地错位拼装成整体,然后将网架整体提升安装在设计位置上。网架提升安装分三个步骤进行:第一步是整体提升,用全部起重卷扬机将网架均匀提升到超过柱顶标高;第二步是空中移位,利用一侧卷扬机徐徐放松,另一侧卷扬机刹住不动将网架移位对准柱顶;第三步是落位固定,用全部起重卷扬机将网架下降到柱顶设计位置上,并加以调整固定。空中移位是多根拔杆整体吊装网架的关键。

a. 网架空中移位 它是利用力的平衡与不平衡交换作用。当作用在网架上的全部力在水平方向的合力等于零时,网架处于平衡状态;如果水平方向的合力不等于零,则网架将朝大力所指的方向移动。网架提升时拔杆两侧卷扬机如完全同步启动,网架等速均匀上升,并由于拔杆两侧的滑轮组的夹角相等,则两侧钢丝绳的受力必定相等,所以网架处于平衡状态。当网架提升超过柱顶后,进行空中移位时,将一侧滑轮组钢丝绳缓缓放松,在放松的瞬时原平衡状态被破坏,网架将朝着水平分力大的方向移动直到达到新的平衡状态。由于施工时一侧滑轮是逐步而缓慢地放松,则将出现由上述多个瞬时平衡—不平衡—平衡组成的使网架向左移动的连续过程,即网架的空中移位,直至网架对准柱顶为止。网架在空中移位时必须刹住另一侧滑轮组以确保网架只能平移,而不发生倾斜。

b. 网架空中旋转 圆形网架提升后,需要在空中旋转某个角度,然后就位在设计位置。旋转原理同网架平移,只不过将拔杆设置在圆形网架的周边,这样产生的水平分力将是沿着圆形网架切向的力,从而使网架产生旋转。施工时,用起重滑轮组下降的办法使体系产生沿圆形网架圆周的切向力。实践证明:网架对旋转很敏感,当所有拔杆同一侧的起重滑轮组同时放松时网架就旋转,停止放松网架就基本静止。由于网架旋转受卷扬机线速度控制,其角速度很小,停止时惯性力也很小,所以网架旋转是比较容易的。

c. 网架空中移位方法的改进 根据工程实践,当采用多根拔杆吊装方案时,存在着揽风、地锚、拔杆受力较大,容易造成起重设备、工具、索具超载或降低安全度。在总结原方案的基础上,对原移位方法进行了改进如下:将原拔杆上两对起重滑轮组的位置由平行于移位方向改为垂直于移位方向(为了减少两对滑轮组受力的不均,将拔杆头部设一只过桥滑轮,将两对滑轮组内的钢丝绳穿通),每根拔杆在吊索吊点后面(即相反于移位方向)增加一副移位滑轮组,通过电动卷扬机将移位滑轮组长度缩短,使吊索在特制滑轮中转动。提升时移位滑轮组不受力,当网架超过柱顶后起重滑轮组停止工作,各移位滑轮组同时启动,此时特制移位滑轮缓慢移动,吊索的顶点相对于网架作椭圆轨迹运动,网架随即移位。由于每根拔杆两侧各有一副吊索,为了减少移位滑轮组,可采用一个三角铁扁担将两副吊索合用一副移位滑轮组,即移位滑轮组的上滑轮与铁扁担链接,铁扁担上面三只梢孔各有一根吊索与两副起重滑车组的动滑轮相连,移位滑轮组的下滑轮用吊索绑在吊索后面的一个球节点上。

在制定网架就位总拼方案时,应符合下列要求:(i)网架的任何部位与支撑柱或拔杆的净距不应小于 100 mm;(ii)如支撑柱上没有凸出构造(如牛腿等),需采取措施以防止网架在起开过程中被凸出物卡住;(iii)由于网架错位需要,对个别杆件暂不组装时,应获得设计单位同意。

5.2.4.2 螺栓球节点网架结构的施工技术

(1)螺栓球节点网架结构的施工特点

　　螺栓球节点网架是一种新型的屋盖承重结构,属于多次超静定空间结构体系,它改变了一般平面架结构的受力状态,能够承受来自各方面的荷载。这种平板形网架,结构新颖美观,杆件规律性强,网格划一,整体性好,空间刚度大,抗震性能好,杆件之间全部采用螺栓连接,便于安装,操作简便,受力明确。它广泛用于体育馆、展览厅、餐厅、候车室、仓库及单层多跨工业厂房等屋盖承重结构。

　　①螺栓球节点类型特征

　　螺栓球类型,见图 5 – 19。

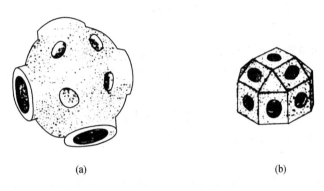

图 5 – 19　螺栓球类型

(a)水雷式螺栓球;(b)半螺栓球

　　螺栓球节点示意图,见图 5 – 20。

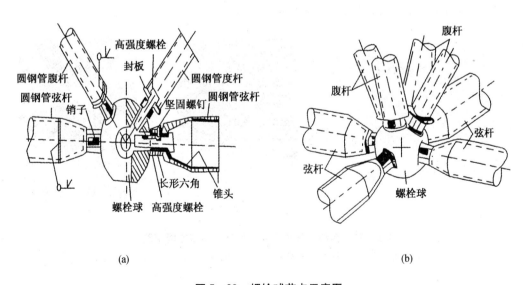

(a)　　　　　　　　　　　　　　　(b)

图 5 – 20　螺栓球节点示意图

(a)螺栓球节点部视图;(b)螺栓球 – 连杆结构图

②螺栓球节点施工特点

a. 螺栓球节点优点

(i)有整套的零件标准图指导生产,便于工厂化加工,可以不同的厂家分工协作,细分市场。

(ii)现场安装方便、快捷,缩短工期,提高效率。

b. 螺栓球节点缺点

(i)设计时要考虑杆件的角度,角度不好螺栓球很大。

(ii)需要各个配件的精度高。

(iii)螺栓球是实心球,单重较大,现场安装难度大。

(2)螺栓球节点施工工艺

【工程案例】 西科雅香精香料厂生产车间屋盖网架施工技术

螺栓球节点网架工程的施工工艺以西科雅香精香料厂生产车间屋盖网架施工为例介绍如下。

在西科雅香精香料厂生产车间网架施工过程中,采用了网架的定型化设计生产,保证了产品质量,加快了施工进度,优质高效地完成了施工任务。

1. 工程概况

西科雅香精香料厂生产车间屋盖网架为螺栓球节点网架;正放四角锥形式,网格尺寸为 3 m×3 m,网架支撑方式为下弦支撑,抗震设防烈度为 7 度,网架轴线总尺寸为 72.48 m×24.48 m,网架球节点和套筒采用 45#钢,高强度螺栓采用 40Cr 钢,网架杆件、支座、支托均采用 A3 钢,网架上弦恒荷载 0.5 kN/m²,活荷载 0.7 kN/m²,下弦恒荷载 0.2 kN/m²,风载 0,4 kN/m²。金属屋面采用镀锌彩钢板 + 钢檩条 + 保温棉 + 镀锌彩钢板 + 钢檩条,周边封板为单层镀锌彩钢板,见图 5 – 21。

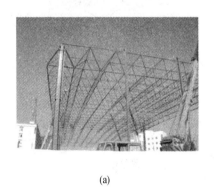

(a)   (b)   (c)

图 5 – 21 西科雅香精香料厂生产车间屋盖网架图

(a)车间屋盖网架实图;(b)网架实图结构实图;(c)螺栓球节点结构实图

2. 施工准备

(1)安装人员所备资料

图纸、配料单、技术变更单、安装合同、发货清单、安装验收单。

(2)安装队现场索取与网架施工有关的土建记录

①地面夯实平整,密实度需能承受脚手架荷载及工作平台上荷载。

②土建方提供合格的支撑面,包括支撑面的抄平图,柱子的二维图,支撑面上的网架轴线。

③预埋件尺寸、大小以及位置的准确程度,安装队根据土建的有关记录,进行复测、验收并记录存档。

④复查、清理进入现场的工件。

⑤复查施工用脚手架,不符合使用要求的及时提出整改。

⑥施工工具及配合机具:卷扬机、焊机、滑机、切割机、倒链、链钳、管钳、力矩扳手、千斤顶、丝锥等。

3. 安装顺序

根据螺栓球节点网架的特点,为保证施工工期、工程质量和降低工程成本,网架安装采用先在地面组装好两个单元后吊装就位,其余网架可在组装好的网架上高空散装并按顺序延伸。

4. 安装方法

(1)拼装网架前,检查支撑面是否符合以下要求。

①支撑面中心轴线偏移应小于边长的 1/3 000,而且小于 20 mm。

②相邻支撑面的高低差应小于 5 mm。

③最高与最低支撑面高低差应小于 10 mm。

(2)脚手架的搭设要求牢固、安全、适用。脚手架宜按承重 2.5 kN/m² 考虑,对于钢管脚手架,要求立杆的横向步距为 1.50 ~ 1.70 m,纵向步距为 1.70 ~ 2.00 m,横杆的竖向步距为 1.60 ~ 1.70 m。脚手板要铺满、铺稳,不应有空头板。脚手架搭设高度应与柱(圈梁)顶标高基本齐平。

(3)当土建支撑面和脚手架验收合格后,方可开始安装网架。

①先按支撑面轴线位置安放端边和两侧边支座,铺放下弦杆(球)时,要在每个下弦节点加一临时支撑或调平器,使它在同一水平位置,紧接着安装腹杆,然后安装上弦杆(球)。

②当第一排网格安装完以后,要检查所有套筒螺母是不是柠紧,高强度螺栓是不是完全到位,经过精确地测量和校正,确认无误后,再重复上面顺序:下弦杆(球)—腹杆—上弦杆(球),向前安装。并应边安装边测量网格的长度、高度和垂度,如发现偏差太大时,应及时予以校正和调整。

③检查评定标准:纵横向长度 $L \leqslant \pm L/2\,000$,且 $\not> 30$ mm,中心支座偏移 $\leqslant L/3\,000$,且 $\not> 30$ mm,网格尺寸 $\leqslant \pm 2.0$ mm,锥体高 $\leqslant \pm 2.0$ mm,支座高低差柱点支撑 $\leqslant L/800$,且 $\not> 30$ mm,周边支撑 $\leqslant L/400$,且 $\not> 15$ mm,跨中挠度 $\leqslant$ 设计挠度。

④网架全部安装完毕,再认真逐一检查各节点的螺栓到位情况,并将紧固螺钉旋入螺栓深槽内固定。

(4)网架的杆件和高强度螺栓只承受轴向力,不允许在杆件上吊挂重物,安装和拆卸网架时,应在杆件非受力状态下进行。

(5)整个网架安装完毕后,应将支座处锚栓固定,螺母下最好加设弹簧垫圈,以防止松动,并将小垫板与支座底板焊牢,但必须注意不可将网架支座与土建支撑面预埋铁固焊,以保证水平方向可以位移。

(6)网架构件堆放时,堆放场地必须有防雨、防水措施,并保持干燥,不能直接搁置在地面上,以防构件锈蚀和沾染泥土等脏物,网架运输的装、卸车,不能抛甩,以防止碰坏构件和油漆。构件安装前已进行除锈,并涂刷一底二度防锈漆,网架安装完毕后再涂刷最后一道面漆。

5.2.4.3 焊接球节点网架的施工技术

焊接球节点网架是指工业与民用建筑屋盖及楼层的空间铰接杆件系统,如双层平板网架结构、三层平板网架结构、双层曲面网架结构、组合网架结构,这里不包含悬挂网架、斜拉网架、预应力网架及杂交结构等。

【工程案例】 焊接球节点网架工程的施工工艺以某厂房车间焊接球节点屋面网架施工为例,介绍如下:

某厂房车间焊接球节点屋面网架,见图5-22所示。

图5-22　焊接球节点网架实图

1. 技术资料要求

钢材材质必须符合设计要求,如无出厂合格证时,必须按现行国家标准《钢结构工程施工质量验收规范》GB50205—2001的规定进行机械性能实验和化学剖析经证实符合标准和设计要求后方可使用。

2. 空心球加工

焊接空心球节点是我国采用最早也是目前应用较广的一种节点。它是由两个半球对焊而成,如图5-23所示,分为加肋与不加肋两种。半球有冷压和热压两种成型方法,热压成型简单,不需要很大压力,用得最多;而冷压不但需要很大压力,要求材质,而且模具磨损较大,目前很少采用。热压成型流程见图5-24,首先将钢板剪成圆板,然后用冲压机冲压成半圆球,再对半圆球进行机械加工。

这种节点适用于圆钢管连接,构造简单,传力明确,连接方便。对于圆钢管,只要切割面垂直杆件轴线,杆件就能在空心球上自然对中而不产生节点偏心。由于球体无方向性,可与任意方向的杆件相连,当会交杆件较多时,其优点更为突出。因此它的适应性强,可用于各种形式的网架结构,也可用于网壳结构。图5-25(a)和(b)分别表示四角锥和三向网架的焊接空心球节点构造。

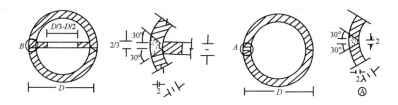

图 5 – 23　焊接空心球节点

（a）无肋空心球；（b）有肋空心球

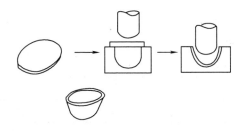

5 – 24　热压成型流程

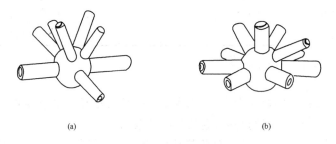

(a)　　　　　　　　　　　(b)

图 5 – 25　焊接空心球节点大样图

（a）正放四角锥；（b）三向网架

3. 安装准备

（1）拼装前编制施工组织设计或拼装计划，保证网架焊接、拼装质量，必需认真履行。

（2）拼装过程所用计量用具如钢尺、经纬仪、水准仪、程度仪等，必须经计量检验及格，并在有效期内使用。土建、监理单位使用钢尺必须进行统一调整，方可应用。

（3）焊工必须有相应焊接情势的及格证。

（4）对焊接节点（空心球节点、钢板节点）的网架结构应选择合理的焊接工艺及次序，以减少焊接应力与变形。

（5）对小拼、中拼、大拼在拼装前宜进行试拼，检查无误，再正式拼装。

4. 施工重要机具

施工重要机具，参见表 5 – 2 。

表 5 - 2 施工重要机具

序 号	名称	规格	数目	用途
1	起重机	10 t		拼装较大网片起重机依据情形而定,翻身就位
2	交直流电焊机	30 ~ 40 kW		根据工期而定数量,拼装焊接
3	直流电焊机	21 kW		根据工期而定数量,返修焊缝
4	气泵	0.5 MPa		根据工期而定数量,返修焊缝
5	砂轮	Φ100		打磨电焊飞溅
6	长毛钢丝刷	两排		去焊渣
7	钢板尺	15 cm		检查坡口尺寸
8	焊缝量规	多用		检查焊缝外观
9	烤箱	350 ~ 500 ℃		烤焊条
10	保温筒	100 ℃		保温焊条
11	氧乙炔烘烤枪			预热
12	经纬仪	J_6		拼装,胎具丈量
13	水准仪	主动调平		拼装进程中抄平
14	钢尺	30 mm		量距
15	盒尺	5.0 mm		量距
16	程度标尺	200 mm		检查平整度
17	索具			拼装用

5. 作业条件

(1)网架结构应在专门胎架上小拼,以保证小拼单元的精度和互换性。

(2)胎架在应用前必须进行检验,合格后再拼装。

(3)在全部拼装过程中,要随时对胎具地位和尺寸进行复核,如有变动,经调整后方可重新拼装。

(4)网架的中拼装片或条块的拼装应在平整的刚性平台上进行。拼装前,必须在空心球表面用套模画出杆件定位线,做好定位记载,在平台上按1:1大样,搭设立体模来把持网架的外形尺寸和标高,拼装时应设调节支点来调节钢管与球的同心度。

(5)焊接球节点网架结构在拼装前应考虑焊接收缩,其收缩量可通过实验断定,实验时可参考下列数值:

钢管球节点加衬管时,每条焊缝的收缩量为 1.5 ~ 3.5 mm。

钢管球节点不加衬管时,每条焊缝的收缩量为 2 ~ 3 mm。

(6)对供给的杆件、球及部件在拼装前严格检查其质量及各部位尺寸,不符合规范规定的数值,要进行技术处理后方可拼装。

6. 材料的质量要点

(1)网架结构本身材质问题,在制造前必须按材质检验程序检验。

(2)网架在拼装过程中所用相关资料,如手工焊的焊条,高强度螺栓等应符合现行产品尺度和设计要求。

常用结构钢材手工电弧焊焊条选配示例见表 5 – 3,常用结构钢材 CO_2 气体保护焊实芯焊丝选配示例见表 5 – 4,高强度螺栓施工预拉力(kN)见表 5 – 5。

表 5 – 3　常用结构钢材手工电弧焊焊条选配示例

钢材							手工电弧焊焊条			
牌号	等级	抗拉强度	屈从强度/MPa		冲击功		型号示例	熔敷金属性能		
			$\delta \leqslant 16$(mm)	$\delta \leqslant$ (50 ~ 100)	T /℃	A_{KV} /J		抗拉强度 /MPa	屈服强度 /MPa	延长率 /%	冲击功 ≥27J 时试验温度/℃
Q235	A	375 ~ 460	235	205[3]			E4303[1]	420	330	22	0
	B				20	27	E4303[1]				0
	C				0	27	E4328				– 20
	D				—	27	E4315、 E4316				– 30
					20						
Q295	A	390 ~ 570	295	235			E4303[1]	420	330	22	0
	B				20	3	E4315 E4316 E4328				– 30
											– 20
Q345	A	470 ~ 630	345	275			E5003[1]		390	20	0
	B				20	34	E5003[1] E5015 E5015 E5018	490		22	– 30
	C				0	34	E5015				
	D				— 20	34	E5016 E5018				
	E			– 40	27	②					②
Q390	A	490 ~ 650	390	330	20	34	E5015、 B5016、 E5515 – D3、 – G E5516 – D3、 – G	490	390	22	– 30
	B				0	34					
	C				— 20	– 20		540	440	17	
	D				— 40	27					
	E					②					②

表 5 – 3（续）

钢材								手工电弧焊焊条			
			屈从强度/MPa		冲击功		型号示例	熔敷金属性能			
牌号	等级	抗拉强度	δ≤16(mm)	δ≤(50~100)	T/℃	A_{KV}/J		抗拉强度/MPa	屈服强度/MPa	延长率/%	冲击功 ≥27J时试验温度/℃
Q420	A	520 ~ 680	420	360			E5515 – D3、 – G E5516 – D3、 – G	540	440	17	–30
	B				20	34					
	C				0	34					
	D				— 20	27					
	E				— 40	27	②				②
Q460	C	550 ~ 720	460	400	0	34	E6015 – D1、 – G E6016 – D1、 – G	590	490	15	–30
	D				20	34					
	E				— 40	24	②				②

注：① 用于一般、非重大结构；

② 由供需双方协定；

③ δ > 60 ~ 100 mm 时的。

表 5 – 4　常用结构钢材 CO_2 气体保护焊①实芯焊丝选配示例

钢材		焊丝型号示例	熔敷金属性能				
			抗拉强度/MPa	屈从强度/MPa	延长率 δs/%	冲击功	
牌号	等级					T/℃	A_{KV}/J
Q235	A	ER49 – 1	490	372	20	20	47
	B						
	C	ER50 – 6	500	420	22	–30	27
	D					–20	
Q295	A	ER49 – 1②	490	372	20	20	47
	B	ER50 – 3	500	420	22	–20	27
Q345	A	ER49 – 1②	490	372	20	20	47
	B	ER50 – 3	500	420	22	–20	27
	C	ER50 – 2	500	420	22	–30	27
	D						
	E	③	③			③	

表 5 - 4(续)

钢材		焊丝型号示例	熔敷金属性能				
牌号	等级		抗拉强度/MPa	屈从强度/MPa	延长率 δs/%	冲击功	
						T/℃	A_{KV}/J
Q390	A	ER50 - 3	500	420	22	-20	27
	B						
	C						
	D						
	E	③	③	③		③	
Q420	A	ER55 - D2	550	470	17	-30	27
	B						
	C						
	D						
	E	③	③	③		③	
Q460	C	ER55 - D2	550	470	17	-30	27
	D						
	E	③	③	③		③	

注:①含 Ar - CO_2 混杂气体维护焊。

②用于一般结构,其他用于重大构造。

③按供需协定。

④表中焊材熔敷金属力学性能的单值均为最小值。

⑤表中钢材及焊材熔敷金属力学性能的单值均为最小值。

表 5 - 5　高强度螺栓施工预拉力(kN)

性能等级	螺栓公称直径/mm						
	M12	M16	M20	M22	M24	M27	M30
8.8 级	45	75	120	150	170	225	275
10.9 级	60	110	170	210	250	320	390

7. 施工技术要求

(1)网架结构在拼装过程中小拼、中拼都是给大拼(即总拼)打基础的。精度要高,否则累积偏差会超过规范值。尤其是对胎具,要经有关职员验收才允许正式拼装。

(2)依据网架构造的节点情况、网格情况、起重机性能、现场条件等,制订出切实可行的小拼、中拼或大拼计划、测量方案、焊接计划和钢结构工程施工技术标准。

8. 施工质量要求

(1)杆件、焊接球节点、焊接钢板节点等必须考虑焊接受缩量,影响焊接收缩量的因素较多,如:焊缝的长度和高度;气温的高低;焊接电流密度;焊接采取的方式,一个节点是经多次循环间隔焊成,还是集中一次焊成;焊工的操作技巧等。

（2）杆件,焊接球,螺栓球制造质量符合质量标准,才能确保拼装尺寸。

（3）钢网架结构总拼完成后及屋面工程完成后应分别测量其挠度值,且所测的挠度值不应超过相应设计值的 1.15 倍。

检查数量:跨度 24 m 及以下钢网架结构测量下弦中心一点;跨度 24 m 以上钢网架结构测量下弦中心一点及各向下弦跨度的四等分点。

检验方式:用钢尺和水准仪实测。

小拼及中拼钢构件堆放应以不发生超越规范要求的变形为原则。

（4）对焊接球节点的球－管杆件焊接、螺栓球节点的锥头－管杆件焊接,按有关标准进行外观检查和无损检测。对型钢节点的焊接,按焊接规范进行检查。

（5）为保证网架拼装质量,每个工序都必须进行测量监控。

9. 施工工艺规程

（1）工艺流程

作业准备→球加工及检验→杆加工及检验→小拼单元→中拼单元→焊接→拼装单元验收。

（2）作业准备

①螺栓球加工时的机具、夹具调整,角度的确定、机具的准备。

②焊接球加工时加热炉的准备,焊接球压床的调整,工具、夹具的准备。

③焊接球半圆胎架的制作与安装。

④焊接设备的选择与焊接参数的设定,采用自动焊时,自动焊设备的安装与调试,氧－乙炔设备的安装。

⑤拼装用高强度螺栓在拼装前应逐条加以保护,防止小拼时飞贱影响到螺纹。

⑥焊条或焊剂进行烘烤与保温,焊材保温烘烤应有专门烤箱。

（3）球加工及检验

①球材下料尺寸控制,并应放出适当余量。

②螺栓球的画线与加工,铣削平面、分角度、钻孔、攻丝、检验等。

③焊接球材加热到 600~900 ℃之间的适当温度,加热应均匀一致,加热炉最好是煤气炉加热。

④加热后的钢材放到半圆胎模内,逐步压制成半圆形球,压制过程中应尽量减少压薄区与压薄量,采取措施是加热均匀,压制时氧化铁皮应及时清理,半圆球在胎模内能变换位置。

⑤半圆球出胎冷却后,对半圆球用样板修正弧度,然后切割半圆球的平面。注意按半径切割,但应留出拼圆余量。

⑥半圆球修正、切割以后应该打坡口,坡口角度与形式应符合设计要求。

⑦加肋半圆球与空心焊接球受力情况不同,故对钢网架重要节点一般均安排加肋焊接球,加肋形式有多种,有加单肋的,还有垂直双肋球等,所以圆球拼装前,还应加肋、焊接。注意加肋高度不应超出圆周半径,以免影响拼装。

⑧球拼装时,应有胎位,保证拼装质量,球的拼装应保持球的拼装直径尺寸、球的圆度一致。

⑨拼好的球放在焊接胎架上,两边各打一小孔固定圆球,并能随着机床慢慢旋转,旋转一圈,调整焊道,调整焊丝高度,调整各项焊接参数,然后用半自动埋弧焊机（也可以用气体保护焊机）对圆球进行多层多道焊接,直至焊道焊平为止,不要余高。

⑩焊缝外观检查,合格后应在 24 h 时之后对钢球焊缝进行超声波探伤检查。

(4)杆加工及检验

①钢管杆件下料前的质量检验:外观尺寸、品种、规格应符合设计要求。杆件下料应考虑到拼装后的长度变化。尤其是焊接球的杆件尺寸更要考虑到多方面的因素,如球的偏差带来杆件尺寸的细微变化,季节变化带来杆的偏差。因此杆件下料应慎重调整尺寸,防止下料以后带来批量性误差。

②杆件下料后应检查是否弯曲,如有弯曲应加以校正。杆件下料后应开坡口,焊接球杆件壁厚在 5 mm 以下,可不开坡口。螺栓球杆件必须开坡口。

③钢管杆件与封板拼装要求:杆件与封板拼装必须有定位胎具,保证拼装杆件长度一致。杆件与封板定位后点固,检查焊道深度与宽度,杆件与封板双边应各开 30°坡口,并有 2~5 mm 间隙,保证封板焊接质量。封板焊接应在旋转焊接支架上进行,焊缝应焊透、饱满、均匀一致,不咬肉。

④钢管杆件与锥头拼装要求:杆件与锥头拼装必须有定位胎具,保持拼装杆件长度一致,杆件与锥头定位点固后,检查焊道宽度与深度,杆件与锥头应双边各开 30°坡口,并有 2~5 mm 间隙,保证焊缝焊透。锥头焊接应在旋转焊接支架上进行,焊缝应焊透、饱满、均匀一致,不咬肉。

⑤螺栓球网架用杆件在小拼前应将相应的高强度螺栓埋入,埋入前对高强度螺栓逐条进行硬度试验和外观质量检查,有疑义的高强度螺栓不能埋入。

⑥杆件焊接时会对已埋入的高强度螺栓产生损伤,如打火、飞溅等现象,所以在钢杆件拼装和焊接前,应对埋入的高强度螺栓作好保护,防止通电打火起弧,防止飞溅溅入丝扣,故一般在埋入后即加上包裹加以保护。

⑦钢网架杆件成品保护:钢杆件应涂刷防锈漆,高强度螺栓应加以保护,防止锈蚀,同一品种、规格的钢杆件应码放整齐。

(5)钢网架小拼单元

钢网架小拼单元一般是指焊接球网架的拼装。螺栓球网架在杆件拼装、支座拼装之后即可安装,不进行拼单元。

①强度试验。钢网架小拼前应对已拼装的钢球分别进行强度试验,符合规定后才能开始小拼。

②对小拼场地清理,针对小拼单元的尺寸,形态位置进行放样、画线。根据编制好的小拼方案制作拼装胎位,拼装胎位的设计要考虑到装配方便和脱胎方便。

③对拼装胎位焊接,防止变形,复验各部位拼装尺寸。

④备好衬管。焊接球网架有加衬管和不加衬管两种,凡需加衬管的部位,应备好衬管,先在球上定位点固。

⑤钢网架焊接球小拼形式

a. 一球一杆型是最简单的形式,应注意小拼尺寸和焊接质量。

b. 二球一杆型,拼装焊接后应防止杆件变形。

c. 一球三杆型,拼装后应注意保持半成品的角度和尺寸,防止焊接变形。

d. 一球四杆型,拼装后应注意焊接变形,防止码放时变形,一般应在支腿间加临时连杆,保持角度与尺寸。

⑥焊接球网架小拼。应焊接牢固,焊缝饱满、焊透,焊坡均匀一致。焊缝经外观检查后,还需进行超声波检查。

⑦小拼单元的尺寸检查。应符合以下规定：小拼单元为单锥体时弦杆长、锥体高为±2.0 mm；上弦对角线长度为±3.0 mm；下弦节点中心偏移为2.0 mm；小拼单元如不是单锥体,其节点中心允许偏移为2.0 mm。焊接球节点与钢管中心允许偏移为1.0 mm。

（6）焊接球网架中拼单元

①在焊接球网架施工中还可以采用地面中拼,到高空合拢的拼装形式,这种拼装形式可以分为：分形中拼、块形中拼、立体单元中拼等形式。

②控制中拼单元的尺寸和变形,中拼单元拼装后应具有足够刚度,并保证自身的几何不变性,否则应采取临时加固措施。

③为保证网架顺利拼装,在条与条,或块与块合拢处,可采用安装螺栓等措施。

④搭设中拼支架时,支架上的支撑点的位置应设在下弦节点处。支架应验算其承载力和稳定性,必要时可以试验,以确保安全可靠。还应防止支架下沉。

⑤网架中拼单元宜减少中间运输。如需运输时,应采取措施防止网架变形。

（7）钢网架拼装焊接

①焊接球网架拼装前应编制好焊接工艺和焊接顺序。焊接工艺内容有电流、电压、运条方法、焊接层数和道数、焊缝坡口、间隙等内容,焊接工艺是保证焊缝质量的关键；焊接顺序是指拼装各节点之间的焊接次序,以控制构件的变形量。

②钢网架焊接技术难度大,质量要求高。所以网架拼装焊工必须具有全位置焊工考试合格证,即具有平、立、横、仰工位的考试合格证,方能上岗。

③拼装焊接用焊材应经过烘烤、保温,以保证焊接材料的使用性能。

④钢网架施焊操作

a.钢管与钢球焊接是钢网架的主要焊缝。起弧应在钢管底部中心线左侧20～30 mm处,引弧应在焊道内引弧,防止烧伤母材。

b.引弧后向后边运条焊接,运条方法采用斜锯齿形手法,防止铁水流失和咬肉,采用斜锯齿形手法时,应防止熔渣倒流。

c.当焊条焊至1/4圆处,需逐步改变运条手法,可改为月牙形运条手法,当接近上部时,应采用反向的斜锯齿形运条,防止咬肉。

d.焊缝收弧应在焊缝超过中心线20～30 mm处熄弧,不必完全填满弧坑。

e.接着焊接钢管另外半部,从焊缝中心线右侧20～30 mm处引弧焊接,向左运条,采用锯齿形运条法,逐步向左向上焊接,直到近1/4圆处改为月牙形运条,当焊到上部时,再采用反向锯齿形运条,使焊缝成型美观、饱满。

f.收弧。当焊条逐步焊到上半部时,此时是爬坡焊,当到钢管上部时已成平焊,这时焊条还应继续焊过中心线20～30 mm,覆盖上一道焊缝,直到填满弧坑为止。

g.当采用多道焊,或焊道坡口尚未填满时,应清理焊道焊渣,随后按上述顺序继续焊接,直至达到焊缝规定的尺寸为止。

（8）拼装单元验收

①拼装单元网架应检查网架长度尺寸、宽度尺寸、对角线尺寸、网架长度尺寸,应在允许偏差范围之内。

②检查焊接球的质量,以及试验报告。

③检查杆件质量与杆件抗拉承载试验报告。

④检查高强度螺栓的硬度试验值,检查高强度螺栓的试验报告。

⑤检查拼装单元的焊接质量、焊缝外观质量,主要是防止咬肉,咬肉深度不能超过

0.5 mm;焊缝24 h后用超声波探伤检查焊缝内部质量情况。

10.质量检验

按照《钢结构工程施工质量与验收规范》中的标准进行检查,主要包括尺寸检查,节点检查,以及质量记录。

5.3　网架钢结构安装的质量与安全控制

5.3.1　网架钢结构安装的质量控制

5.3.1.1　网架钢结构安装质量标准及实施

（1）网架钢结构安装质量标准

钢网架安装工程质量检验标准、检验方法、检查数量见表5-6。

表5-6　钢网架安装工程质量检验标准

项目	序号	项目		质量标准	检验方法	检查数量
主控项目	1	节点配件和杆件质量,变形必须校正(高空散装法安装的网架)		应符合设计要求和国家现行有关标准规定	观察检查检查质量证明书、出厂合格证或证验报告	
	2	定位轴线的位置、支座锚栓		应符合设计要求和国家现行有关标准规定	检查复测记录、用经纬仪和钢尺实测	按支座数抽查10%,且不少于4处
	3	支撑面顶板	位置	允许偏差:15.0 mm	用经纬仪和钢尺实测	按支座数抽查10%,且不少于4处
			顶面标高	允许偏差:(0 mm,-3.0 mm)		
			顶面水平度	允许偏差:1/1000		
	4	支座锚栓	中心偏移	±5.0 mm	观察检测	按支座数抽查10%,不少于4处
			紧固	允许偏差:15.0 mm		
	5	支撑垫块种类、规格、摆放位置和朝向		应符合设计要求和国家现行有关标准规定	用钢尺和水准仪实测	按支座数抽查10%,且不少于4处
	6	自重及屋面工程完成后的挠度值		测点的挠度平均值为设计值的1.15倍	用钢尺和水准仪实测	跨度≤24 m,测量下弦中央一点;跨度>24 m测量下弦中央一点及各向下下弦跨度的四等分点

表 5-6(续)

项目	序号	项目		质量标准	检验方法	检查数量
一般项目	1	支座锚栓	露出长度	允许偏差： +15.0 mm;0.0 mm	用钢尺现场实测	按支座数抽查10%，且不少于4处
			螺纹长度	允许偏差： +15.0 mm;0.0 mm		
	2	节点及杆件外观质量		表面干净，无疤痕、泥沙、和污垢。螺栓球节点用油腻子填嵌严密，并应将多余螺孔封口	观察检查	按支座数抽查5%，且不应少于10个节点
	3	安装后允许偏差	支座中心偏移	$L_1/800$，且不应大于30.0 mm	用钢尺和水准仪实测	全数检查
			纵向、横向长度			
			支座高度 周边支撑网架相邻支座高差			
			多点支撑网架相邻支座高差			
	4	涂装厚度	一般性涂层	80～100 mm		
			装饰性涂层	100～150 mm		

注:L 为纵向、横向长度;L_1 为相邻支座间距。

(2)网架钢结构成品保护

①拼装好的小拼单元应整齐码放,不得乱堆乱放,防止变形。

②网架半成品球、高强度螺栓等应码放在干净的地方,防止沾染油污,防止损坏螺扣。

③网架中拼单元后应避免运输,防止运输过程中网架受力不均而变形。

④网架拼装结束后应及时涂刷防锈漆,防止网架锈蚀。

(3)网架钢结构应注意的质量问题

①钢网架拼装小单元的尺寸一般应控制在负公差,如果正公差累积会使网格尺寸增大,使轴线偏移。

②钢网架拼装用胎模应经常检查,防止胎模走样,使小拼单元变形。

③拼装好的钢球和杆件应编好号码,做好标记,防止使用时混用。钢球还应有中心线标志,特别带肋钢球使用方向有严格规定,故其带肋方向应该有明显标识。

④包装与发运。钢网架拼装后需要发运时,应对半成品进行包装。包装应在涂层干燥后进行,包装应保护构件涂层不受损伤,保证构件,零件不变形,不损坏,不散失,包装应符

合运输的有关规定。

（4）网架钢结构质量记录

①焊接球、螺栓球、高强度螺栓的材质证明与出厂合格证，以及以上各品种、各规格的承载抗拉试验报告一致。

②钢材的材质证明和复试报告。

③焊接材料与涂装材料的材质证明、出厂合格证。

④套筒、锥头、封板的材质报告与出厂合格证，如采用重要钢材时，应有可焊性试验报告。

⑤钢管的规格、品种应有材质证明或复试报告。

⑥钢管与封板、锥头组成的杆件应有承载试验报告。

⑦钢网架用活动（滑动）支座，应有出厂合格证明与试验报告。

⑧焊工合格证，有相应工位项目，有相应焊接材料的项目。

⑨拼装单元的检查与验收资料。

⑩焊缝外观检查与验收记录。

⑪焊缝超声波探伤报告与记录。

⑫涂层检查验收记录。

5.3.1.2　网架安装常见质量问题与预防措施

（1）拼装尺寸偏差

①钢管球节点加衬管时，每条焊缝收缩应为 1.5～3.5 mm，不加衬管时，每条焊缝收缩应为 1.0～2.0 mm，焊接钢板节点，每个节点收缩量应为 2.0～3.0 mm。

②钢尺必须统一校核，并考虑温度改变量。

③拼装单元应在实际尺寸大样上进行拼装或预拼装，以便控制其尺寸偏差。

（2）单元安装挠度偏差

在网架合拢处，一般应设有足够刚度的支架，支架上装有螺旋千斤顶，用以调整网架挠度。根据网架类型、大小和实际情况，施工时进行适当调整，使挠度值小于设计挠度值。

（3）高空散装标高误差

①采用控制屋脊线标高的方法拼装，一般从中间向两侧发展，使误差消除在边缘上。

②拼装支架应通过计算确保其刚度和稳定性，支架总沉降量小于 5 mm。

③悬挑拼装时，由于网架单元不能承受自重，所以对网架要进行加固。

（4）螺栓丝扣损伤

①使用前螺栓应进行挑选，清洗除锈后作好预配。

②丝扣损伤的螺栓不能作临时螺栓使用，严禁强行打入螺孔。应在当天初拧完毕，终拧时要求达到设计所要求的紧固力矩数值。

5.3.2　网架钢结构安装的安全控制

5.3.2.1　网架钢结构吊装安全注意事项

（1）严格执行国家有关安全生产法规，必须认真贯彻执行"安全第一，预防为主"的方针，消除隐患，防止事故发生，做好高空安全施工。

（2）坚持安全交底、正确识别危险源，并有针对性措施和应急预案。

（3）严格安全教育制度，网架施工安装人员上岗前须接受三级安全教育，真正树立安全第一的思想。

（4）特殊工种人员必须持特殊操作证上岗作业。施工现场人员要熟知本工种的安全技术操作规程。

（5）作业时必须穿防滑鞋，戴安全帽，高空特殊部位须配好安全带。

（6）起重设备在使用过程中，重点预防倾翻事故。严禁超负荷、斜拉斜吊等违章现象，保证基础和行驶道路平整坚实。

（7）六级以上大风应停止户外施工作业，台风季节必须按规定采取预防措施。

（8）网架安装时，不准交叉作业，外围施工和人行道必须搞好外围防护，物料不能集中堆放。

5.3.2.2 网架结构吊装绑扎要点

（1）绑扎点应在构件重心之上，多点绑扎时其连线（面）应在构件重心之上；

（2）单机吊装，构件重心必须在吊钩的垂直线上；

（3）钢丝绳的安全系数：作吊索，无弯曲6~7；作捆绑吊索8~10；用于载人的升降机14。

5.3.2.3 大吨位起重机的使用

大吨位起重机越来越多，多机抬吊也越来越少，仅限于吊件数量少及特殊情况下采用。

（1）统一指挥信号，严肃纪律，服从指挥；

（2）起重机分配负荷不超过允许起质量的80%，轮胎行走时不超过允许起质量的70%；

（3）尽量选用同型号起重机，起吊过程力求同步平稳；

（4）各台起重机吊钩绳保持垂直，严禁斜吊；

（5）考虑吊车、构件和安装位置的平面关系，尽量一次安装就位。

5.3.2.4 临时支撑架的使用

施工阶段采用的临时支撑架，是钢结构安装方案中的关键性技术措施。

（1）在设计中除网架架体本身满足强度和稳定要求外，还须对地基基础所支撑的结构进行验算，必要时采取有效的加固措施。

（2）支撑架受力后要进行观测，以防基础沉降或架体变形对结构产生影响。

（3）支撑架顶使用的千斤顶、倒链等安装机具，必须严格执行工艺方案，不得盲目使用，以防对架体和结构产生不利。

（4）支撑架拆除必须有落位拆除措施，应同步、匀速、缓慢进行，不得盲目拆除。

5.3.2.5 结构吊装的动态分析

在结构吊装方案的计算过程中，应认真分析各种吊装方法运动特性，采取必要的稳定措施，提高方案的可靠度。

5.3.2.6 结构吊装危险源识别

结构吊装的主要特点是高处作业，其危险源有临边作业、洞口作业、攀登作业、悬空作业、交叉作业、高空坠落、起重设备、吊车路基、同步控制、安全用电、季节施工、操作台、脚手架、临时支撑等。

（1）根据结构特点正确识别危险源，并采取针对性措施和应急预案。

（2）坚决执行国家和地方有关安全生产法规，禁止违章操作。

(3)坚持施工方案两级评审制度,应有技术、质量、安全、生产、设备等部门参加。

网架的施工安全有保障才能够实现安装精度高、安装方便、施工速度快。

【工程案例】　大连开发区文化中心网架工程的安装施工案例

大连开发区文化中心网架工程的安装施工工艺如下:

1. 编制依据

(1)根据大连市建筑设计研究院设计的施工图。

(2)现场踏勘情况。

(3)施工类似钢结构工程施工经验。

(4)国家施工规范、标准及规程。

(5)《钢结构工程施工及验收规范》(GB50205—95)。

(6)《钢结构工程质量检验评定标准》(GB50221—95)。

(7)《建筑钢结构焊接规程》(JGJ81—91)。

(8)《钢网架焊接球节点》(JGJ75.2—91)。

(9)《焊接球节点钢网架焊缝超声波探伤及质量分级法》(JG/T3034.1—96)。

(10)《钢结构焊缝手工超声波探伤方法和结果分级》(GB11345—89)。

(11)《建筑机械使用安全技术规程》(JGJ36—86)。

(12)《建筑工程现场供用电安全规范》(GB50194—93)。

2. 工程概况

项目名称:大连开发区文化中心网架工程。

工程地址:大连。

网架形式:焊接空心球节点网架。

结构形式:四角锥桁架。

面积:总覆盖面积 6 100 m^2。

3. 网架工程制造安装工艺技术

(1)概述

①制作依据。

大连市建筑设计研究院设计的图纸

②施工中遵循的规范、规程。

《钢结构工程施工及验收规范》(GB50205—95)。

《网架结构设计与施工规程》(JGJ7—91)。

《网架结构工程质量检验评定标准》(JGJ78—91)。

《建筑钢结构焊接规程》(JGJ81—91)。

《钢网架焊接球节点》(JGJ75.2—91)。

《钢网架检验及验收标准》(JGJ75.3—91)。

《焊接球节点钢网架焊缝超声波探伤及质量分级法》(JG/T3034.1—96)。

《涂装前钢材表面锈蚀等级和除锈等级》(GB8923—88)。

③采用材料。

焊接空心球及加肋空心球采用 Q235B 钢,杆件采用 Q235B/Q345B 钢。

(2)焊接球节点网架的制作

①制作工艺流程:(流程略)。

②杆件制作

a. 用于制造杆件的钢材品种、规格、质量必须符合设计规定及相应标准,应有出厂合格证明。

b. 钢管必须采用机械切割的方法,以确保其长度和坡口的准确度。杆件下料应考虑其焊接收缩量。影响焊接收缩量的因素较多,如焊缝的长度、环境温度、电流强度、焊接方法等,焊接收缩量的大小可根据以往的经验,再结合现场和网架的具体情况通过试验来确定。壁厚大于 4 mm 的钢管要开坡口。

c. 钢管制作长度允许偏差 ±1 mm,杆件轴线不平直度不超过 $L/1\ 000$,且不大于 5 mm。

③焊接球制作

a. 用于制造焊接球节点的原材料品种、规格、质量必须符合设计要求和行业标准《钢网架焊接球节点》(JGJ75.2—91)的规定。焊接用的焊条、焊丝、焊剂和保护气体,必须符合设计要求和钢结构焊接的专门规定。

b. 钢板的放样和下料应根据工艺要求预留制作和安装时的焊接收缩余量及切割、刨边和铣平等加工余量。

c. 将料坯均匀加热约 800 ℃,呈略淡的枣红色,在胎膜中进行热压,压成半球形。

d. 半圆球出胎冷却后,用样板修正弧度、切边、打坡口,坡口不留根,以便焊透。当有加劲肋时,为便于定位,车不大于 1.5mm 的凸台,但焊接时必须熔掉。

e. 球组对时,应有胎位保持球的拼装直径尺寸、球的圆度一致。拼好的球放在焊接胎架上,两边各打一个小孔固定圆球,并能随着机床慢慢旋转,旋转一圈,调整焊道、焊丝高度、各项焊接参数,然后用半自动埋弧焊机(也可以用气体保护焊机)对圆球进行多层多道焊接,直至焊道焊平为止,不要余高。

f. 焊缝外观检查合格后,在 24 h 时之后对钢球焊缝进行超声波探伤检查。

g. 成品球表面应光滑平整、无波纹、局部凹凸不平不大于 1.0 mm,焊缝高度与球外表面平齐偏差不大于 ±0.5 mm,球的直径偏差不大于 2.5 mm,球的圆度偏差不大于 2.5 mm,两个半球对口错边量不大于 1.0 mm。

④质量保证措施

a. 严把原材料质量关

(i)本网架采用的钢材品种、规格较多,为控制原材料质量,进货渠道选择正规的大中型企业,并按 ISO9001 标准对材料供应厂进行评审。

(ii)严格材料进厂检验,坚持每种每批材料检查出厂合格证、试验报告,并按规定抽样复验各种钢材的化学成分、机械性能,合格后方能使用。

b. 严格管理

(i)生产制作前,向操作工人进行详细交底,使工人熟悉加工图、工艺流程和质量标准,做到心中有数。

(ii)严格执行自检、交接检、专职检的三检制度,坚持"三不放过",即质量原因没有找出不放过,防范措施不落实不放过,责任人没有处理不放过。

c. 保证焊接质量

(i)焊接工艺采用二氧化碳气体保护焊,焊接参数全由电子计算机自动控制,焊接质量因此得到稳定可靠的保证。在操作工人对焊缝质量进行外观自检的基础上,由专职质量员对每班生产的杆件两端焊缝按 10% 抽样进行外观、几何尺寸的检验,并以《钢结构工程施工及验收规范》(GB50205—95)为评定依据。

(ii)焊接球按规格抽取 5%(至少 5 只)成品球进行焊缝的超声探伤检查,其焊缝质量必须符合《钢结构工程质量检验评定标准》(GB50221—95)规定的 II 级焊缝标准。

主要检测设备:CTS－26 型超声波探伤仪。

d.严格控制杆件长度

杆件的长度误差控制在 ±1.0 mm 之内。主要措施是:严格控制落料长度,通过试验确定各种规格杆件预留的焊接收缩量,用计量室标定的同一把钢尺丈量,每班对各种规格长度的成品杆件抽样复测作出评定。

e.提供全套交工技术文件

交工技术文件反映了网架生产、安装全过程的质量控制状况,包括材料质保书、复验报告、设计图纸、变更签证、生产交底书、试验鉴定报告、电焊条、油漆质保书、生产过程中各分项质量评定记录、高强度螺栓质保书、合格证及复验报告、焊缝探伤报告、杆件拉力试验报告、安装方案、网架安装后挠度测试记录、验收评定报告。装订成册用以存档。

(3)网架安装及吊装

根据本工程结构特点和现场平面布置情况,为了加快屋盖施工进度,并能很好地和主体施工配合,网架安装分为多个施工区域进行施工。

①各区域网架安装方案

A－1 轴线左侧采用地面拼装再吊装,A－1 轴线右侧采用搭设脚手架的施工方法。

②网架施工顺序

a.在施工现场进行初步放线,确定每个下弦球地面上的相应位置,并砌筑 30 cm 左右高的砖垛,用水泥砂浆找平,要求水泥砂浆表面在同一标高(指地面拼装部分)。

b.精确放线,复核砖垛标高,并做好记录,根据下弦球的大小制作临时支座,以确保下弦球中心在同一标高。用精纬仪进行精确放线,并在砖垛上弹出十字线,以确保下弦球平面位置准确。

c.拼装:拼装顺序,由内向外,先下弦后上弦,在拼装过程中必须同时复核小单元的网格尺寸,拼装时先点焊固定。

d.校核:拼装结束后复核尺寸,纵横向长度不得超过 $L/2\ 000$ 且不大于 ±30 mm。

e.终焊:焊接顺序与拼装顺序相同。

f.验收:检查网架轴线尺寸,误差在规范允许范围内即可准备整体提升网架。

③施工工艺流程

施工准备放线定位→搭设拼装用钢墩→搁置可调圆环、下弦球→调整下弦球标高组装→下弦组装→上弦、腹杆紧固→校正→焊接无损检验涂漆→验收。

④施工准备

a.工程开工前工地施工负责人应同甲方负责人一起勘察现场,检查"三通一平"情况。落实材料的堆放施工机具的分布情况,以及工具房和施工人员的生活用房。

b.施工前编制施工方案,绘制拼装全图,按设计图纸注明节点球编号、坐标、杆件编号、直径、长度。对参加施工的全体人员进行技术交底和安全教育。

c.对进场杆件、球进行规格数量清点,严格按规范对球、杆件进行质量检查。

d.为控制和校核网架节点的坐标位置,每区各设置 4 个控制点。

e.对待拼网架的区域进行平整、夯实。

f.放线定位。根据网格尺寸和上、下弦节点位置进行砖墩的放置。

g. 脚手架搭设部分要保证网架的整体承重。

⑤网架拼装

a. 为了减小网架在拼装过程中的积累误差,整体网架下弦的组装应从中心开始,先组装纵横轴,随时校正尺寸,认为无误时方能从中心向四周展开,其要求对角线(小单元)允许误差为±3 mm,下弦节点偏移为2 mm,整体纵横的偏差值不得大于±2 mm。

b. 整体下弦组装结束后对几何尺寸进行检查,必要时应用经纬仪校正,同时用水平仪抄出各点高低差进行调整,并做好记录。

c. 为了便于施工,提高工程进度,下弦组装前其腹杆和上弦杆可根据图纸对号入座,搬运到位。

d. 腹杆和上弦杆的组装应在下弦全部组装结束后,经测量无超差的基础上进行组装,其方法从中心开始组装,纵横轴线随时检查几何尺寸,并进行校正然后向四周组装。

e. 网架组装时的点焊以三点为宜,管径大的以四点为宜,点焊时不得随意在杆件与节点的结合处以外的地方引弧。

⑥焊接

网架经检查紧固后,进行网架焊接,焊接点下操作平台铺防火石棉板。杆件与球的焊接是整个网架施工的关键工序之一,焊接的强度和质量对于保证整个网架的安全是至关重要的。

a. 制定合理的焊接工艺,其内容包括合理选择坡口形状、焊条直径、焊接电流、焊件形式、焊件清理,确定焊接顺序及操作重点等。焊接工艺制定好后,组织焊工学习、熟记工艺操作要求。

b. 球管焊接。采用"单面焊双面成型网架管球对接焊缝"新工艺,其做法是:打底焊(包括固定点焊)采用Φ2.5焊条,根据焊接位置适应选择焊接电流,起弧后把坡口钝边烧溶形成溶孔,同时把球相应部位烧溶,再压低电弧,使得熔化后的铁水依次凝结在焊缝内壁,在背后形成一个补强焊缝,为提高效益,后几层焊缝可采用Φ3.2～Φ4.0焊条补焊至规定高度。每条焊缝分两层焊完,但最关键的是第一层焊缝,既要保证根部焊透,又要使背部成型良好。将每条焊缝分成4段,首先焊对称1/4圆弧,再焊剩下的2个1/4圆弧,第二遍施焊次序与第一次相同,周而复始完成整个网架焊接工作。

c. 每一道焊缝严禁一遍成形,焊完一遍后焊工必须把焊缝及周围飞溅溶渣药皮等清理干净,如有气孔必须打掉补焊,方能进行第二遍焊接,焊缝外观成形应美观、均匀,焊缝高度应符合设计要求。

⑦无损检验

网架焊接完成后,先对节点焊缝进行外观检查,并做好记录。再使用超声波探伤仪对30%的网架节点进行探伤检查,并用焊缝高度卡检查焊缝高度。质量标准应符合《钢结构工程施工及验收规范》(GB50205—95)所规定的二级焊缝的要求。

⑧涂漆

焊缝经检查合格后,进行除锈,彻底清除焊缝表面和杆件破损处的铁锈、油污和灰土等。除锈完毕立即涂刷水性无机富锌涂料,再涂环氧云铁中间漆。

⑨质量标准

a. 保证项目

(i)网架结构各部位节点、杆件、连接件的规格、品种及焊接材料必须符合设计要求。

(ii)焊接节点网架总拼完成后,所有焊缝必须进行外观检查,并做出记录。拉杆与球的对接焊缝,必须作无损探伤检验。焊缝质量标准必须符合《钢结构工程施工及验收规范》(GB50205—95)二级焊缝标准。

b. 基本项目

(i)各杆件与节点连接时中心线应汇交于一点,焊接球应汇交于球心,其偏差值不得超过 1 mm。

(ii)网架结构总拼完后及屋面施工完后应分别测量其挠度值;所测的挠度值,不得超过相应设计值的15%。

c. 允许偏差项目:见表5-7。

表5-7　网架结构安装允许偏差及检验方法

强度试验	强度试验			强度试验	强度试验
1	拼装单元节点中心偏移			2.0	用钢尺及辅助量具检查
2	小拼单元为单锥体	弦杆长 L		±2.0	
3		上弦对角线长		±3.0	
4		锥体高		±2.0	
5	拼装单元为整榀平面桁架	跨长 L	≤24 m	+3.0~7.0	
			>24 m	+5.0 −10.10	
6		跨中高度		±3.0	
7		设计要求起拱 不要求起拱		+10 ±L/5 000	
8	分条分块网架单元长度	≤20 m		±10	用钢尺及辅助量具检查
		>20 m		±20	
9	多跨连续点支撑时分条分块网架单元长度	≤20 m		±5	
		>20m		±10	
10	网架结构整体交工验收时	纵横向长度 L		±L/2 000且≯30	用钢尺及辅助量具检查
11		支座中心偏移		L/3 000且≯30	用经纬仪等检查
12	网架结构整体交工验收时	周边支撑网架	相邻支座(距离L_1)高差	L_1/400且≯15	用水准仪等检查
13			最高与最低支座高差	30	
14		多点支撑网架相邻支座(距离L_1)高差		L_1/800且≯30	
15		杆件轴线平直度		1/1 000且≯5	用直线及尺量测检查

(4)网架安装及吊装质量体系

面对激烈的市场竞争,企业只有通过质量创信誉,而质量的保证依赖于科学管理和严格要求,为确保工程质量,需特别制定网架工程制作、安装、焊接分项工程质量控制程序。

①质量计划与目标

贯彻执行 GB/T ISO9000 系列质量标准和质量手册,程序文件,将其纳入标准化规范化轨道,为了在本工程中创造一流的施工质量,特别制订控制目标为优良工程。

② 质量体系

根据 GB/T ISO9000 系列标准要求,建立起组织、职责、程序、过程和资源五位一体的质量体系。

a.在组织机构上建立由项目经理直接负责、项目副经理中间控制、专职质检员作业检查、班组质量监督员自检、互检的质量保证组织系统,将每个职工的质量职责纳入项目承包的岗位责任合同中,使施工过程的每一道工序,每个部位都处于受控状态,保证工程的整体质量水平。

b.在程序和过程控制上,狠抓工序质量控制。工程的主要工序有制作、安装、测量、焊接等。

c.在资源配置上,选派技术好、责任心强的技术人员和工人在关键作业岗位上,建立主要工序 QC 小组,定期开展活动,进行质量分析,不断改进施工质量。

③项目质量保证措施

a.制作项目质量保证措施

i.钢结构的制作应严格按照《钢结构工程施工及验收规范》(GB50205—95)中的相关规定进行。

ii.钢构件的下料尺寸应考虑焊接收缩余量及切割、刨边和铣平等加工余量。加工余量的数值应根据规范或实际试验确定。

iii.低合金结构钢板应采用板料矫平机矫正,当采用加热矫正时,加热温度不得超过900 ℃。低合金结构钢在加热矫正后应缓慢冷却。

iv.焊缝坡口尺寸应按设计图纸及工艺要求确定。坡口不得有裂纹,咬口和大于 1 mm 的缺棱。

v.钢构件组装前,各零件、部件应检查合格;连接接触面和沿焊缝边缘每边 30～50 mm 范围内的铁锈、毛刺、污垢等应清除干净。

vi.板材的拼接应在组装前进行,焊缝按二级检验;构件的组装应在部件组装、焊接、矫正后进行。连接组装的允许偏差应符合规范要求。

vii.钢构件表面采用喷砂除锈,其质量要求应符合现行国家标准《涂装前钢材表面锈蚀等级和除锈等级》中的 Sa2.5 级的要求。

viii.涂装时环境温度宜在 5～38 ℃之间,相对湿度不应大于85%。构件表面不得有结露。涂装后四个小时内不得淋雨。

ix.涂装完毕后,应在构件上标注构件的原编号。大型构件应标明质量、重心位置和定位标记。

x.钢结构出厂时,应附带出厂合格证和其他相关的技术资料。

b.安装项目质量保证措施

i.严格按规范对原材料进行复检,所有零部件出厂前、进场后进行全面复检。

安装构件前应对构件进行质量检查。

ii.各种测量仪器、钢尺、轴力仪在施工前均送检标定合格后使用。

iii.安装施工中各工序、工种之间严格执行自检、互检、交检,保证各种偏差在规范允许范围之内。应随时检查基准轴线位置、标高及垂直度偏差,如发现大于设计及施工规范允许偏差时,必须及时纠正。

iv.网架安装应注意支座的受力情况,有的支座为固定支座,有的支座为单向滑动支座,有的支座为双向滑动支座,所以网架支座的施工应严格按照设计要求和产品说明进行。支座垫板、限位板等应按规定顺序、方法安装。

v.网架安装后,在拆卸支架时应注意同步,逐步的拆卸,防止应力集中,使网架产生局部变形或使局部网格变形。

vi.严格执行工程《钢结构安装项目质量保证计划》,建立钢结构安装的质量保证体系,编制防止网架质量通病措施,确保施工质量。

c.焊接项目质量保证措施

i.焊接工程概况

(i)工程钢结构焊接构件类型主要为管球焊接。母材均为国产 Q235/Q345 钢。

(ii)缝形式主要为全熔透对接焊缝,焊接位置有平焊、立焊、横焊、仰焊等。

(iii)熔透对接焊缝按二级标准,进行 20% 的超声波检验。焊缝检验应符合 GB11345—89《钢结构焊缝手工超声波探伤方法和结果分级》中的规定。

ii.焊前准备

(i)焊接培训

参加焊接施工的焊工要按照《JGJ81—91 建筑钢结构焊接规程》第八章"焊工考试"的规定,组织焊工进行考试,取得合格证的焊工才能进入现场进行焊接。持有《锅炉压力容器焊工合格证》的焊工可直接进入现场施工。所有焊工均须持证上岗,随时接受检查。

(ii)构件外形尺寸检查和坡口处理

● 构件的组装尺寸检查:焊接前,应对构件的组装尺寸进行检查,圆钢管主要检查构件的圆度、平直度和长度,如发现上述尺寸有误差时,应待铆工纠正后方可施焊。

● 厚度大于 36 mm 的低合金结构钢,施焊前应进行预热,预热温度宜控制在 100~150 ℃;焊后应进行保温。预热区为焊缝两侧不小于 150 mm 的区域。

● 焊缝坡口的处理:施焊前,应清除焊接区域内的油锈和漆皮等污物,同时根据施工图要求检查坡口角度和平整度,对受损和不符合要求的部位进行打磨和修补处理。

(iii)焊接材料的准备

● 所有焊接材料和辅助材料均要有质量合格证书,且符合相应的国标。

● 所有的焊条使用前均需进行烘干,烘干温度 350~400 ℃,烘干时间 1~2 h。焊工须使用保温筒领装焊条,随用随取。焊条从保温筒取出施焊,暴露在大气中的时间不得超过 2 h;焊条的重复烘干次数不得超过 2 次。

(iv)焊接环境

● 下雨天露天作业必须设置防雨设施,否则禁止进行焊接作业。

● 采用手工电弧焊风力大于 5 m/s,采用气体保护焊风力大于 2 m/s 时,应设置防风设施,否则不得施焊。

● 雨后焊接前,应对焊口进行火焰烘烤处理。

iii. 焊接

(i)分层焊接介绍

• 定位点焊:组装时的定位点焊应由电焊工施焊,要求过度平滑,与母材融合良好,不得有气孔、裂纹,否则应清除干净后重焊。严禁由拼装工进行定位点焊。

• 打底焊:为保证全熔透焊缝隙的焊接质量,焊接前应先清除焊缝区域内的油锈,使用焊接工艺规定的参数施焊。本焊接要求方法的特点是:a. 焊接电流大,速度快;b. 深大,易焊透;c. 焊接质量和缺陷一览无遗,容易修复。

• 中间焊和罩面焊:均采用埋弧焊,焊接前应在构件两端加设引弧板。

(ii)控制焊接变形:

所有构件的焊接应分层施焊,层数视厚度而定;

作好焊接施工记录,总结变形规律,综合进行防变形处理。

(iii)焊接检查

• 焊缝的外观检查:Q345 钢应在焊接完成 24 h 后,进行 100% 的外观检查,焊缝的外观检查应符合一级焊缝(部分二级焊缝)的要求;

• 超声波检查:所有的全熔透焊缝在完成外观检查之后进行 20% 的超声波无损检测,标准执行《GB11345—89 钢结构焊缝手工超声波探伤方法和结果分级》,焊缝质量不低于 B 级的二级。焊缝的质量等级及缺陷分级,见表 5 - 8。

(iv)返修工艺

超声波检查有缺陷的焊缝,应从缺陷两端加上 50 mm 作为清除部分,并以与正式焊缝相同的焊接工艺进行补焊、同样的标准和方法进行复检。

iv. 质量记录

(i)焊接球的材质证明、出厂合格证,各种规格的承载抗拉试验报告。

(ii)钢材的材质证明和复试报告。

(iii)焊接材料与涂装材料的材质证明、出厂合格证。

(iv)材料可焊性试验报告。

(v)杆件应有承载试验报告。

(vi)钢网架用活动(或滑动)支座,应有出厂合格证明与试验报告。

(vii)焊工合格证,应具有相应的焊接工位、相应的焊接材料等项目。

(viii)网架总拼就位后的几何尺寸误差和挠度等验收记录。

(ix)焊缝外观检查与验收记录。

(x)焊缝超声波探伤报告与记录。

(xi)涂层的施工验收记录。

表 5 - 8 焊缝质量等级及缺陷分级(mm)

焊缝质量等级		一级	二级
内部缺陷超声波探伤	评定等级	Ⅱ	Ⅲ
	检验等级	B 级	B 级
	探伤比例	100%	20%

表 5-8(续)

焊缝质量等级		一级	二级
外观缺陷	未焊满(指不足设计要求)	不允许	<0.2+0.02t 且小于等于 1.0 每 100.0 焊缝缺陷总长小于等于 25.0
	根部收缩	不允许	0.2+0.02t 且小于等于 1.0 长度不限
	咬边	不允许	<0.05t 且小于等于 0.5;连续长度小于等于 100.0,且焊缝两侧咬边总长小于等于 10% 焊缝全长
	裂纹、弧坑、电弧擦伤、焊瘤、表面夹渣、表面气孔	不允许	
	飞溅	清除干净	
	接头不良	不允许	缺口深度小于等于 0.05t 且小于等于 0.5 每米焊缝不得超过一处

(5)网架安装及吊装安全保证措施

①安全生产管理体系

本工程钢结构工作量大、工期紧,安全生产极为重要。为了有条不紊地组织安全生产,必须组织所有施工人员学习和掌握安全操作规程和有关安全生产、文明施工条例,成立以项目经理为首的安全生产管理小组,按施工工序分别确定专职安全员,各生产班组设兼职安全员,建立一整套完整的安全生产管理体系。

②安全生产技术措施

a.认真贯彻、落实国家"安全第一,预防为主"的方针,严格执行国家、地方及企业安全技术规范、规章、制度。杜绝重伤、死亡事故,轻伤事故频率不得大于 1% 。

b.建立落实安全生产责任制,与各施工队伍签订安全生产责任书。

c.认真做好进场安全教育及进场后的经常性的安全教育及安全生产宣传工作。

d.建立落实安全技术交底制度,各级交底必须履行签字手续。

e.特种作业务必持证上岗,且所持证件必须是专业对口、有效期内及市级以上的有效证件。

f.认真做好安全检查,做到有制度有记录(按"三宝"原则进行),根据国家规范,施工方案要求对现场发现的安全隐患进行整改。

g.坚持班前安全活动制度,且班组每日活动有记录。

h.对于"三违"人员必须进行严厉批评教育和惩处。

i.按国家要求设立安全标语、安全色标及安全标志。

j.所有进入现场作业区的人员必须戴好安全帽,高处作业人员必须系挂安全带。

k.按规定挂设安全网,除随施工高度上升的安全网以外,每隔三层设固定安全网。由于生产条件所限,不能设网的则根据有关要求编制专项安全措施。

l.按规范认真做好"四口"、"临边"防护,做到防护严密扎实。

m.施工用电严格执行《建筑施工现场临时用电安全技术规范》,有专项临电施工组织设计,强调突出线缆架设及线路保护,严格采用三级配电二级保护的三相五线制"TN-S"供电系统,做到"一机一闸一漏电",漏电保护装置必须灵敏可靠。

n.施工机具一律要求做到"三必须",电焊机必须采取防雨措施,焊把、把线绝缘良好,且不得随地拖拉。

o.现场防火制定专门的消防措施。按规定配备有效的消防器材,指定专人负责,实行动火审批制度,权限交由生产经理负责。对广大劳务工进行防火安全教育,努力提高其防火意识。

p.对所有可能坠落的物体要求

所有物料应堆放平稳,不妨碍通行和装卸,工具应随手放入工具袋,作业中的走道、通道板和登高用具、临边作业部位必须随时清扫干净;拆卸下的物料及余料和废料应及时清理运走,不得随意乱置乱堆或直接往下丢弃;传递物体禁止抛掷。一旦发生物体坠落及打击伤害要写书面报告,并按有关规定加重处罚。

③特别强调的安全措施

a.高处作业的安全设施必须经过验收通过,方可进行下道工序的作业。

b.所有高处作业人员必须经过体检,作业时必须系挂好安全带。

c.吊装方面的作业必须有跟随的水平安全网,且每隔一层设一固定安全兜网,按施工方案及时进行临边防护安装。

d.焊接时,要制作专用挡风斗,对火花采取严密的处理措施,以防火灾、烫伤等;下雨天不得进行露天焊接作业。

e.吊装作业应划定危险区域,挂设安全标志,加强安全警戒。

f.施工中的电焊机、空压机、气瓶、打磨机等必须采取固定措施存放于平台上,不得摇晃滚动。

g.登高用钢爬梯必须牢牢固定,不得晃动。

h.紧固螺栓和焊接用的挂篮必须符合构造和安全要求。

i.吊装作业必须遵守"十不吊"原则。

j.当风速达到15 m/s(6级以上)时,吊装作业必须停止。做好台风雷雨天气前后的防范检查工作。

k.高空作业人员必须系挂安全带,并在操作行走时即刻扣挂于安全缆绳上。

l.高处作业中的螺杆、螺帽、手动工具、焊条、切割块等必须放在完好的工具袋内,并将工具袋系好固定,不得直接放在梁面、翼缘板、走道板等物件上,以免妨碍通行,每道工序完成后柱边、梁上、临边不准留有杂物,以免通行时将物件踢下发生坠落打击。

m.禁止在高空抛掷任何物件,传递物件用绳拴牢。

n.气瓶需有防爆防晒措施,且远离电焊、气割火花及发热物体。

o.作业人员应从规定的通道和走道上下来往,不得在柱上等非规定通道爬攀。如需在梁面上行走时,则该梁面上必须事先挂设好钢丝缆绳,且钢丝绳用花篮螺栓拉紧或梁下面已兜设了确保安全的水平网。

p.各种用电设备要用接地装置,并安装漏电保护器。使用气割时,乙炔瓶必须直立并装有回火装置。氧气瓶与乙炔瓶间距大于8 m,远离火源并有遮盖。

q.夜间施工要有足够的照明。

(6)工期保证措施

由于工程工程量大、项目多,应在保证质量和安全的基础上,确保施工进度。施工中以总进度网络图为依据,配合不同施工阶段、不同专业工种分解为不同的进度分目标,以各项管理、技术措施为保证手段,进行施工全过程的动态控制。

①工期目标:60 天

②进度控制的方法

a.按施工阶段分解,突出控制节点。

以关键线路和次关键线路为线索,以网络计划中起止里程碑为控制点,在不同施工阶段确定重点控制对象,制定施工细则,达到保证控制节点的实现。

b.按施工单位分解,明确分部目标。

以总进度网络图为依据,明确各个单位的分包目标,通过合同责任书落实分包责任,以分头实现各自的分部目标来确保总目标的实现。

c.按专业工种分解,确定交接时间。

在不同专业和不同工种的任务之间,要进行综合平衡,并强调相互间的衔接配合,确定相互交接的日期,强化工期的严肃性,保证工程进度不在本工序造成延误。通过对各道工序完成的质量与时间的控制达到保证各分部工程进度的实现。

d.按总进度网络计划的时间要求,将施工总进度计划分解为月度和旬期进度计划。

③施工进度计划的动态控制

施工进度计划的控制是一个循环渐进的动态控制过程,施工现场的条件和情况千变万化,项目经理部要及时了解和掌握与施工进度有关的各种信息,不断将实际进度与计划进度进行比较,一旦发现进度拖后,要分析原因,并系统分析对后续工作会产生的影响,在此基础上制定调整措施,以保证项目最终按预定目标实现。进度动态控制循环图见图 5 - 26。

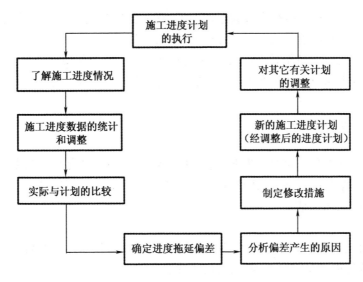

图 5 - 26 进度动态控制循环图

④确保工期的管理措施

a.组建"工程项目经理部",实行项目法施工。指定国家级项目经理组成项目经理部,以施工过多个高层大型建筑的管理人员进驻现场组织施工。项目经理部要做到靠前指挥,高速运转,所配备的人员要业务精、技术好、事业心强。

②项目经理部对本项目人、财、物按照项目法管理的要求实行统一组织,统一计划,统一管理,统一协调,并认真执行。企业根据 ISO—9002 国际质量管理标准,制定并发布执行的质量手册、程序文件,完善本项目的质量体系,充分发挥各职能部门、各岗位人员职能作用,认真履行管理职责,确保本项目质量体系持续有效地运行。

③合理组织流水作业,施工中各个作业区同时组织多个作业组,按流水段划分进行流水作业。

④各项施工准备工作尽可能提前,人、机、料等务必限期到位,从而以快开工促进各项工作的推进,加快项目实施。

⑤实行进度计划的有效动态管理控制,编制月、周施工计划,适时调整,使周、月计划更具有现实性。

⑥建立现场会、协调会制度,每月召开一次现场会,每周召开一次协调会,加强信息反馈,及时调整计划,做到以日保周,以周保月,确保各项计划的落实兑现。

⑦保证施工质量,提高施工效率,做好成品保护措施,减少不必要的返工、返修浪费,加快施工进度。

⑧科学管理、合理组织、精心安排。对物资采购,技术措施编制、交底,施工安排,检查验收等系列工作应做到有条不紊,合理有序。

(5)保证工期的技术措施

在施工生产中影响进度的因素纷繁复杂,如设计变更、技术、资金、机械、材料、人力、水电供应、气候、组织协调等,要保证目标总工期的实现,就必须采取各种措施预防和克服上述影响进度的诸多因素,其中从技术措施入手是最直接有效的途径之一。

①设计变更因素

设计变更因素是进度执行中最大干扰因素,其中包括改变部分工程的功能引起大量变更施工工作量,以及因设计图纸本身欠缺而变更或补充造成增量、返工,打乱施工流水节奏,致使施工减速、延期甚至停顿。针对这些现象,项目经理部要通过理解图纸与业主意图,进行自审、会审和与设计院交流,采取主动姿态,最大限度地实现事前预控,把影响降到最低。

②保证资源配置

(a)劳动力配置

安排各工种 140 余人的施工队伍,进入现场两班昼夜施工(办理夜间施工许可证)选择与企业有良好合作关系、质量可靠的施工队伍,优化工人的技术等级和思想、身体素质的配备与管理,保证总工期的实施。

(b)材料配置

根据总进度计划和月、周计划详细编制有关资源供应计划;在钢结构施工期间投入足够的设备、钢管等周转材料,保证施工的延续性。

由物资部负责本工程中需乙方采购的材料供应、协调。由业主负责分包的项目和供应的物资、设备按期完成和进场。

(c)资金配备

根据施工实际情况编制月进度报表,根据合同条款申请工程款,并将工程款合理分配于人工费、材料费等各个方面,使施工能顺利进行。

(d)后勤保障

后勤服务人员要做好生活服务供应工作,重点抓好吃、住两大难题,食堂的饭菜要保证品种多、味道好,同时开饭时间要随时根据施工进度进行调整。

③技术因素

(a)钢构件在工厂加工,减少现场焊接量。

(b)发扬技术力量雄厚的优势,大力应用、推广"三新项目"(新材料、新技术、新工艺),运用 ISO 9002 国际标准、TQC、网络计划、计算机等现代化的管理手段或工具为本工程的施工服务。并充分利用本单位现有的先进技术和成熟的工艺保证质量,提高工效,保证进度。

(c)针对本工期特点,编制防风雨施工措施,做到防患于未然,为确保施工进度不延误,要采取合理的安全防止措施,以消除不利因素的影响。

(d)本项目工程量大,各工种协调施工,为了实现预定的工期目标、计划,钢结构质量验收分阶段进行。

【思考题】

1.什么是网架和网架结构,什么是网架工程?

2.什么是网壳结构,它和网架结构有何区别?

3.网架的类型有哪些?

4.网架结构的优越性有哪些?

5.网架钢结构工程吊装的基本原则有哪些?

6.网架工程安装方法有哪些?

7.网架工程安装方法的一般适用条件有哪些?

8.举例说明网架工程安装的工艺流程。

9.网架工程的整体吊装方法分哪几类?

10.什么是独脚拔杆吊装法,并简要说明吊装过程。

11.什么是拔杆集群吊装法,并简要说明吊装过程。

12.螺栓球节点网架工程施工优缺点是什么?

13.为什么网架支座不能和土建支撑面的预埋铁焊在一起?

14.焊接球节点网架工程的施工条件是什么?

15.焊接球节点网架工程的施工的工艺流程是什么?

16.如何进行焊接球网架小拼单元的施工?

17.如何进行焊接球网架中拼单元的施工?

18.网架钢结构工程质量控制项目有哪些?

19.网架工程安装常见的质量问题是什么?

20.如何识别网架结构吊装的危险源?

21.举例说明网架工程安装工艺的编写内容和格式。

【作业题】

1.参见图 5-18,编写塔架整体吊装的工艺方案。

2.编写某焊接球节点网架工程的施工吊装方案。

项目6 大跨度空间钢结构的安装

本项目学习要求

一、知识内容与教学要求

1. 大跨度空间钢结构应用发展的主要特点；
2. 大跨度空间钢结构的主要结构形式；
3. 大跨度空间钢结构的主要安装方法；
4. 现代大跨度空间钢结构安装施工技术。

二、技能训练内容与教学要求

1. 正确选择大跨度空间钢结构的安装方法；
2. 根据具体工程确定大跨度空间钢结构安装方法。

三、素质要求

1. 要求学生养成求实、严谨的科学态度；
2. 培养学生乐于奉献，深入基层的品德；
3. 培养与人沟通，通力协作的团队精神。

6.1 大跨度空间钢结构应用发展的主要特点

随着我国经济建设的蓬勃发展，大跨度空间钢结构在候机厅、会展中心、会堂、剧院等大型公共建筑以及不同类型的工业建筑中获得了广泛应用。表6-1列出了一些具有代表性的大跨度空间钢结构工程项目及其结构特征。

表6-1 典型大跨空间钢结构工程实例

结构类型	工程项目	平面尺寸(m)	结构特征
平板网架	沈阳博览中心室内足球场	144×204	两向正交正放网架
三层网架	首都机场四机位机库	$2 - 153 \times 90$	三边支撑 一边开口
	江南造船厂西区焊装车间	$60 \times 108 + 60 \times 144$	上层2台100 t,下层4台20 t
柱面网壳	河南鸭口电厂干棚	108×90	螺栓球节点三芯圆柱面双层网壳
球网壳	漳州后石电厂	$D = 122.6$	五座
单层网壳	上海科技域	66.9×50.9	铝合金

表 6-1（续）

结构类型	工程项目	平面尺寸(m)	结构特征
椭圆网壳	北京九华海洋巨蛋	180×320	高56.6 m
	国家大剧院	212×143（约）	高45 m（约）钢材，6 500 t（约）
斜拉网壳	杭州黄龙体育中心体育场	2-244×50×3	两双肢塔柱高85 m，每肢9索与内环相连
管桁架	深圳候机场　机楼（二期）	悬挑50 m 135×174	柱网18×54
	广州体育馆主馆	160×110	160 m 跨、径向78 榀幅射桁架，预应力拉索1 364 根
张弦梁	上海浦东机场	49.9+82.6+44.4+54.3	上弦三根平行方管下弦高强冷拔镀锌钢丝束
张弦立体桁架	广州会展中心	L=126.5	间距15 m
弓形支架	乌鲁木器厂齐游泳馆	L=80	64 榀径向空间桁架，4 道环向空间桁架，57 个伞状
膜结构	上海八万人体育场	288.4×274.4	拉索膜结构

根据我国网架、网壳、管桁结构等大跨度空间钢结构广泛应用的实际情况，大跨空间钢结构的主要特点表现在：结构形式多样化，结构新材料应用拓展，现代预应力技术的引入等方面，近几十年来的实践证明：推动大跨度空间钢结构发展的原动力是产、学、研的紧密结合，保证大跨度空间钢结构得以健康发展的是一系列空间结构行业标准的制定，以及企业资质认证与建筑管理的加强。所有这些进一步推动我国空间钢结构的发展。

6.1.1　大跨度空间钢结构形式多样化，呈现多姿多彩

20 世纪60 年代网架在我国开始获得应用以来，到20 世纪80~90 年代大、中、小跨度的网架几乎已经遍及各地，以20 世纪90 年北京亚运会为例，在兴建的场馆中就有7 个馆采用了网架、网壳结构，在这期间机械、汽车、化工、轻工等行业先后兴建了许多大面积工业厂房，其中玉溪卷烟厂兴建的车间面积达13.48 万㎡（柱网24 m×27 m），上海江南造船厂西区装焊车间（144+108）m×60 m，高有2 台100 t，4 台20 t 上、下两层吊车，采用的三层网架，成为跨度大、吊吨位大的代表性车间，首都机场四机位机库（2-153 m×90 m）、厦门太古飞机维修库（151.5 m×70 m）都是具有大开口边缘的大型三层网架结构。在电厂干煤棚中，网架、网壳已基本上代替了以往采用的其他类型的结构，如浙江嘉兴电厂干煤棚（L=103.5 m）、扬州二电厂干煤棚（L=103.6 m）所采用的三芯圆柱面网壳，浙江台州电厂干煤棚（L=80.14 m）采用的折线形网壳都取得了良好的技术经济效果，福建漳州后石电厂煤库（D=122.6 m）采用的球面网壳，其用钢量比传统方案大幅度下降。北京九华海洋馆（180 m×320 m×56.6 m）以及国家大剧院（约212 m×143 m×45 m）都是采用大型椭圆球网壳。

近年来兴建的大型公共建筑大多都采用了钢管杆件直接汇交的管桁结构，它的外形丰富、结构轻巧，传力简捷、制作安装方便、经济效果好，是当前应用较多的一种结构体系。如

深圳机场航站楼二期工程(135 m×174 m)采用的管桁结构(柱网18 m×54 m),就是其中的一项具有代表性的工程。广州新白云机场航站楼主楼(325 m×235 m)采用的76.9 m跨的弧形管桁结构,其截面从 $\phi508\times(16\sim25)$ mm(弦杆)~ $\phi244.5\times7.1$ mm(腹杆)以及咸阳机场二期工程(52 m+45 m)×234 m,南京国际展览中心(94 m×273 m),温州会展中心等也都采用了这类结构。和网格结构相比,这类结构由逐杆相连改为上、下弦杆连续设置,可使屋面单曲率比较方便地形成多曲率,弦杆与腹杆直接汇交相贯,不存在节点连接件。采用杆件相贯连接,其节点用钢量可比网格结构减少1~4倍,电焊工作量少2~5倍,结构用钢量可与网格结构持平或有所减小。

6.1.2 钢结构新材料的应用进一步推动大跨度空间钢结构的发展

在普通碳素钢获得大量应用的同时,不锈钢、铝合金、膜材也在许多大跨度建筑中获得了应用。如上海国际体操馆中心($D=64$ m)的圆球网壳,上海临沂游泳馆(72 m×52 m×58 m)的圆柱面网壳以及上海科技城采用的椭球体单元层网壳等都是一些大型铝合金网壳结构。网壳杆件材料选用美国6061-T6型材(相当于我国LD30CS铝材),结构自重仅为一般网壳的1/3。铝材的抗拉强度可达295 MPa,屈服强度246 MPa。已超过Q235钢的强度指标,但其弹性模量 $E=6.96\times104$ N/m,仅为钢材的1/3,铝合金材料轻质美观,不易腐蚀、便于加工、耐久性好,因而在国际上已有许多专业生产公司建成了较多的铝合金结构。我国天津大学、同济大学、上海现代设计集团、中国建筑科学研究院等已开始进行基础性研究和工程实践,积极进行产品研制、开发。

不锈钢材料(含铬量>12%的铁基耐蚀合金)是随着对装饰与防腐要求的提高而在空间结构中获得应用的,它集装饰、受力、防腐于一体的特点而受青睐。国产不锈钢中的0Cr18Ni9,1Cr18Ni9Ti等就是一些常用的不锈钢材料。天津大学等高校与一些设计、研究单位,对其力学特性以及设计、施工技术均进行过大量研究。鉴于目前不锈钢材料的价格远高于普通钢材,近年来一些单位也已研制成功在普通碳素钢管的基础上外包不锈钢皮而形成复合技术,开发出不锈钢复合钢管网架,并进行了一些工程实践。既保持了不锈钢与普通碳素钢的优点,又大幅度降低了造价,取得了较好的技术经济效果。

膜结构是当前我国正在兴起的一种空间结构,其中应用较多的是张力膜结构。这是一种以玻璃纤维织物或聚酯纤维织物为基层,以聚四氟乙烯或PVC为涂层的膜材与不同类型的支撑体系间的组合,而其支撑体系可为索-支柱或索-杆结构,它们常在膜材获得预应力后协同工作。支撑体系也可采用杆系结构,如空间桁架、网壳等,即刚性骨架支撑张力膜结构。因此膜结构的支撑体系仍属各类空间钢结构的范畴。在膜结构兴起的同时也必然为空间钢结构的应用与发展提供了更广阔的空间,上海八万人体育场、虹口体育场、广州新白云机场航站楼候机大厅和南京会展中心等工程所采用的膜结构其支撑体系都是一些不同形式的钢空间结构。如上海八万人体育场挑篷最大悬挑73.5 m,57个膜体单元就支撑在沿径向、环向布置的空间钢桁架上。南宁会展中心主厅的主结构体,即为一个底部在直径为65.5 m,高度为48 m的旋转双曲面网壳结构,结构内、外层设张力膜,形成一个别具风格的展览主厅。浙江大学新校区训练馆(45 m×150 m)所采用的膜结构也是以空间钢结构为其支撑骨架(用钢量23 kg/m²)。

6.1.3 现代预应力技术的引入使大跨度空间结构更具活力

目前我国已在 80 余项大跨度空间钢结构工程中应用了预应力技术,如广东清远市体育馆(六点支撑,对角柱跨度 89 m,六块组合型双层网壳)在周边设 6 道预应力索,后其用钢量为 44.3 kg/m,约比原方案节省钢材 32%,其他一些类型的网壳结构采用预应力技术后一般都可节约 30% 以上的钢材。

在大跨度空间结构中引入现代预应力技术,不仅使结构体型更为丰富而且也使其先进性、合理性、经济性得到充分展示。通过适当配置拉索,可使结构获得新的中间弹性支点或使结构产生与外载作用反向的内力和挠度而卸载,前者即为斜拉结构体系,后者则为预应力结构体系。这一类"杂交"结构体系将改善原结构的受力状态,降低内力峰值,增强结构刚度、技术经济效果明显提高。

浙江黄龙体育中心体育场是我国近年新建的一座大型斜拉网壳结构、它在预应力钢筋砼外环梁与钢箱形内环梁间的两片月牙形平面内分别设置了 244 m×50 m×3 m 的柱面网壳,并在 85 m 高的两塔柱的 4 肢与内环梁间设置了 36 道斜拉索,同时在网壳上弦设置了 9 根稳定索,使网壳与内、外环相连以有效地抵抗风吸力的作用。这种几乎在 30 层高的塔柱上单向布索的结构体系,除满足建筑造型要求外,在结构设计上并不可取。

西安国际展览中心的屋盖结构(82 m×163.3 m),采用了斜拉管桁结构、有效地改善中间跨(78.3 m)和两边跨(33 m)的受力状态,桁架用钢量为 68 kg/m²,见图 6-1。

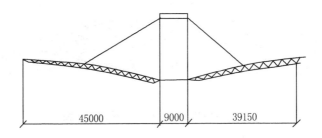

45000 9000 39150

图 6-1 西安国际展览中心屋盖桁架剖面

张弦梁结构是一类由下弦索、上弦梁和竖腹杆组成的索杆、梁结构体系,通过对下弦索的张拉,竖腹杆的轴压力使上弦梁产生与外荷载作用相反的内力和变位,起卸载作用,上海浦东机场航站楼屋盖是一项有代表性的大跨度张弦梁结构,其中售票厅和登机廊的跨度分别达到 82.6 m 和 54.3 m。它的上弦由三根平行方钢管以短管相连而成,腹杆则为圆钢管,下弦采用高强冷拔镀锌钢丝束,见图 6-2。广州会展中心屋盖,图 6-3。采用了张弦立体桁架结构,跨度 126.5 m,将上弦梁改为上弦空间桁架比张弦梁可以跨越更大的空间,也更为经济合理,这些工程实践都丰富了大跨度空间钢结构的结构形式。在此基础上相关大学科研机构还进行了空间张弦梁结构体系的研究,以满足更大跨度的需要。

弓式支架结构是我国科技人员研制开发的一种新型预应力空间钢结构,见图 6-4。它由预制拱片、水平系杆、节点体与串段拉筋等小型结构单元通过现场插接组装而成的一种圆柱面屋盖结构。弓式架结构具有传力明确,自重轻,施工快捷以及可拆卸的特点。既可用于永久性建筑也可用于可拆卸的临时性建筑,还具有应用于开启式屋盖结构的可能,目前已建成 20 余幢。如 80 m 跨度的乌鲁木齐石化总厂游泳馆,用钢量仅 43.5 kg/m²。在北京等地的一些短期的大型重要展览活动中,采用40~50 m跨度的弓式支架结构作为临时展出场所,都取得了较好的经济效益与社会效益。

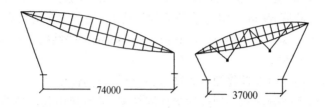

图6-2 上海浦东机场航站楼屋盖剖面图

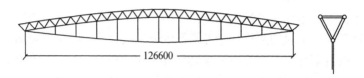

图6-3 广州会展中心张弦立体桁架结构

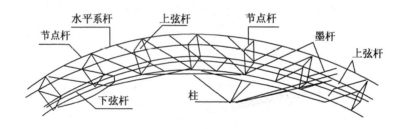

图6-4 弓式预应力钢结构局部示意图

目前许多高校对索托结构、索网结构等以高强钢索与钢材为主承重结构的预应力钢结构新体系,正在进行理论研究,积极准备工程实践,可以预期新型的预应力大跨度空间钢结构不久即涌现在各类建筑中。

6.1.4 计算技术的进步为大跨度空间钢结构的发展创造了有利条件

近年来计算技术已经有了长足的进步,许多单位也研制开发了商品化专用设计程序,它们都是建立在理论研究与大量工程实践的基础上而推向市场的。浙江大学空间网格结构分析设计软件 MSTCAD,同济大学钢结构 CAD 软件 3D3S,上海交通大学空间网架工程公司 TJWJ909,海军设计研究院 GBSCAD,STSCAD 以及北京云光建筑设计咨询开发中心 SFCAD 等都是一些具有影响的大跨钢结构设计软件。它们一般都具有完善的前后处理功能,可在微机上进行复杂的空间网格结构设计。有的软件除用于空间网格结构外,也可用于索、杆、梁体系的设计分析。这些程序的推出为大跨度空间钢结构设计提供了有效手段,也为大跨度空间钢结构的推广应用创造了有利条件。其中不少软件曾在国内许多大型跨度空间钢结构工程的设计中发挥了重要作用。它们大多具有友好的操作界面,在功能上可以包括空间网格结构的三维建模、静动力分析、杆件优化设计、自动生成结构平立面图、杆件布置图、节点详图、材料表及节点零部件加工图,有的还可进行非线性稳定分析,与下部支撑结构协同工作的分析等。随着研究的深入,在功能上将更趋完善,涵盖面会不断扩展。

6.1.5　产、学、研紧密结合是推动大跨度空间结构发展的原动力

随着国家经济建设的发展,社会对大跨度空间钢结构的需求日益增长,空间钢结构的专业生产企业也适应了这一需求应运而生。众多专业生产厂家的出现也成了推动大跨度空间钢结构发展的一支重要力量。

生产企业也在激烈的市场竞争中求生存、谋发展,重视知识、重视技术,确保产品质量应当是首要任务。从20年来网架生产企业的发展过程可以看出,坚持产、学、研相结合是企业兴旺发达的重要保证。产、学、研的紧密结合可让有使用权的企业最便捷地将科研成果转化为生产力,以最新技术促进产品质量的提高,加速产品更新换代,增强在市场竞争中的优势。对于高等学校与设计研究单位通过与企业的紧密结合既可将研究成果尽快投入使用,又可从生产实践中进一步发现、孕育新的研究课题,同时也为高层次人才的培养创造有利条件。

产、学、研结合的方式根据具体情况有所不同,如天津大学刘锡良教授以天津大学土木系为主,直接创办了专业化网架公司,现已成为该校产、学、研的典范。多年来在使网架公司获得健康发展的同时,也培养了近百名硕士、博士研究生,完成了大量的课题研究,设计、施工了千余项工程项目。浙江东南网架集团公司是当前国内一家实力雄厚的大跨度空间钢结构的生产企业,其创立、发展过程一直与浙江大学土木系有着密切关系。2001年浙江大学设计了河南省鸭河口电厂干煤棚(三芯圆柱面双层网壳,$L = 108$ m),并提出了在该工程实施"折叠-展开"整体提升的施工方法。浙江东南网架集团公司承接任务后在各方密切配合下通过试验,最终顺利地完成了柱面网壳由"机构"转变为"结构"的过程,使这项新技术得以实现,见图6-5。

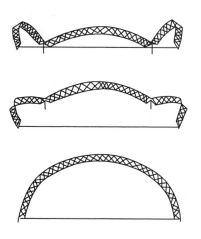

图6-5　河南鸭河口电厂干煤棚

清华大学与上海建工联合体密切配合,国家大剧院钢壳体施工支撑结构采用的螺栓球节点网架,充分发挥了网架结构的空间受力性能好、构件小、易装卸的优点。进一步拓宽了网架结构的应用范围。经过优化选型,网架按多边形折线状平面布置,受力合理,既较好地

解决了施工支撑范围要求,同时使绝大多数杆件、螺栓球的规格统一,方便了加工和重复利用。同时稳定性分析表明,网架有良好的整体稳定性,见图6-6。

图6-6 国家大剧院实景结构图

产、学、研的紧密结合对于推动大跨度空间钢结构的发展将起重要作用。如何找准结合点,仍是企业、高校与设计、研究单位需要不断探索的课题。

6.1.6 强化质量管理,确保大跨度空间钢结构的健康发展

确保工程质量对于大跨空间钢结构更具有十分重要的意义。设计、制作、安装过程中质量控制的标准只能是规范、规程所制定的要求。与大跨度空间钢结构相关的规程、规范现已逐步趋于完善。如钢结构设计规范,经过修改后将进一步完善,使管桁等大跨度空间钢结构的设计更有依据。网壳结构技术规程的编制将使网壳结构的设计与施工建立在更为可靠的基础上。网架结构设计与施工规程(JGJ7—91),网架结构工程质量检验评定标准(JGJ78—91),钢网架(JGJ75.5~75.3—91),焊接球节点钢网架焊缝超声波探伤及质量分级法(JG/T3034.1—1996)螺栓球节点钢网架焊缝超声波探伤及质量分级法(JG/T3034.2—1996),钢网架螺栓球节点用高强度螺栓(GB/T16939—1997),单层网壳嵌入式毂节点(JG/T136—2001)以及网架结构技术规程(上海市标准)(DBJ08-52—96),铝合金格构结构技术规程(上海市标准)等都对保证网架结构的设计制作安装质量提出了明确的技术要求。

然而目前我国从事大跨度钢结构制作的企业技术装备、技术水平和人员技术素质参差不齐,特别是还有一些不具备设计、施工资质的企业,他们常以灵活的手段、低廉的价格活跃在建筑市场上,扰乱了正常的市场竞争秩序。由他们所承建的工程往往留下质量隐患,一遇突发情况常易酿成重大工程事故。1998年1月在浙江杭州、绍兴一带的大雪酿成数万平方米的轻钢厂房和个别网架工程的倒塌,他们置规程、规范的技术要求于不顾,在眼前经济利益的驱动下偷工减料、盲目蛮干,这就是无证设计、无证施工所造成的恶果。一些企业虽然具有相关资质,但不严格遵守规程、规范的技术要求也有酿成工程事故的教训。如某地一座跨度达70 m的网壳结构工程,经5年使用突然整体倒塌。经调查分析,事故的原因主要是当年安装时违反操作规程导致结构支座发生较大错位,后经复位并对明显弯曲损坏的杆件和节点做了更换,但未能及时清查,节点中还不恰当地采用了与网架结构设计与施工规程中要求完全不一致的纯橡胶垫块,表明该网壳结构已长期处于带病工作状态。加之

使用不当,使金属杆件与节点长期处于腐蚀介质中,不少杆件已被腐蚀而脱离节点。工程倒塌事故后果严重,通过事故分析总结经验教训,防患于未然是非常重要的。

鉴于事故的发生,从技术原因分析都是与设计、制作、施工和使用密切相关,因此为了杜绝工程事故的发生,必须认真进行设计的审查、审核,对于从事大跨度钢结构设计、制作安装的人员必须进行相关考核和资格论证。对于单位则应具有国家技术监督部门资质论证机构发放的资质证书,同时也应健全企业的质量保证体系,对产品形成的每一个环节都能有效地进行质量控制。从事设计制作安装的人员机构必须明确"责任重于泰山",质量是企业的生命。同时在工程交工时设计施工单位还应向使用单位明确使用维护要求。强化质量管理是大跨度空间钢结构健康发展的重要保证。

随着理论研究的深入和工程实践的大量增加,我国科技人员必将进一步研制开发出适应我国大跨度空间钢结构需要的新体系、新技术、新材料,更充分地体现大跨度空间结构的先进性、经济性与合理性,促使我国大跨度空间钢结构更积极、健康的发展。使大跨度空间结构更好地为我国经济建设服务。

6.2　大跨度空间结构主要形式

大跨度空间钢结构的主要形式有网架结构、网壳结构、薄膜结构、悬索结构、薄壳结构等,且在现代工程中广泛地应用于体育馆、展览馆、俱乐部、影剧院、会议室、候车厅、飞机库、车间等的屋盖结构。

6.2.1　大跨度空间网架结构

大跨度空间网架结构简称网架结构。它由多根杆件按照某种规律的几何图形通过节点连接起来的空间结构称之为网格结构,其中双层或多层平板形网格结构称为网架结构或网架。它通常是采用钢管或型钢材料制作而成。主要形式包括:

(1)平面桁架系组成的网架结构;

(2)四角锥体组成的网架结构;

(3)三角锥组成的网架结构;

(4)六角锥体组成的网架结构。如昆明新国际机场候机大厅,见图6-7(a)和(b)。

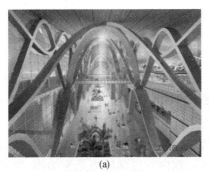

(a)　　　　　　　　　　　　　(b)

图6-7　昆明新国际机场候机大厅

网架结构的主要特点是空间工作,传力途径简捷;质量轻、刚度大、抗震性能好;施工安装简便;网架杆件和节点便于定型化、商品化、可在工厂中成批生产,有利于提高生产效率;网架的平面布置灵活,屋盖平整,有利于吊顶、安装管道和设备;网架的建筑造型轻巧、美观、大方,便于建筑处理和装饰。

6.2.2 网壳结构

曲面形网格结构称为网壳结构,有单层网壳和双层网壳之分。网壳的用材主要有钢网壳、木网壳、钢筋混凝土网壳等。结构形式主要有球面网壳、双曲面网壳、圆柱面网壳、双曲抛物面网壳等。

网壳结构的主要特点是它兼有杆系结构和薄壳结构的主要特性,杆件比较单一,受力比较合理;结构的刚度大、跨越能力大;可以用小型构件组装成大型空间,小型构件和连接节点可以在工厂预制;安装简便,不需大型机具设备,综合经济指标较好;造型丰富多彩,不论是建筑平面还是空间曲面外形,都可根据创作要求任意选取。如兰伯特圣路易市航空港候机室,见图6-8。

图6-8 兰伯特圣路易市航空港候机室

6.2.3 薄膜结构

薄膜结构也称为织物结构,是20世纪中叶发展起来的一种新型大跨度空间结构形式。它以性能优良的柔软织物为材料,由膜内空气压力支撑膜面,或利用柔性钢索或刚性支撑结构使膜产生一定的预张力,从而形成具有一定刚度、能够覆盖大空间的结构体系。薄膜结构主要结构形式有空气支撑膜结构、张拉式膜结构、骨架支撑膜结构等。

膜结构主要特点是自重轻、跨度大;建筑造型自由丰富;施工方便;具有良好的经济性和较高的安全性;透光性和自结性好;耐久性较差。

6.2.4 悬索结构

悬索结构是以能受拉的索作为基本承重构件,并将索按照一定规律布置所构成的一类结构体系,悬索屋盖结构通常由悬索系统、屋面系统和支撑系统三个部分构成。

结构形式主要包括:单向单层悬索结构、辐射式单层悬索结构、双向单层悬索结构、单向双层预应力悬索结构、辐射式预应力悬索结构、双向双层预应力悬索结构、预应力索网结构等。

悬索结构的受力特点是仅通过索的轴向拉伸来抵抗外荷载的作用,结构中不出现弯矩和剪力效应,可充分利用钢材的强度;悬索结构形式多样,布置灵活,并能适应多种建筑平面;由于钢索的自重很小,屋盖较轻,安装时不需要大型起重设备,但悬索结构的分析设计理论与常规结构相比,比较复杂,限制了它的广泛应用。如北京工人体育馆悬索屋盖,见图6-9,德国法兰克福国际航空港飞机库,见图6-10。

图6-9 北京工人体育馆悬索屋盖　　　图6-10 德国法兰克福国际航空港飞机库(斜拉索)

6.2.5 薄壳结构

建筑工程中的壳体结构多属薄壳结构(学术上把满足 $t/R \leqslant 1/20$ 的壳体定义为薄壳)。薄壳结构按曲面形成可分为旋转壳与移动壳;按建造材料分为钢筋混凝土薄壳、砖薄壳、钢薄壳和复合材料薄壳等。

壳体结构具有良好的承载性能,能以很小的厚度承受相当大的荷载。壳体结构的强度和刚度主要是利用了其几何形状的合理性,以材料直接受压来代替弯曲内力,从而充分发挥材料的潜力。因此壳体结构是一种强度高、刚度大、材料省的既经济又合理的结构形式。如都灵展览馆,见图6-11。

图6-11 都灵展览馆(波形装配式薄壳)

6.3　大跨度空间钢结构安装方法

对一个大跨度空间钢结构而言,往往有多种可供选择的施工方法,简称工法。每一种施工方法都有其自身的特点和不同的适用范围,施工方法选择的合理与否将直接影响到工程质量、施工进度、施工成本等技术经济指标。本教材结合工程案例,共介绍了七种大跨度空间钢结构安装方法,分别为高空散装法、分条(分块)安装法、高空滑移法、整体吊装法、整体提升法、整体顶升法、折叠展开安装法。

6.3.1 高空散装法

将结构的全部杆件和节点(或小拼单元)直接在高空设计位置总拼成整体的安装方法称为高空散装法。高空散装法分为全支架法(即满堂脚手架)和悬挑法两种。全支架法多用于散件拼装,而悬挑法则多用于小拼单元在高空总拼。该施工方法不需大型起重设备,但现场及高空作业量大,同时需要大量的支架材料和设备。高空散装法适用于非焊接连接的各种类型的网架、网壳或桁架,拼装的关键技术问题之一是各节点的坐标控制。

【工程实例】

案例1:异型曲面球型螺栓节点网架高空散装法施工工法

钢结构网架安装采用高空散装法,即施工区域下方搭设满堂红脚手架,在脚手架上满铺脚手板,形成一个工作平台,施工人员在平台上完成安装作业。施工人员在工作平台上将网架每个网格拼装成一个三角锥体后借助人力将三角锥体的网架小单元吊至网架安装部位。

案例2:北京某综合游泳馆螺栓球网架高空散装法

屋面钢结构为螺栓球连接形式的正四角锥钢网架,网架南北向跨度为 47.6 m,东西向跨度 60 m,最高处标高为 23.80 m,最低处标高为 18.653 m,网架矢高 2.6 m。网架投影面积约 3 200 m^2,支撑在周边的 22 个混凝土柱上,混凝土柱顶标高复杂多变。该网架采用高空散装法,即在室内看台搭设脚手架组装平台,依据两侧混凝土轴柱和脚手架组装平台拼接,逐步向前拼装固定,一次成功的方法。这种方法既稳定又高效。

6.3.2 分条(分块)安装法

分条(分块)安装法又称小片安装法,是指结构从平面分割成若干条状或块状单元,分别用起重机械吊装至高空设计位置总拼成整体的安装方法。

该方法适用于分割成条(块)单元后其刚度和受力改变较小的结构。分条或分块的大小应根据起重机的负荷能力而定。由于条(块)状单元大部分在地面焊接、拼装,高空作业少,有利于控制质量,并可省去大量的拼装支架。

【工程实例】

案例1:北京某火车站站房及雨棚钢结构工程

中央站房站厅 H2 900×1 000 截面的钢梁及屋盖钢架中间跨箱型钢梁外形尺寸较大,单根构件质量最大达 108 t 无法整体运输,需工厂分三段加工后在施工现场分段进行吊装。屋盖钢架桁架及次桁架在施工时为避免高空施工作业量过大,应采取地面分段组拼后吊装的安装方式。

案例2:南京国际展览中心大型钢结构施工技术

南京国际展览中心大型屋盖弧形主拱架和钢管柱的制作安装施工技术是采用分条(分块)安装法,该工程的主体结构中钢结构所占比重较大,整个钢结构层盖长 273 m,宽 94 m,高 43.9 m,由 10 榀弧形拱架和 90 根檩架及水平支撑组成。拱架跨度为 75 m,悬臂 14 m。

6.3.3 高空滑移法

将结构按条状单元分割,然后把这些条状单元在建筑物预先铺设的滑移轨道上由一端滑移到另一端,就位后总拼成整体的方法称为高空滑移法。

高空滑移法可分下列两种方法

(1)单条滑移法 将条状单元一条一条地分别从一端滑移到另一端就位安装,各条单元之间分别在高空再连接。即逐条滑移,逐条连成整体。

(2)逐条累积滑移法 先将条状单元滑移一段距离后(达到第二条单元的宽度即可),连接上第二条单元后,两条单元一起再滑移一段距离(宽度同上),再接第三条,三条又一起滑移一段距离,如此循环操作直至接上最后一条单元为止。

【工程实例】

案例1:上海世博会主题馆钢结构屋架累积滑移安装技术,见图6－12。

2010年上海世博会主题馆为大跨度钢结构工程,其钢结构屋面的安装采用累积滑移施工技术,有效地解决了施工场地狭小,施工周期紧,构件自重大且安装精度高等困难,同时使施工质量和施工安全得到了保证,取得了预期的效果。

案例2:山西某展览中心钢结构工程(高空原位拼装,滑架法),见图6－13。

 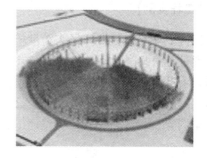

图6－12 上海世博会主题馆钢结构屋架　　图6－13 山西某展览中心钢结构工程
累积滑移安装法

结构高空原位拼装,支撑架滑移施工(滑架法,支撑架滑移,结构不滑移)的总体思路是:根据整体屋盖特点,将屋盖分成若干个单元,在某一单元下方设置滑移支撑胎架,根据上部结构的跨度,设置三个滑移支撑胎架单元,在支撑胎架上原位拼装上部结构,待某一单元拼装完成后,滑移支撑胎架滑移至下一相邻单元拼装,如此循环,直到整个结构安装完成。

案例3:黑龙江某国际会展体育中心钢结构工程(整体滑移),见图6－14。

黑龙江某国际会展体育中心工程总用地面积63万平方米,跨度128 m,根据屋架的结构的尺寸、质量、索力和变形以及工期的要求等因素,展览中心主屋盖系统采用"地面组装、多榀累积、整体滑移"的施工方法,"中间开花、分区安装、齐头并进"的施工原则。

图6-14 黑龙江某会展体育中心钢结构工程

6.3.4 整体吊装法

整体吊装法是指将结构在地面总拼成整体,用起重设备将其吊装至设计标高并固定的方法。

用整体吊装法安装空间钢结构时,可以就地与柱错位总拼或在场外总拼,此法一般适用于焊接连接网架,因此地面总拼易于保证焊接质量和几何尺寸的准确性。其缺点是需要大型的起重设备,且对停机点的地耐力要求较高,同时会影响土建的施工作业。

【工程实例】

案例1:上海某国际广场大跨度桁架整体吊装施工技术,见图6-15。

通过上海某国际广场东扩工程施工,大跨度桁架采用整体吊装时所采用的施工技术和措施,得出了安装位置拼装卷扬机整体吊装的方法在该工程中可行的结论,具有一定的价值。

案例2:大跨度钢结构栈桥整体吊装施工技术,见图6-16。

图6-15 上海某国际广场大跨度桁架整体吊装法

图6-16 大跨度钢结构栈桥整体吊装

结合具体工程,采用了大跨度钢结构栈桥整体吊装的施工技术,并对钢栈桥吊装方案的选择、吊装方法以及吊装过程中的安全控制进行了探讨,通过对钢桁架吊装工艺的改进,降低了高空作业安全事故的发生。

6.3.5 整体提升法

整体提升法是将结构在地面整体拼装后,起重设备设于结构上方,通过吊杆将结构提升至设计位置的施工方法。

整体提升法的优点首先是成本降低;其次是提升设备能力较大,提升时可将屋面板、防水层、采暖通风及电气设备等全部在地面施工后,然后再提升到设计标高,从而大大节省施工费用。

案例1:上海世博中心大跨度钢桁架整体提升稳定性分析,见图6-17。

图6-17 上海世博中心大跨度钢桁架

以上海世博会世博中心整体提升的片架式钢桁架为例建立数值模型,分析钢桁架在提升阶段的受力情况。通过分析,提出在桁架上弦杆顶部增设装拆式水平桁架,以增加受压杆件在平面外的惯性矩的方法。

案例2:首都机场大跨度空间钢屋盖整体提升技术,见图6-18。

图6-18 首都机场大跨度空间钢屋盖

本工程钢结构跨度352.60 m,进深114.5 m,屋盖顶标高39.800 m。机库为目前世界上跨度和面积均最大的焊接球网架结构,采用整体提升技术,一次性整体提升面积40 372.7 m^2、质量8 200 t的钢屋盖。

6.3.6 整体顶升法

整体顶升法是利用柱作为滑道,将千斤顶安装在结构各支点的下面,逐步把结构顶升到设计位置的施工方法。

这种施工方法利用小机(如升板机、液压滑模千斤顶等)群安装大型钢结构,使吊装整体顶升法与整体提升法类似,区别在于提升设备的位置不同,前者位于结构支点的下面,后者则位于上面,两者的作用原理相反。

【工程实例】

案例1:深圳某体育中心工程(网架+网壳,液压顶升),见图6-19。

图6-19 深圳某体育中心工程

体育馆、游泳馆屋盖的双层网架均在馆内组装成整体后整体顶升。顶升装置由顶升胎架、液压提升装置组成,其中用液压顶升装置由液压千斤顶群、油泵、油管、电脑等组成,由电脑控制整体顶升时各点的同步。

案例2:整体顶升法在300 t网架结构屋盖改造工程中的应用,见图6-20。

图6-20 300 t网架结构屋盖改造工程

利用顶升办法,将面积为45 m×45 m,重约300 t的网架结构屋盖(包括装修部分)整体顶升1.2 m的改造工程的施工情况。在整体顶升过程中采取的一些有效的技术措施及施工方法。

6.3.7 折叠展开安装法

折叠展开安装法是把一个穹顶看作由径向的拱绕竖向中轴旋转一周而成,因此,穹顶的立体空间作用可以分解为径向拱的作用与环向箍作用的叠加。对于杆件组成的网格状网壳来说,去掉部分的环向作用就是去掉一部分环向杆。这样穹顶结构就可以产生1个竖向且唯一的自由度。利用穹顶临时具有的自由度,就可以把穹顶折叠起来,在接近地面的高度进行安装。然后利用液压顶升和气压等方式把折叠的穹顶沿其仅有的一维自由度方向顶升到设计高度,完成穹顶的施工过程。

【工程实例】

案例 1:大跨度柱面网架折叠展开提升技术,见图 6 - 21。

图 6 - 21　大跨度柱面网架

干煤棚网架的安装采用地面折叠拼装、整体提升展开的新工艺。其技术原理:拼装时抽掉一些杆件后将网架结构分成 5 块,块与块之间以及网架根部基础采取铰接,使结构成为一个折叠式可在地面拼装的可变机构。网架的大部分杆件、设备安装以及部分装修工作在地面完成,然后采用钢绞线承重、计算机控制、液压千斤顶集群整体提升等先进工艺,将该机构展开提升到预定高度后装上补缺杆件,使之形成一个稳定、完整的网架结构。

案例 2:网壳结构“折叠展开式”计算机同步控制整体提升施工技术,见图 6 - 22。

图 6 - 22　网壳结构“折叠展开式”计算机同步控制整体提升法

网壳结构“折叠展开式”计算机同步控制整体提升施工技术是一种新型的、技术先进的大跨度网壳结构的施工方法。它的基本思想是将网壳结构局部抽掉少量杆件,将结构分成若干区域,并设置一定数量的可动铰节点,使结构变成一个机构。在靠近地面拼装,然后采用液压提升设备,通过计算机同步控制,将结构提升到设计高度,再补充缺省杆件,使机构变成稳定的结构状态。

6.4 现代大跨度空间钢结构施工技术

6.4.1 钢结构构件和异型节点的制作技术

以钢结构建筑为代表,各种大跨度、复杂空间形状的钢结构建筑不断涌现,派生出了各种新型、局部受力复杂、制作难度大的钢构件。近年来的一系列大型、结构复杂、施工难度大的钢结构工程,在钢构件制作技术上遇到许多突出、具有代表性的难题,其中以深圳文化中心、深圳青少年宫、深圳会展中心等工程为典型代表。

【工程实例】

案例1:深圳文化中心工程

深圳文化中心黄金树设计整个结构共采用了67个多分枝、复杂铸钢节点,形状各异,无一相同;节点最多由10根管件汇交而成,见图6-23,分枝成空间分布,夹角无规律性,单个铸钢节点质量多达7.71 t。如此复杂的树形结构国内唯一,其中铸钢节点的制作存在巨大的困难。在节点深化设计和制作过程中,利用3D3S软件,精确计算每两个杆件分枝之间的相互空间角度并确定各分枝长度,使用五轴联动数控机床加工节点中心球和各分枝圆心杆,选用消失模先进工

图6-23 节点模型

艺,采用倒注、多冒口的方法,确保铸造质量。以上各项技术均达到国内领先、国际先进水平。铸钢节点应用于工程实际中,效果良好。每个节点外形尺寸准确,各分枝角度及长度与设计值较为吻合,为后续的焊接及整体控制等工序提供良好的条件。施工完毕后,整体造型新颖、美观,现已成为深圳市的标志性建筑物之一。工程最终使用自行研究制作的铸钢节点,弃用了日本的同类产品。该工程黄金树结构最终整体造价仅为日方报价的十分之一。经检验,深圳文化中心枝形铸钢节点质量完全达到设计要求,质量等级为优良,并获省部级科技进步三等奖。

案例2:深圳国际会展中心工程

深圳会展中心造型独特,大跨度巨型双箱梁实心拉杆组合结构为国内首次使用。一共由68榀双钢梁与梁间檩条构成钢框架,见图6-24,其中38榀箱梁下带实心拉杆,其余为梁下钢柱支撑形式。上弦巨型箱梁为圆弧、变截面状,单轴线双榀梁组合,单榀梁重约180吨,与锲型钢柱相交处截面尺寸达1 000 mm×4 800 mm,跨度为126 m,下弦φ150 mm实芯拉杆作为高强度拉杆在建筑行业上也是首次出现。针对实芯钢棒拉杆,业主、设计方曾经考虑使用德国或英国的产品,由于价格过于昂贵,而转向使用国内产品。经我们参与研究制作的实芯钢棒完全符合设计提出的高强度、性能稳定、抗疲劳性能良好、承载力大、防腐性强、使用寿命长等要求,可代替德国或英国的同类产品,成本却只有其几十分之一。单制作一项就大大提高了工程的经济效益,同时也促进和提高了我国高强度钢材的制作水平,增强其国际竞争力。深圳会展中心巨型箱梁是钢结构的主要组成构件,其制作对结构

功能的实现影响重大。现场安装显示,箱梁 1 000 mm × 4 800 mm 截面处钢板局部变形不大于3 mm,分段连接截面轴向间距误差仅为 3 mm,横向错位为 3 mm,整体长度误差控制在30 mm 以内。经监理单位及质检部门检测,箱梁质量完全符合设计质量要求。

图 6 − 24 会展局部鸟瞰图

6.4.2 整体滑移施工技术

大跨度空间钢结构的施工过程中最为关键的问题是结构在形成空间整体前的稳定性问题。滑移施工技术较好地解决了这一问题。滑移工艺是利用能够控制同步的牵引设备,将分成若干个稳定体的结构沿着一定的轨道,由拼装位置水平移动到设计位置的施工工艺。该工艺的优点是可解决大量吊装设备无法辐射位置的结构安装难题;节约施工场地;对吊装设备要求低。缺点是:要求结构平面外刚度大,需要铺设轨道,多点牵拉时同步控制难度大。

【工程实例】

案例 1:深圳机场二期扩建航站楼曲线桁架分片累计滑移

深圳机场二期扩建航站楼钢屋盖为 135 m 跨棚形曲线钢桁架体系,见图 6 − 25,施工滑移采用高空分榀组装、单元整体滑移、累积就位、三点牵拉、同步横向滑移工艺,成功地解决了施工中有较大水平外推力作用的钢管桁架整体、横向稳定性控制的难题及滑移轨道的设计、制作、安装难题,属国内首次采用,该工程的综合施工技术经国内专家鉴定"达国际先进水平",获省部级科技进步一等奖,并在此基础上形成了国家级工法。

图 6 − 25 滑移现场

本工程安装施工所采用的高空分榀组装、单元整体滑移、逐单元累积就位的工艺是在原有的滑移工艺基础上进行了多方面的改进、突破,创造了滑移施工的多项新技术,主要表现在以下几个方面。

(1)有水平推力下大跨度滑移轨道的设计、制作、安装技术。

(2)有限元计算程序软件进行复杂结构的施工验算技术。

(3)空间曲线桁架滑移过程的稳定性控制技术。

(4)多点牵拉桁架的多点同步控制技术。

案例2:广州新白云国际机场旅客航站楼双胎架等标高曲线滑移

广州新白云国际机场航站楼采用以人字柱支撑的大跨度双曲面钢屋盖,平面尺寸为314 m(长)×212 m(宽),安装方案选择了多轨道、变高度胎架、曲线滑移、分组安装施工工艺,解决了空间曲面屋盖体系的安装就位难题,在国内属首次。曲线滑移技术经国内专家鉴定"达国际领先水平",获省部级科技进步二等奖。

本工程胎架系统由两个高37 m、宽26 m、长62 m胎架组成,见图6-26,每个重350 t,外形庞大,构造复杂,在弧形轨道上滑动,其安全可靠性是本方案的关键。桁架在胎架上高空拼装好以后需整体滑移至安装位置,桁架位置处在同心圆的直径线上,四条滑移轨道布置在同心圆的不同半径上,要保证同角速度整体曲线滑移是一大难点。

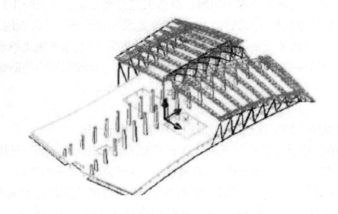

图6-26 结构模型图

本工程将滑移胎架的设计和桁架拼装滑移就位及滑移的同步控制作为重点,采取了多项控制措施。

案例3:沈阳桃仙机场二期扩建航站楼屋盖钢结构胎架滑移工艺

沈阳桃仙机场二期扩建航站楼屋盖总重3 000 t,桁架长96.4 m,采用分段拼装、胎架滑移工艺,见图6-27,三天安装两榀,仅用93天时间完成了23榀主桁架吊装,节约了工期,为沈阳桃仙机场2000年底投入运营赢得了时间。此前胎架滑移工艺在我国属首次应用,无类似施工经验借鉴,本工程的顺利完成,填补了我国此项施工工艺的空白,为今后类似工程施工提供了理论依据和实际操作方法。以本工程为实例的胎架滑移工法已成为国家级工法。

案例 4：哈尔滨体育会展中心 128 m 索桁架屋盖高低跨同步液压牵引滑移

哈尔滨体育会展中心钢屋盖由 35 榀张弦桁架构成，每榀桁架跨度达 128 m。施工采用整体吊装、分片累积、高低跨不等标高同步滑移施工工艺，见图 6－28，滑轨高差 15.2 m，牵引设备采用液压千斤顶计算机同步控制系统，是我国滑移施工跨度最大的张弦结构工程。

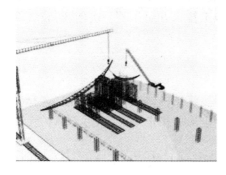

图 6－27　胎架滑移

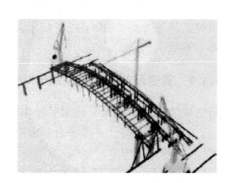

图 6－28　滑移方案

6.4.3　整体提升施工技术

计算机控制液压整体提升技术是近年来将计算机控制技术应用于建筑施工领域的新技术。它主要工作原理是以液压千斤顶作为动力设备，根据各作业点提升力的要求，将若干液压千斤顶与液压阀组、泵站等组合成液压千斤顶集群，并在计算机控制下同步运动，保证提升或移位过程中大型结构的姿态平稳、负荷均衡。

【工程案例】　广州新白云机场飞机维修库钢结构工程 250 m×88 m 钢屋盖多吊点非对称整体提升，见图 6－29。

广州新白云机场飞机维修设施钢结构屋盖整体提升单元尺度 250 m×88 m，总面积 21 000 m²，总质量 4 277 t，是全国应用整体提升技术一次提升面积最大的单体建筑。

图 6－29　提升现场

工程中主要涉及的关键技术有以下几点：
（1）整体提升计算机动态控制；
（2）整体提升的设计与提升工况的验算；
（3）大跨度钢屋盖地面组拼工艺；

（4）计算机控制液压整体提升技术；

（5）整体提升监测技术。

该工程提升点多达 12 个,提升力分布不均匀,支撑柱刚度差,稳定性计算相当复杂,国内尚无先例。在建设过程中联合清华大学结构研究所和上海同新公司一起研究,在整体提升设计计算、大面积钢屋盖地面组拼工艺、计算机控制液压整体提升技术、整体提升监测技术和测控工艺等方面,形成了成套技术,在钢结构施工技术方面作了一次创新,获省部级科技进步一等奖。

6.4.4　高空无支托拼装施工技术

高空块体扩大单元无支托组装技术,施工原理是:将结构体系合理地分段,选择吊装顺序,使施工过程无需塔设支撑平台,利用结构自身刚度形成稳定单元,通过不断扩大单元接装,最后形成整体结构。

【工程实例】　厦门国际会展中心 35 m 悬挑桁架高空块体扩大单元无支托组装技术

厦门国际会展中心主体钢结构总高度 42.6 m,31.8 m 标高以下为五层大柱钢框架结构,31.8 m 以上部分为双向大悬臂空间桁架结构。梁、柱、桁架的主要断面为箱形、H 形和十字形,最大板厚为 75 mm,重要部位采用国产类似 SM490B – Z25 材质,总用钢量 1.45 万吨。

厦门会展中心顶部屋盖为目前国内最大的双悬臂空间桁架结构,悬挑长度南北向 35 m、东西向 21 m,双向悬挑,见图 6 – 30,屋盖所采用的双向外挑帽盖结构,单榀质量 80 t,施工阶段桁架下挠难于控制。屋盖体系为空间桁架,采用单榀吊装,施工阶段的荷载与最终的使用荷载和结构体系差距较大。悬挑安装顺序,见图 6 – 31。

图 6 – 30　施工现场

本工程施工采用高空块体扩大单元无支托组装技术,通过不断扩大稳定结构单元接装,最后形成整体结构。厦门国际会展中心大悬臂结构,采用本方案施工,充分利用了结构本身优势,减少了施工投入,加快了施工进度,为下部空间交叉施工创造了作业面。高空块体扩大单元无支托组装技术已成为大悬臂空间结构施工技术的创新。

6.4.5　厚板、异种钢材及管结构的多角度、全位置焊接技术

钢构件截面形式、连接形式在不断新颖多样化,焊接质量要求高,无参考经验的焊接新

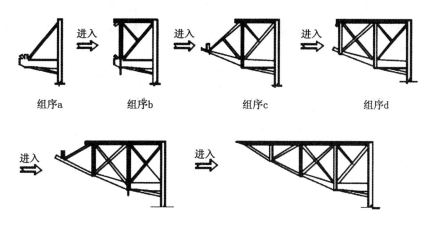

组序a　　　组序b　　　　　组序c　　　　　　组序d

图 6 - 31　组装示意图

问题不断出现。国产钢材的推广应用增加了焊接难度,特别是用于厚板截面时,易发生母材层状撕裂问题,焊接质量难于控制。现场的焊接环境是影响焊接质量的一个重要因素,温度低、风量大、空气湿度大的环境使得焊缝成型、焊缝保养等控制难度增大。面对不断出现的种种焊接难题,在合理利用传统焊接技术的基础上,针对不同工程的不同焊接特点努力推行了新颖、高效的焊接工艺及方法,成功地解决了各种焊接难题,保证了焊接质量,特别是在深圳文化中心及厦门国际会展中心工程中得到了充分的体现。

【工程实例】

案例1:厦门国际会展中心特殊环境下国产厚板焊接技术

厦门国际会展中心地处多风雨的沿海地区,是首例采用国产厚钢板的大型建筑,主体钢结构为 81 m×81 m 均布的 48 根十字形劲性柱、箱型柱及 H 型钢梁组合的钢框架结构,整个钢结构安装工程施工焊接量约为 18 万延长米。钢柱选用国产 SM490B - Z25 钢板,其余板材均为国产钢材 Q345B。梁、柱、桁架的主要断面为箱形、H 型和十字形,焊接类型为钢柱对接焊、H 型钢梁对接焊和 H 型钢梁 T 型焊等全熔透焊缝。如何做好特殊条件下国产超厚钢板的焊接,已经成为钢结构施工领域的一大研究课题。现场施工焊接的特点、难点主要表现在以下几方面。

(1)采用超厚截面国产钢材,钢柱最大板厚达 75 mm,翼缘板厚普遍大于 50 mm,钢材 Z 向性能差,易产生层状撕裂现象。

(2)焊接节点集中单根柱,牛腿连接节点多达 12 个,并有大量的空中组拼、连续焊接,梁最大跨度 27 m,梁最大悬挑上下弦梁长 35 m,焊接变形控制难度大。

(3)焊接环境恶劣,工程地处海边,暴雨、台风多,空气湿度大,焊缝不易成型和保养。

现场厚板焊接过程中所采取的措施。

①现场焊接模拟试验　找出施工中的不稳定因素和可行的防治方法,从技术上做好防层状撕裂准备,最终确定了钢框架结构典型多牛腿钢柱节点现场焊接焊缝成型佳的焊接工艺参数。

②积极全面的防风雨措施　每个焊接节点均搭设防风防雨的防护棚,切实做好防风雨工作,保证现场焊接的顺利进行及焊接接头质量。

③科学合理的超厚板接头焊接技术 针对钢框架结构的节点分布特点,通过从内向外,先焊缩量较大节点、后焊收缩量较小节点,先单独后整体的合理焊接顺序,有效地分解了拘束力,从根本上减少变形和撕裂源。

④严密的后热及保温措施 无损检测采用大功率烤枪沿焊缝中心两侧各150 mm范围内均匀加热至约250 ℃左右,使其缓慢冷却,严格制约层状撕裂缺陷。

案例2:深圳文化中心管结构多角度、全位置异种钢材焊接

深圳文化中心黄金树采用了新颖独特的树枝结构(见图6-32),树枝节点采用半空心半实心的巨型铸钢件,每个铸钢件以不同角度伸出多个钢管接头(见图6-33),每个钢管接头又与作为黄金树树枝的无缝钢管通过对接焊上下关联,逐步形成多节点、多分枝多角度的三维空间树状钢结构造型。铸钢节点与相连无缝钢管的异种钢材对接焊是本工程的关键环节,也是整个钢结构施工焊接领域的一大难点,主要表现在以下几方面:

(1)多角度全位置的高空焊接铸钢件体形复杂;

(2)不等壁厚的大直径管—管结构对接焊;

(3)异种钢材焊接;

(4)焊接变形难于控制;

(5)焊接接头易出现裂纹等质量问题。

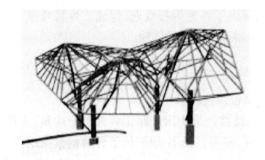 

图6-32 黄金树面貌 　　　　　　　　图6-33 典型钢铸节点

钢铸节点与无缝钢管进行现场高空多角度全位置焊接。多角度是指钢铸节点的每个伸出钢管和相应无缝钢管的对接面呈各种不同的空间角度,焊工施焊时,须考虑因倾角大小的差异所带来的熔池成形的差异而变换工艺参数,才能达到每个接头施焊均匀、焊缝和母材充分熔合等要求。全位置是指每个对接口的圆形焊缝都须进行四面围焊,焊工要经常变换焊接位置及焊接工艺参数,逐步完成仰焊、仰立焊、立焊、立平焊、平焊等操作。主要有以下三方面重点:

①焊前试验、现场焊接工艺评定;

②全位置焊接各环节的质量控制;

③细致的根部、填充层及盖面层焊接。

6.4.6 复杂空间钢结构施工过程的动态结构计算机控制简介

动态结构计算机控制是近年来将计算机技术应用于施工领域的一门新技术,是非常有效的施工辅助手段。通过对各种不利因素的分析和计算,可进行有效的方案可行性分析,

优化施工方案,保证施工质量、安全和方案的科学性,验证不利因素对结构的影响是否属于控制范围,提出合理的控制基准和方法,有利于指导施工全过程。广州机库 4 300 t 钢屋盖多吊点非对称整体提升过程动态结构计算机控制;广州新白云机场航站楼钢屋盖曲线滑移的计算机分析及控制;钢棒拉杆组合结构目标位移控制结构预拱。

钢结构施工测量控制作为施工技术的一部分,其工程施工方案的合理性、先进性,从大量的测控数据信息中分析结果并得到反应和证实。具体工程应用如下:深圳机场二期曲线钢桁架滑移过程位移动态监测;深圳文化中心复杂铸钢节点在枝状空间钢结构中的测量定位;深圳国际会议展览中心大跨度巨型箱梁及实心拉杆安装过程应力、应变监测。

6.5　大跨度空间钢结构施工技术发展方向

6.5.1　大跨度空间钢结构促进施工技术革新

近年来,各种类型的大跨度空间钢结构的跨度和规模越来越大,新材料和新技术的应用越来越广泛,结构形式越来越丰富。

我国大跨度空间钢结构原来基础较薄弱,随着国家经济实力的增强和社会发展的需要,近 10 余年来也取得迅猛发展。特别是 2008 奥运场馆建设为我国大跨度空间钢结构的发展提供了巨大机遇,给我国建筑结构技术提供了一个展现机会,涌现出大量结构新颖、技术先进的建筑。同时也给施工单位带来巨大机遇和挑战。

6.5.2　结构形式日益多样化和复杂化

现代大跨度空间钢结构已不局限于采用传统的单一结构形式,新的结构形式和各种组合结构形式不断涌现。"水立方"采用了基于泡沫理论的多面体空间钢架结构;"鸟巢"采用复杂扭曲空间桁架结构;奥运会羽毛球馆则采用世界跨度最大的弦支穹顶结构;广州国际会展中心采用了张弦桁架结构。

6.5.3　钢板厚度越来越厚

由于建筑功能的需要,现代空间钢结构跨度越来越大,短向跨度超百米已屡见不鲜,如"鸟巢"跨度296 m,"水立方"跨度177 m,广州国际会展中心跨度126.6 m,南京奥体中心体育场跨度360 米。以致国家超限专家审查委员会专门编制了大跨结构超限审查的规定。这些大跨度空间钢结构采用了大量高强度级别钢材如 Q390C,Q420C,Q460E 等高强度厚钢板,板厚甚至超过100 mm。

6.5.4　现代预应力技术的大量应用

预应力作为一项新技术,得到充分应用,涌现了索穹顶、张拉整体结构和索膜结构等新型结构形式。奥运会羽毛球馆(北京工业大学体育馆)采用了世界跨度最大的弦支穹顶结构;国家体育馆采用了世界跨度最大的双向张弦梁结构。

6.5.5 结构复杂、设计难度越来越大

现代空间钢结构大多采用仿生态建筑,为了满足建筑造型,采用了各种各样的节点形式,如铸钢节点、锻钢节点、球铰节点等。构件数量和截面类型越来越多,深化设计难度越来越大。一般而言,这类大型工程都由几万个构件,甚至逾10万个构件组成,并且这些构件的截面形式尺寸和长度均不相同,这样给施工单位放样带来极大困难,对于有些弯扭构件,还需进行专门试验和研究才能完成。

6.5.6 构件加工难度大,加工精度要求高

这类工程都属于国家重点工程,工程质量要求相当高。只有提高构件加工精度,才能满足质量要求。并且大量焊缝要求一级焊缝标准,给施工带来极大难度。现场焊接工作量大,施工技术难度高。为保证施工精度,这些工程都需要进行预拼装,并且现场焊接工作量特别大。由于结构新、跨度大,为了保证经济、安全,都必须采用先进的施工技术才能顺利完成。

6.5.7 大跨度空间钢结构施工技术不断创新

大型空间钢结构建造过程中施工技术至关重要,合理的施工方案和科学的施工过程分析才能保证结构的安全、经济。目前一些大型空间钢结构的施工,已突破传统意义上的施工方法,而是向多学科、综合化、高科技领域迈进,给传统施工技术带来前所未有的挑战,需要科研、设计、施工单位共同研究、开发,创造出新的更加科学的施工技术,来满足不断发展的需要。当前研究、开发、创造科学的施工技术时,应着重考虑以下方面问题。

(1)CAD 设计与 CAM 制造技术

随着计算机技术、信息化技术和先进数控设备的应用,空间钢结构产品需要信息技术、设计技术、制造技术、管理技术的综合应用,提高生产效率和实现定制化目标,从而提高空间钢结构产品的创新能力和管理水平。钢结构 CAD 设计与 CAM 制造技术属于钢结构辅助制造技术范畴,包括整体三维实体建模,杆件和板材的优化下料,钢管相贯节点和各类异型节点的设计、分析、制造等。

(2)安装施工仿真技术

随着工程的不断大型化,结构施工阶段的安全问题日益突出。实际上,有些工程在结构施工过程中的受力状况完全不同于使用阶段,甚至有些工程的结构最不利受力阶段出现在施工期间。钢结构施工安装仿真技术主要包括五个方面:a. 大型构件的吊装过程仿真;b. 施工过程各阶段各工况仿真模拟;c. 结构安装的预变形技术,包括构件的起拱与预变位;最终实现结构安装完成后的正确几何位置;d. 结构构件的预拼装模拟;e. 卸载过程模拟。通过仿真计算分析,能预先充分发现施工过程中的薄弱环节和重点控制部位,能直观实现对结构整个施工过程的控制并最终实现正确的形状尺寸。

(3)安装方法的合理选用

所谓选用合理的安装方法,就是在安全、经济、适用三方面找到一个最佳平衡点。传统空间钢结构的施工方法一般有高空散装法、分条或分块安装法、高空滑移法、整体吊装法、整体提升法、整体顶升法等。现代空间钢结构跨度大、体型复杂,无固定的安装模式,并且使用大量新材料、新技术,若不对这些单一传统安装方法进行革新或创造,就不能顺利完成

任务,有时其至很难完成任务。通过大量的工程实践,涌现出许多具有创新性的施工技术,如高空曲线滑移技术、网壳结构折叠展开式整体提升技术、滑架法施工技术等。现代空间钢结构的安装方法往往是几种基本方法的巧妙组合或者再创造。同时由于机械设备、计算理论和计算机技术的快速发展,为钢结构安装方法的创新提供了有力支持。

【工程实例】　大跨度空间钢结构施工技术典型案例

案例1:国家游泳中心钢结构施工技术

1. 工程概况

国家游泳中心——"水立方"工程,是2008年国家奥运工程中的两大标志性建筑之一,见图6-34和图6-35。该建筑长宽均为176.538 m,高度为30.588 m,屋盖厚度为7.211 m,墙体厚度为3.472 m及5.876 m两种,总建筑面积311 66 m²,整个建筑外形成方型,其结构形式采用了基于泡沫理论的多面体空间钢架结构,它开创了一种崭新的结构形式和设计思路,不同于传统的空间网格结构、桁架结构等任何一种结构形式,是一种全新的结构形式,见图6-36和图6-37。

图6-34　外部效果

图6-35　内部效果

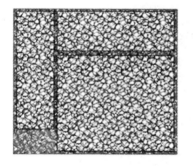

图6-36　结构平面

图6-37　结构外形

2. 工程特点和难点

(1)构件数量多,构件种类多,构件的空间位置复杂,构件外形要求高

该结构构件之间纵横交错、呈现出一种随机无序状态,杆件空间定位相当困难。该工程基本构件总计达29 979个,其中共有焊接方矩形钢管为9 199根,圆钢管为11 471根;焊接球节点为9 309个,其中整球为4 281个,异型球为5 208个;相贯节点为1 441个。

(2)所有节点均为刚性连接,焊缝质量要求高

为了确保工程质量,该工程所有焊缝全部为一级焊缝。经计算,该工程结构构件约由30多万个板件,通过近10多万延长米的一级焊缝组合而成。

（3）材料等级高,节点构造复杂

该工程中大量使用 Q420C 级的钢材,该级别的钢材对焊接工艺的要求较高。为了满足抗震的需要,在应力比大于 0.7 的杆端、节点区及拼接焊缝处进行加强处理,节点构造复杂。

3. 装方案

国家游泳中心的结构形式不同于任何一种传统的结构形式,具有较强的空间性、关联性,任何一个构件安装位置的不准确,将导致其他构件难以安装,该结构构造特点决定了其安装方法也不同于传统结构形式,为此,采用了"以组合为辅,散装为主"的安装方法;安装前,根据构件间的相互关系及起吊设备的最大起吊能力,在地面最大限度地进行组合,以减少高空焊接量。实际应用中,组合形式最多的是一根矩形钢管与一个相连空心球组合,组合后的形状如同一根"棒棒糖",见图6-38;另外,还有大量种类繁多的异型组合,见图6-39(种类较多,仅举一个例子)。

图 6-38　球杆组合

图 6-39　异型组合之一

高空安装时,以一个焊接空心球节点为中心,将与该球相连的下部杆件全部吊装到位,形成"多杆顶球"的状态,见图6-40,此时各构件的位置基本接近设计位置;然后用全站仪进行空间精确定位,定位时仍然以焊接空心球球心作为定位目标,球体位置准确后,只要相连杆件四周与球体吻合相贯,那么杆件的轴线必将穿过球体中心,但球体的球心是一个虚拟的空间点且在球的内部,直接测量球的球心位置非常困难,在实际应用中,采用了如下方法:即在工厂加工空心球时,在球体的一个对称轴与球面交点处各钻一个小孔(孔的直径及深度均为 3 mm),测量时,只需测量球的两个小孔位置,若球的两个小孔的空间位置准确,则球心位置也近似准确,见图6-41。

图6-40 现场组装

图6-41 屋面球节点定位

案例2:广东科学中心钢结构工程施工技术

1. 工程概况

广东科学中心主楼总建筑面积13.75万平方米,整个建筑外形体现了"科技航母"的设计思想,有机地结合了地理环境和建筑本体条件,力求建成环境艺术与现代科技有机结合并具有鲜明特色的标志性建筑,总体效果图见图6-42。主楼主体建筑分为A,B,C,D,E,F,G七个区,见图6-43所示。

图6-42 总体效果图

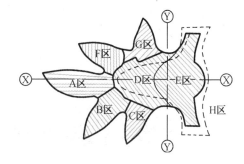

图6-43 结构分区图

2. 工程特点和难点

(1)本工程包含由网壳、重型钢结构、钢管桁架结构形式,其中C,D,E,F区的巨型钢框架结构含有大量带折线的"日"字形、"目"字形钢柱,其钢板厚度最厚达90 mm,采用Q345C-Z25钢材,具有很大的加工难度,且厚钢板折弯技术为首次应用。

(2)结构布置复杂,特别是H形巨型钢桁架结构中,腹杆与上下弦的连接节点和巨型格构箱型柱与柱间支撑连接节点相当复杂,各节点部位的节点板均突出构件边缘。节点板对腹杆和支撑的组装产生阻挡,就位困难。组装就位后的焊接工作面小,焊接难度大。

(3)船头部位悬挑长度大,特别是E区船头部位最大的悬挑长度达45.289 m,给施工带来很大的难度。

(4)G区球体为单层肋环形球面网壳,由径肋和环杆组成,整体刚度较差。因此在安装过程中需要采取措施保证其不变形。

(5)屋盖曲面形状复杂:H1区屋盖曲面为不规则平移曲面,其母线和导线均为变曲率不规则的样条曲线,曲面高差达 41 m;见图 6-44。

H2 区中庭屋盖为沿 X 轴对称的直纹曲面,曲率变化较大,中部与水平面夹角约为 18°,逐渐过渡到两端与水平面垂直,见图 6-45。

图 6-44 结构实体图

图 6-45 结构节点图

3. 安装方案

本工程钢结构的安装主要分为三部分:C,D,E,F 区钢结构安装,G 区钢球壳安装和 H 区网壳的安装。

(1)C,D,E,F 区钢结构的安装,见图 6-46。

图 6-46 C,D,E,F 区钢结构现场安装图

钢柱采用直接吊装就位的方法;钢桁架采用在地面拼装、吊机吊装就位的方法;屋面管桁架采用双机抬吊的方法进行安装。

(2)G 区钢球壳的安装见图 6-47,球冠以下采用搭设胎架在原位小单元拼装;顶部球冠采用地面拼装吊机直接吊装就位,见图 6-48。

(3)H 区(即 A,B 区上空)网壳的安装:在网壳屋盖下部搭设操作平台,直接在操作平台上原位散件拼装,见图 6-49。

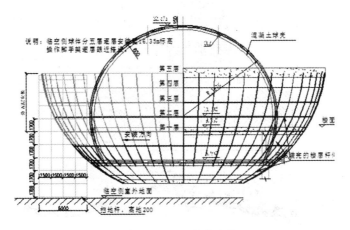

图 6 – 47 G 区网壳安装

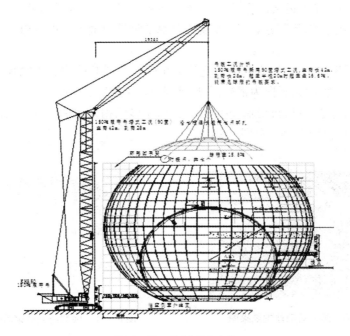

图 6 – 48 G 区网壳安装

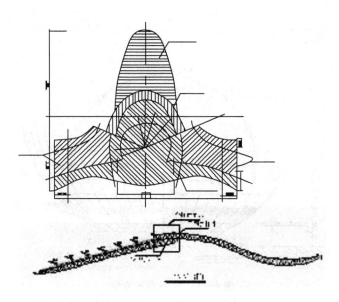

图 6-49　H 区网壳现布置图

案例 3：国家羽毛球馆(北京工业大学体育馆)施工技术

1. 工程概况

本工程为 2008 年奥运会比赛场馆,承担着奥运会羽毛球和艺术体操比赛的重任。该工程分为比赛馆和热身馆两部分。其中比赛馆是目前世界上最大跨度的弦支穹顶结构,见图 6-50。

比赛馆屋顶为球壳形,长约 150 m,宽约 120 m,主体结构采用弦支穹顶结构,上弦为单层网壳,下弦环向为拉索,径向为钢拉杆;外挑部分采用悬挑变截面 H 型钢梁。

热身馆屋顶为球壳形,长约 62 m,宽约 47 m,主体结构采用单层网壳结构;网壳外挑部分采用悬挑变截面 H 型钢梁,见图 6-51。

图 6-50　国家羽毛球馆效果图

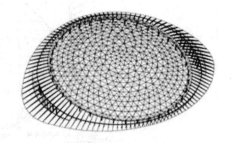

图 6-51　国家羽毛球馆结构布置图

2. 工程特点和难点

(1) 本工程所采用的弦支穹顶结构跨度世界第一,目前无成熟的经验可供参考,给施工带来了极大困难。

(2) 该结构类型对变形较为敏感,对加工、安装精度要求高。

(3) 本工程采用了大量铸钢节点及拉索节点,其设计和加工要求均相当高,详见图 6-52。

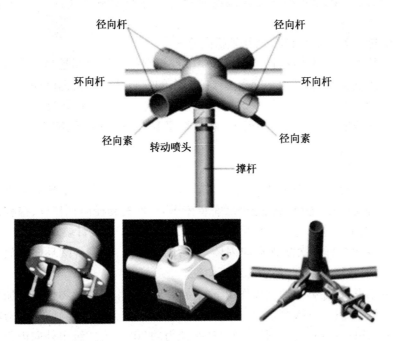

径向杆　　　　　径向杆
环向杆　　　　　环向杆
径向索　转动喷头　径向索
撑杆

图 6 - 52　撑杆节点图

（4）预应力索体是本工程的关键构件，其加工精度和施工方案是本工程的重点。

（5）为了使张拉过程中索体与结构协调工作，应通过计算确定张拉方案，并严格监测张拉时的应力、位移。

3.安装方案

本比赛馆由于采用了大跨度弦支穹顶结构，其预应力索网布置相当复杂，施工技术难度非常大。针对本工程结构特点，采取了以下关键技术措施，以确保工程顺利完工。

（1）施工验收标准的编制

国内对于弦支穹顶结构没有现成的施工验收规范和标准，为此专门编制了施工质量验收规范作为工程的检查和验收依据。

（2）施工全过程仿真分析计算

对整个结构按不同施工阶段在各工况下进行仿真验算，明确预应力张拉方法、顺序，张拉力大小；同时分析单层网壳结构的初始缺陷对预应力张拉的影响及下部支撑架对张拉的影响等，使施工过程完全得到控制。

（3）考虑预应力施工的二阶平台设计

预应力索与网壳的施工是一个交替过程，且网壳安装过程的支撑条件对预应力索穿索、张拉存在影响。胎架设计过程中考虑分两阶段搭设，并且采取措施避免与环向索和径向钢拉杆相碰。

（4）保证钢结构安装精度的统计值测量方法

本工程钢结构安装过程中，其测量是一个反复观测的过程。在施工过程中利用统计方法进行精度对比。按定位、定位焊、焊接后三个过程进行测量，并且根据实测数据分析对结构精度的影响。每安装完一圈网壳后，进行数据统计、分析，确定焊接变形的影响。并为后续施工提供经验值。测量过程中考虑温度对结构变形的影响,以确定铸钢节点最佳焊接时间。

(5)区分主次节点安装要求,消除累积误差

根据工程特点,本工程钢结构施工过程中节点控制精度最主要是与预应力索和撑杆相连的铸钢节点的安装精度,其次是网壳焊接球节点的安装精度。根据网壳铸钢节点周围均为焊接球节点的特点,以铸钢节点安装精度为主要控制目标,将安装过程中的累积误差通过其周围的焊接球节点调整来消除误差,避免将误差累积到下一圈网壳节点上去,同时确保铸钢节点的安装精度。

(6)张拉施工方案

根据本工程结构形式特点,需先安装上部单层网壳,然后再施工预应力索。在安装单层网壳的同时将索放开,等单层网壳全部安装完毕后,再安装径向钢拉杆、撑杆及撑杆下节点,同时进行索就位。全部连接完毕后,开始索张拉,直至符合设计要求。

环向索和径向拉杆依次从外环向内环安装;同一环内,先将各圈环向索放置在撑杆下节点的下方,再安装径向拉杆,最后安装环向索。

网壳安装结束后,在脚手架支撑作用下的位形要跟设计图纸相吻合。施加预应力的方法为张拉环向索,并且分三级张拉,张拉采用以控制张拉力为主、监测伸长值为辅的双控原则;张拉顺序为:第一级由外向内张拉至设计张拉力的70%,第二级由外向内张拉至设计张拉力的90%,最后由内向外张拉至设计张拉力的110%。

3.预应力张拉

(1)张拉设备选用

经计算,环向索最大张拉力约266 t,因此同一张拉点需两台150 t千斤顶。由于同一圈环向索四段同时张拉,故选用8台150 t千斤顶,使用4套张拉设备。

(2)同步张拉要求

为满足同一圈的钢索和径向拉杆均匀受力,张拉环向索时采用四个点同步张拉,4台油泵(附带4个油压传感器)、8个千斤顶同时使用,保证张拉同步,环向索分3级张拉,每级又分为4~10小级,确保张拉均匀同步。

(3)施工仿真分析

张拉前模拟张拉过程进行施工全过程力学仿真分析,为后续施工提供参考值。

(4)确定撑杆张拉前初始位置

张拉前撑杆都是向外偏斜的,图中虚线位置为撑杆张拉前状态,张拉结束后撑杆竖直,具体参数见图6-53及表6-2。

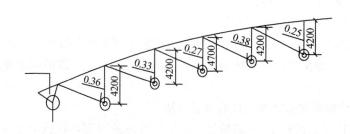

图6-53 撑杆初始偏位图

表6－2　撑杆下端偏移距离(mm)

第一圈撑杆	第二圈撑杆	第三圈撑杆	第四圈撑杆	第五圈撑杆
28	33	34	28	17

(5)张拉技术参数

根据张拉过程仿真计算,确定环向索预应力张拉值,见表6－3。

表6－3　环向索预张力

环向索	第1圈环向索	第2圈环向索	第3圈环向索	第4圈环向索	第5圈环向索
第1级张拉力值 (70%设计张拉力)	1 693 kN	860 kN	534 kN	249 kN	118 kN
第2级张拉力值 (90%设计张拉力)	2 177 kN	1 106 kN	687 kN	320 kN	152 kN
第3级张拉力 (110%设计张拉力)	2 661 kN	1 351 kN	839 kN	392 kN	185 kN

(6)张拉

张拉前先用计算机仿真模拟张拉工况,以此得出的数据作为指导张拉的依据。张拉时逐级张拉,施加预应力的方法为张拉环向索,并且分3级张拉,张拉采用以控制张拉力为主、监测伸长值为辅的双控原则;张拉顺序为:第一级由外向内张拉至设计张拉力的70%,第二级由外向内张拉至设计张拉力的90%,最后由内向外张拉至设计张拉力的110%。在70%设计张拉力完成后,拆除所有脚手架支撑。

(7)张拉操作要点

①张拉设备安装　由于本工程张拉设备组件较多,因此在进行安装时必须小心安放,使张拉设备形心与钢索重合,以保证预应力钢索在进行张拉时不产生偏心。

②预应力钢索张拉　油泵启动供油正常后,开始加压,当压力达到钢索张拉力时,超张拉5%左右,然后停止加压。张拉时,要控制给油速度,给油时间不应低于0.5 min。

(8)张拉同步控制措施

张拉时,每圈有8个千斤顶同时工作,因此控制张拉同步是保证撑杆竖直及结构受力均匀的重要措施。控制张拉同步有两个步骤。首先,在张拉前调整环向索连接处的螺母,使螺杆露出的长度相同,即初始张拉位置相同。其次,在张拉过程中将每级的张拉力(70%,90%,110%)在张拉过程中再次细分为4~10小级,在每小级中尽量使千斤顶给油速度同步,在张拉完成每小级后,所有千斤顶停止给油,测量索体的伸长值。如果同一索体两侧的伸长值不同,则在下一级张拉的时候,伸长值小的一侧首先张拉出这个差值,然后另一端再给油。通过每一个小级停顿调整的方法来达到整体同步的效果。

(9)张拉测量记录

张拉前可把预应力钢索在10%的预紧力作用下作为原始长度,当张拉完成后,再次测量调节头部分长度,两者之差即为实际伸长值。

除了张拉长度记录,还应该把油压传感器测得的拉力记录下来,以便对结构进行监测。

4.施工质量控制关键点

（1）张拉时按标定的数值进行张拉，用伸长值和油压传感器数值进行校核。

（2）认真检查张拉设备和与张拉设备相接的钢索，以保证张拉安全、有效。

（3）张拉时要严格按照操作规程进行张拉，确保同步张拉。张拉不同步，可能使结构异常变形。张拉时可以通过调节油泵给油速度来解决张拉同步的问题，对于索力小千斤顶可以加快给油，对于索力大的千斤顶可以减慢给油，通过这种措施可以到达同一圈环向索索力相同的目的。

（4）张拉设备形心应与预应力钢索在同一轴线上。

（5）实测伸长值与计算伸长值相差超过20%时，应停止张拉，报告工程师进行处理，待查明原因，并采取措施后，再继续张拉。

（6）保证撑杆张拉后竖直的措施是：首先，在工厂生产时，在张拉状态下要在索体上作好撑杆的安装位置标记，保证现场撑杆安装位置准确。其次，在张拉前要调整索体的螺母长度使螺杆露出的长度相同，即初始张拉位置相同。最后，在张拉过程中要将每级的张拉力（70%，90%，110%）在张拉过程中再次细分为4～10小级，在每小级中尽量使千斤顶给油速度同步，在张拉完每小级后，所有千斤顶要停止给油，以便测量索体的伸长值；如果同一索体两侧的伸长值不同，则在下一级张拉的时候，伸长值小的一侧首先张拉出这个差值，然后另一端再给油；通过这种每一个小级停顿调整的方法来达到张拉后撑杆最终竖直的效果。

大跨度弦支穹顶结构是单层网壳结构与索穹顶结构杂交而成的新型结构，这种结构形式具有很多优点，但因其技术含量较高，掌握该技术的设计人员、施工人员较少，因而应用不多，尤其是类似本工程这样的大跨度（达93 m）工程应用就更少，致使在实际应用中没有类似工程经验可以参考。本工程在施工过程中通过各方的共同努力，最终较好地完成了施工任务。但仍有一些需要完善提高的地方。

【思考题】

1. 大跨度空间钢结构应用发展的主要特点是什么？

2. 大跨度空间钢结构的主要形式有哪些，各具有什么特点？

3. 简述大跨度空间钢结构的主要施工方法。

4. 说明高空滑移法的种类和原理。

5. 目前我国大跨度空间钢结构的主要施工技术有哪些？

6. 举例说明大跨度空间结构安装的工艺流程。

7. 我国大跨度空间钢结构的发展方向有哪几个方面？

8. 如何编写大跨度空间钢结构的施工方案？

【作业题】

1. 参见图6-16，编写大跨度钢结构栈桥整体吊装方案。

2. 参见图6-48，编写G区网壳安装的吊装方案。

项目7 大型钢结构整体安装技术

本项目学习要求

一、知识内容与教学要求

1. 大型钢结构整体安装基本概念;
2. 大型钢结构整体安装方法及特点。

二、技能训练内容与教学要求

1. 正确选择大型钢结构整体安装方法;
2. 根据具体工程进行大型钢结构整体安装方法的优化。

三、素质要求

1. 要求学生养成求实、严谨的科学态度;
2. 培养学生乐于奉献、深入基层的品德;
3. 培养与人沟通、通力协作的团队精神。

7.1 大型钢结构整体安装技术概念

随着我国改革开放和社会主义市场经济体制的确立,国民经济获得了巨大的发展。我国举办奥运会、世博会、亚运会和世界大学生运动会等国际盛会,加上国内的基础设施建设、工业化、城镇化建设的需要,一大批大型钢结构建筑拔地而起。而建筑钢结构由于具有材料强度高、质量轻、抗震性能好、制作工厂化程度高、施工周期短、可回收利用等优点,更促使建筑钢结构产业获得了长足的发展,面临前所未有的机遇。

进入 21 世纪以来,我国钢铁产量快速增长,建筑用钢的比重逐年上升,钢材的品种、规格逐步齐全,钢材性能不断提高,为我国建筑钢结构的发展提供了良好的物质基础。近年来,我国钢铁产量逐年攀升,已居世界之首。在钢材性能方面,如建筑高强度钢材的生产工艺日趋成熟,已建或在建的工程所用钢材已达 Q390,Q420 和 Q460 等强度等级;其次,钢材的综合性能也有明显改善,如具有较低的屈强比,较高的塑性和韧性,以及严格控制硫、磷含量和碳当量,改善焊接性和 Z 向性能等;还能根据不同建筑结构的需要,提供耐候耐火钢材,使得钢材的耐候抗蚀性能成倍提高,并改善钢结构建筑的抗火性能。我国建筑钢结构的设计和研究能力也跻身于世界一流行列,为我国建筑钢结构的发展提供了可靠的技术基础。众多建筑设计院承担了大型复杂钢结构的结构设计,熟练应用先进的国际通用设计软件,对各类建筑钢结构:如超高层、大跨度、空间结构、预应力结构等,进行不同荷载条件下的计算分析和具体设计。我国不少建筑研究院和大学,拥有诸如风动试验和结构试验等国家重点实验室,既能对节点受力做精细分析,又能对整体结构或局部结构进行各种边界条件下的模拟试验,有些单位还自主开发了结构设计和分析的专用软件,拥有自主知识产权。我国大型钢结构的建造,在世界占有一席之地,其发展举世瞩目。

7.1.1 大型钢结构整体安装基本概念

大型金风结构是指其空间尺寸相对较大,结构相对封闭的完整单元体系。大型钢结构整体安装技术随着国家经济建设的发展也在不断发展和深化,但其基本含义是接整体结构组织施工和安装,其概念不外乎以下两个方面:一是指移动式大型钢结构整体安装,即在生产基地建造大型钢结构,再整体移动或吊装到指定地点或位置就位固定,二是指固定式大型钢结构整体安装,即在现场整体施工就位,竣工后不需移动。前者是整装式,后者是散装式这就是大型结构整体安装的基本概念。

(1)移动式大型钢结构整体安装

移动式大型钢结构整体安装是指大型钢结构制造安装技术,如:葛洲坝集团股份有限公司具有水工金属结构年制造 10 000 t、年安装 35 000 t、压力容器年制造 5 000 t 的生产和施工能力,具有制作安装大型人字闸门、平板闸门、弧形闸门、迭梁门等水工闸门,超大型拦污栅、大型压力钢管、门式启闭机、液压启闭机、升船机以及风力发电站风筒等各类金属结构的综合实力。见图 7 - 1 至图 7 - 3。

图 7 - 1 三峡工程泄洪闸巨型弧形闸门安装

图 7 - 2 三峡压力钢管全位置自动焊

图 7 - 3 三峡工程大型压力钢管焊接

葛洲坝人承担了三峡工程泄洪坝段大部分金属结构制造和安装任务,包括 3 扇底孔事故门、11 扇底孔进口封堵检修门、11 扇底孔出口封堵检修门、23 扇深孔工作门、22 扇表孔工作门的制造安装和启闭机的安装,创造了在同一坝段日安装 425 t,月安装 2 500 t、年安装 18 000 t 的行业新纪录。其中,葛洲坝人牵头承担了三峡工程永久船闸全部金属结构和机电设备的安装施工,安装的三峡永久船闸巨型人字门高 38.5 m、宽 20.2 m,单扇门重 838.6 t,被誉为"天下第一门"。见图 7 - 4 和图 7 - 5。这些都是在生产基地预先制造好,再运输到现场安装的。

图 7 - 4 三峡永久船闸巨型人字门安装

图 7 - 5 三峡工程永久船闸全景

（2）固定式大型钢结构整体安装

固定式大型钢结构整体安装是指大型钢结构现场安装技术,如大型油罐制造,油罐预制,油罐施工,油库制造,钢结构厂房,钢结构车间,钢结构楼房施工,网架工程,大型油库预制安装,大型液体化工库预制安装,大型重油库预制安装,大型润滑油库预制安装,大型轻油库预制安装,大型柴油油库预制安装,大型汽油油库预制安装,大型航煤油库预制安装,大型稠油油库预制安装,大型黏油油库预制安装,大型原油储油罐预制安装等。见图7-6至图7-8,这些油罐都是在现场制作安装的。

图7-6 施工中的大型储油罐

图7-7 大型储油罐群

图 7 – 8　海边大型储油罐群

7.1.2　大型钢结构整体安装的特点

大型钢结构整体安装的施工体系由被安装结构、支撑系统和安装系统等三部分组成，每一部分都有其关键技术。其主要特点有：

（1）施工对象的质量、体量很大，常规的起重机械能力不够；

（2）安装高度很高，传统的施工方法难以胜任；

（3）施工场地、道路条件差或者有障碍，大型机械难以开行，或者大型机械工作区域的基础加固工作量大、费用高、影响工期；

（4）由于各种原因，钢结构不能直接在原位安装，只能在其他位置拼装后再移过去；

（5）对于特殊的大型钢结构安装，使用常规的施工方法和设备难度很大。此外，特殊的安装要求，控制精度很高，人工控制和操作难以满足要求。

7.1.3　大型钢结构整体安装的优点

大型钢结构整体安装适用于工业与民用建筑、市政工程、桥梁、港口、水利等工程，以及能在钢构物建筑物、结构物或临时设施上设置液压千斤顶的大型构件及设备的整体安装工程。其主要优点有以下几点。

（1）变高空作业为地面作业，将不利位置施工改为有利位置施工，降低劳动强度，有利安全生产，保证施工质量。

（2）起重能力可以组合、扩展，可达成千上万吨，移位距离可达数百甚至上千米，可用于巨型构件的吊装、特大型结构吊装。

（3）施工设备可以灵活布置，可利用已有结构作为承载系统，对施工场地要求较低，可以在常规机械不能开行的位置施工。可以避免或减少施工场地和基础的加固，降低工程费用。

（4）起重吊点（顶推力）可以合理布置，使施工阶段的动态负荷接近使用阶段的设计负荷，有利于施工中的结构稳定和安全。

（5）通过计算机控制，可以精确控制施工中的姿态、负载、速度等偏差，控制精度可达毫米级，使施工中的结构变形、应力变化等符合设计要求。

（6）可以多作业线并行，多工序并行，可以集成多种技术和手段，具有工厂化、流水线等现代生产特点。

7.2 大型钢结构整体安装技术

企业在承接大型钢构件或设备安装工程时，在分析比较各种吊装方案与技术条件时，应考虑我国的传统吊装工艺，根据工程特点、施工要求，研究、制定施工技术路线、提升系统布置、支撑系统形式和结构、施工阶段结构稳定措施、施工平面布置、施工流程等，采用简易的起重设备或利用计算机控制的集群千斤顶进行整体提升，完成大件吊装，可以达到经济上合理的效果。在使用中应逐步用现代先进技术改进工艺，使之更加完善，更具有新意。由于大型钢结构千姿百态，其施工安装技术也万种千类。首先以较为简单的大型钢结构广告牌来介绍。

7.2.1 大型钢结构广告牌的设计和施工特点

7.2.1.1 结构形式的选择

（1）结构类型

结构形式选择独立钢柱大型钢结构广告牌的主体结构，目前常采用的形式有两种：一种为 T 型，其主骨架由一根独立钢柱和上部一根横向主梁呈 T 形焊接而成，该体系主体结构受力明确，计算简单，由立柱顶上焊接一根横梁形成固定于地基上的 T 形钢架结构体系，广告灯箱面板通过各挂件及斜撑与 T 形钢架结构相连。另一种为桁架式，其主骨架由一根独立钢柱和上部几道相互平行的横向主梁焊接而成，主梁之间由水平及斜向支撑连接，形成空间桁架体系，广告灯箱直接挂靠在主骨架上。

经过比较选择，该广告牌结构形式采用桁架式。其理由是：第一，广告牌结构的控制设计荷载是风载，风压直接作用在面板上，再由面板传至骨架，此时，在不同高程上的几道主梁可把风载较均匀地传至立柱，因而可减小主梁与立柱连接处的应力集中。其次，平行式桁架结构主梁采用槽钢，使结构外形平整，便于广告面板挂靠，并可加强面板与主骨架的连接，从而减小了面板的变形，以确保广告面的感观效果。第三，平行式桁架结构，可在每道主梁高程设置内检修梯，这样给结构的维护、检修及挂、卸广告布带来了极大的方便，且保证了操作人员的人身安全。除此之外，平行式桁架结构，形式简洁、美观，受力明确，节点构造简单，施工方便，从而能保证施工质量。

（2）结构布置

本工程上采用独立钢结构圆柱，通过节点板在三个不同高程搭焊三道横向主梁，主梁之间设置横隔梁和斜向支撑，形成空间桁架受力体系，主、横梁间距主要考虑广告面板骨架网格的布置，并使面板骨架节点与主骨架节点相一致，以加强面板与主骨架的连接。广告牌面板的自身骨架挂焊在主体结构上，形成整体上部结构。主梁选用槽钢，其他构件均选用角钢。型号按构件的强度和变形条件选取。钢立柱截面的选取,除考虑其强度及稳定性外,还要综合考虑广告牌整体尺寸协调及美观等方面的因素。

7.2.1.2　结构分析

荷载和荷载组合结构承受的主要荷载有:①自重;②风荷载;③温度荷载;④检修活载;⑤地震荷载。

荷载组合有三类:①基本组合;②特殊组合;③施工吊装。

应力分析由于钢立柱为压弯构件,其承载力取决于柱的长细比、支撑条件、截面尺寸以及作用于柱上的荷载等,计算表明,钢立柱的承载力一般能稳定控制。上部结构的主梁可简化为钢结或铰接在钢立柱上的悬臂结构,主梁之间由横梁及斜撑铰接形成空间平行组合桁架。内力计算采用有限元程序在计算机上完成。根据钢结构设计理论,对接焊缝在截面不减小的情况下,其强度可达到母材的强度,因而无需验算焊缝应力,但应严格检查焊缝质量及饱满度。上部桁架杆件间的连接主要是角焊缝。

焊缝承受杆件间的应力传递,其受力大小已由上部结构计算得出,对广告牌之类结构,上部结构杆件受力一般不大,为施焊方便,可用围焊,并统一取焊脚尺寸为 $h_f = 10$ mm,可满足规范要求。但对广告牌面板骨架与主骨架挂点处焊接须逐一核算。

7.2.1.3　变位控制

广告牌立柱高 18 m,在水平风载作用下会产生顺风向水平位移,上部结构为悬臂桁架,在风载及自重作用下,悬臂端部也会产生相应的变位,如果这些变位过大,将直接影响到广告牌的使用及感观效果,重要的是,这些变位还将引起附加内力,增大结构内部的应力,降低结构的安全性,为此,在广告牌设计中应严格限制变位。根据《钢结构设计规范》的规定,广告牌水平向设计变位应控制在 10 mm 以内为宜。

7.2.1.4　基础工程设计

(1)基础形式及布置

作为该类型广告牌的基础形式主要有两种:一种是平衡重力式,即上部荷载主要由大体积基础重力来平衡,开挖土方量大,混凝土用量也较多,但施工简单,节省钢材,适宜在土质松软且开阔的施工场地时采用。另一种为桩基式,其中又以扩孔桩为主,该类基础可在施工场地受限的情况下采用,其优点是基础施工场面很小,混凝土用量仅为平衡重力式基础的三分之一左右,但施工难度略有增大。

由于本广告牌建在某火车站站前广场两侧花坛内,花坛宽仅 3 m,若放坡开挖基坑,势必破坏两侧的广场混凝土地坪和水泥混凝土路面,其修复工程造价较高,还可能破坏地下埋管,经综合比较。选用了人工挖孔扩底桩基础,使基坑开挖只限在花坛内进行。为了减小孔壁支护的困难,基础上部 4 m 深范围内(表层填土和第二层粉质黏土)不扩孔,采用直径为 1.5 m 的圆孔,从 4 m 深以下(第三层黏土)开始扩孔,以增大基底的受荷面积,来满足地基承载力要求。基底采用方形,尺寸为 3 m×3 m,总孔深为 6 m,基础底下设置十字正交齿墙,以增强基础的抗扭和抗剪切能力。

(2)桩基础结构计算

在桩基础结构计算中,采用 C 法和 m 法两种计算方法。结果表明,两种方法计算结果比较一致,桩身最大弯矩出现在距地面 62 mm(m 法为 82 mm)处,桩顶最大水平位移为 4.86 mm(m 法为 4.78 mm)。

桩身材料强度和配筋计算,按一般钢筋混凝土结构的偏心受压构件进行。

基础设计须考虑轴力、弯矩、扭矩等不同组合的作用,以保证基础本身的强度、刚度及地基的承载力和抗剪强度均满足规范要求。

7.2.1.5 施工工艺

(1)基础施工

基础工程根据现场地形、地质条件,本基础采用人工挖孔扩底桩,基础底面置于第三层黏土中。基坑开挖时,采用孔壁支护和排水措施,以确保桩孔成形和施工人员的人身安全。基坑开挖完成并经验收后,立刻铺设100 mm厚碎石垫层,吊放钢筋骨架,并及时浇筑基础混凝土,预埋锚固螺栓,铺设基础顶部钢筋加强网,在浇至设计标高时,其顶面需用20 mm厚1:3水泥砂浆找平,然后加盖螺栓定位及垫座钢板。待基础混凝土养护到规定龄期,需对预埋螺栓进行抗拔试验,以确认螺栓的抗拔承载力是否满足设计要求。

(2)钢结构工程施工

所有钢结构构件的连接均采用焊接,上部结构均采用工厂化生产。钢柱用钢板在工厂卷焊而成,上部桁架结构可在工厂拼焊。当主骨架焊接完成,形成整体上部结构时,应做适当的加载试验,以验证焊缝的质量和主骨架的强度。广告牌面板骨架和镀锌铁皮面板拼接好后,可在地面直接挂焊到主骨架上,以便校正面板表面的不平整度,控制上部结构整体外观效果。

(3)吊装

吊装定位广告牌的立柱和上部结构在工厂制成后,运往现场进行整体对接。在地面形成的整体广告牌,可用两台吊车从顶、底两个吊位进行整体起吊安装。在广告吊装就位后,用两台经纬仪从相互垂直的两个方向进行纠斜、定位。每个方向的垂直度宜控制在$h/2\,000$(h为广告牌高度)以内,且小于20 mm。螺栓定位紧固后,宜在适当时机,浇筑混凝土密封,以防螺栓外露锈蚀。

广告牌建成后,经过数次台风考验,其垂直度和变位均满足规定要求,而其总造价比同类广告牌节省了20%,已投入商业使用。

7.2.2 桅杆起重机的整体安装技术

桅杆起重机吊装工艺方案繁多,没有统一固定的模式,只有从工程实际出发选择比较合理的吊装工艺与方法,才能顺利地完成工程吊装任务。

可供选择的吊装方法主要有滑移法、夺吊法、扳吊法、扳倒法、摆动法、多桅杆抬吊法、推举法、换索法等。

各地区应用传统的吊装工艺和桅杆起重机,为石化、冶金、电力等行业的塔、罐、容器、烟囱等大型设备在地面组装后一次整体吊装就位,积累了较为丰富的经验。这种安装技术在特定的条件下不仅可完成重物的吊装任务,而且可取得比较理想的经济效果,因此,要重视我国传统的安装工艺、技术。

【工程实例】 直立单桅杆整体吊装桥式起重机技术

7.2.2.1 概述

虽然桥式起重机由于跨度、起质量的不同分为多种规格与型号,但不论何种桥式起重机都主要由桥架、端梁、行走机构、起重小车(含起升机构)、驾驶室等组成。用单桅杆整体吊装桥式起重机是目前最常用的施工方法之一,它具有安全、经济、操作方便等特点。安装施工中利用单桅杆直立整体提升桥式起重机主要适用于以下范围内的安装施工:厂房有足够空间高度以满足桅杆竖立及起重机吊起后旋转的需要;起重机两片桥架的相距空间能够竖立经设计确定的桅杆机具;起重机的整体吊装起质量在 250 t 以下(起质量过大,所需桅杆机具规格也相应增大,考虑到实际施工中的可行性,整体起质量 250 t 以上的多采用分片吊装或其他特殊方法,以降低单桅杆起质量);厂房内具有能满足布置成套吊装机具所需的条件;经理论计算设计的吊装方案能够安全地在施工中完整实施。

7.2.2.2　主要技术内容

利用单桅杆整体吊装桥式起重机时,先将桥式起重机两片桥架运到起吊位置并和端梁进行拼装连成整体,桅杆直立在两片桥架之间,再将起重小车、驾驶室安装就位,并把起重小车捆牢,利用滑轮组、卷扬机牵引,一次性整体吊装桥式起重机就位于轨道上。

使用这种方法吊装的特点是:

(1)基本上不利用厂房屋架结构,厂房结构不受损坏更安全;

(2)绝大多数操作为地面作业,减少高空组装作业,地面组装作业更安全、更精确,加快工程进度,组装质量和施工安全得到切实保证;

(3)桅杆等吊装机具可以重复多次使用,吊装工程成本低,经济合理;

(4)稳定性好,整个吊装过程易于控制,吊装工作安全可靠。

7.2.2.3　主要工序技术数据的确定

直立单桅杆整体吊装桥式起重机技术的设计及选用应遵循国家的相关标准、规范的规定,桅杆的站立位置、桅杆有效高度、桥式起重机回转就位可能性等因素均须在设计方案时预先考虑。

(1)起重桅杆站立位置确定

考虑起重桅杆站立纵向位置时,一般在拼装位置厂房两纵向柱的中间位置,这样便于桥式起重机顺利回转就位。

考虑起重桅杆站立横向位置时,则应根据桥梁(含大梁行走机构和端梁)质量、起重小车质量及位置和驾驶室质量与位置,并通过计算求得(见图 7 - 9)。起重桅杆不能竖立在车间跨距中心,而须向放置起重小车的一侧偏移,起偏移量 L_1 可按下式计算:

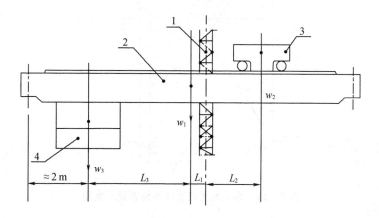

图 7 - 9　起重机质量分布计算示意图
1—起重桅杆;2—桥架;3—小车;4—驾驶室

$$L_1 = \frac{W_2 \times L_2 - W_3 \times L_3}{W_1 + W_3} \tag{1}$$

式中　L_1——起重桅杆中心点至桥架重心点距离,m;

　　　L_2——起重桅杆重心点至起重小车重心点距离,m;

　　　L_3——桥架重心点至驾驶室重心点距离,m;

　　　W_1——桥架质量(含端梁、行走机构及电气装置),t;

　　　W_2——起重小车质量,t;

　　　W_3——驾驶室质量,t。

（2）起重桅杆有效高度的确定

根据起重机轨面标高加起重小车轨面至厂房屋架下弦的距离来确定,起重桅杆顶部距屋面板下端留出0.3 m的操作空间,见图7-10。起重桅杆顶部距地面的高度 H 用下式计算：

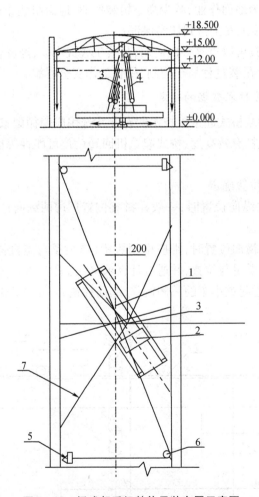

图7-10　桥式起重机整体吊装布置示意图

$$H = h_1 + h_2 + h_3 + h_4 + h_0 + 1 \tag{2}$$

式中　h_1——起重机轨面高度，m；

　　　h_2——大车轮底至起重小车轨面距离，m；

　　　h_3——起重滑车组上下两轮之间的最小距离，m；

　　　h_4——卡环高度，m；

　　　h_0——桅杆底座的垫层厚度，m。

（3）桥式起重机回转就位可能性确定

桥式起重机吊装回转区域内的厂房四根立柱，其相对净距离（纵向、横向、对角线净距）必须大于桥式起重机平面外形尺寸（纵向、横向、对角线尺寸），吊装回转就位方可顺利进行（一般在上述差值较小情况下，可通过桅杆的合理站位选择、详细的受力计算和采取相应的工艺技术措施方可进行，差值过大时，可采用"临时端梁"连接的方法整体吊装）。可以利用计算机将各相关数据输入，作图动态模拟进行回转就位演示，以确定回转的可能性。

（4）起吊吊点、起重滑车和牵引跑绳的设置

一般每片桥架设置两个吊点，共四个吊点，每两个吊点形成一组，每组挂一套（或二套）多轮起重滑车，如果是两套，上面还要挂一个平衡单轮滑车，每组起重滑车共用一根牵引跑绳，跑绳的两端分别各由一台卷扬机牵引，多轮起重滑车、卷扬机以及牵引跑绳的选择则是根据起吊质量进行确定。

（5）操作要求

①将桥式起重机桥架、端梁、大车行走机构在地面吊装位置进行拼装。

②单桅杆直立于两片桥架之间，用缆风系统稳固，挂上起重滑车组，将起重小车、驾驶室安装就位。

③试吊求得起重机整体平衡后将起重小车临时固定。

④利用卷扬机牵引系统，一次性整体吊装桥式起重机至起重机轨道上方，旋转起重机就位。

7.2.2.4　适用范围及技术经济效益分析

（1）适用范围

直立单桅杆整体吊装桥式起重机技术适用于在车间厂房内或露天的大型、重型桥式起重机的整体吊装就位，尤其适用于在车间厂房和其他难以采用起重机械吊装的场合。在车间厂房内，采用本技术应具备如下条件：

①厂房有足够空间高度以满足起重桅杆竖立及起重机吊起后旋转就位的需要；

②起重机两片桥架的相距空间能够竖立经设计确定的桅杆机具；

③厂房内具有能满足布置成套吊装机具所需的条件；

④吊装方案准确实施的可能性。

直立单桅杆整体吊装桥式起重机技术已形成了一套成熟可行的施工工法，被许多施工企业在安装工作中普遍使用。一般起重质量在 250 t 以下的桥式起重机，只要单桅杆荷载允许，均采用这种施工方案。如山西长治清华机械厂 100/20 t 电动桥式起重机、德阳二重厂和东方电机厂数十台 250 t 以下的桥式起重机，都是采用直立单桅杆整体吊装法进行吊装。

（2）技术经济效益分析

①单桅杆整体吊装桥式起重机技术经多年施工应用的不断总结与发展，已日趋成熟，其经济效益和社会效益已很明显。

②整体吊装桥式起重机省人力,功效高,减少高空作业。

③起重桅杆、卷扬机、滑车组等主要吊装机具可以重复多次使用,减少工具投入,降低工程成本。

④地面组对桥式起重机桥架,易于控制各部件误差,从而整体提高安装质量。

⑤技术要求高,一定程度上可提高施工操作人员的整体素质。

⑥一项大吨位桥式起重机的成功吊装涉及各方面的配合与协作,可为企业竖立良好的社会形象和信誉。

7.2.3 超高层钢结构安装施工技术

【工程实例】 超高层钢结构自装施工技术

7.2.3.1 超高层钢结构安装施工技术简况

同发达国家相比,超高层钢结构建筑在我国起步较晚,成熟及可借鉴的经验不多。改革开放以来,许多"高、大、新、尖"的现代化建筑如雨后春笋般耸立,成为国民经济高速发展的重要标志。而钢结构因其自重轻、施工周期短、抗震能力强等优势和特点被人们广泛应用于高层尤其是超高层建筑中。中建三局以其"敢为天下先,争创第一流"的企业精神和勇于承接"高、大、新、尖"工程的胆魄和实力,瞄准了这块尚待开垦的沃土,发挥大型企业的技术和设备优势,于1986年率先承建了当时全国第一座超高层钢结构的建筑——高165.3 m的深圳发展中心大厦,仅10个月便完成了主体11 000 t钢结构施工任务,垂直最大偏差25 mm,提高了美国AISC规范程度的标准,并首先运用CO_2气体保护半自动焊用于超厚钢板焊接的新工艺,刻苦钻研、反复攻关,终于成功地解决了130 mm超厚钢板的焊接技术。填补国内超厚钢板焊接的空白,整个工程的焊接质量100%超声波探伤,100%合格,达到了国际一流水平。该工程成套施工技术的成功应用,使我国起步较晚的超高层钢结构安装施工技术向前跨进了一大步,深圳发展中心大厦钢结构成套安装技术因此分别获1988年、1989年度中建总公司科技进步一等奖和国家科技进步三等奖。

由于在深圳发展中心大厦超高层钢结构安装中取得的重大成功,1987年又中标承建了我国第一座全钢结构超高层建筑,高146.5 m的上海国际贸易中心大厦,仅用7.5个月的工期便"安全、优质、高速"地完成了主体10 470 t钢结构的施工任务。钢结构主体垂直度偏差仅为17 mm。提高了日本JASS规范标准,焊接100%探伤,100%合格,受到业主及各界的高度赞誉,该工程荣获上海建筑质量最高奖——"白玉兰"奖和国家建筑业最高奖——鲁班金像奖。此后又承建了上海太平洋大饭店、新金桥大厦及世界广场等国内具有较高声望的钢结构工程,特别是1995年6月9日封顶的高383.95 m的深圳地王大厦,仅用1年零12天(比合同工期提前两个多月)更安全、优质、高速地完成了24 500 t主楼钢结构的施工任务,主体垂直度总偏差向外17 mm,向内25 mm,提高了精度,仅是美国AISC规范允许误差的1/3(向外51 mm,向内76 mm);焊缝延长米60万米(其中立焊、斜立焊缝占1/7)100%探伤,100%合格,优良率达94%,并创造了施工全过程中构件无一坠落,人员无一伤亡的奇迹和两天半一层楼的20世纪90年代"深圳新速度"。罕见的工期、一流的质量和安全得到业主、总包及社会各界的高度赞誉。

深圳地王大厦主楼超高层钢结构安装施工技术通过了国家级鉴定。与会专家一致认为地王大厦是我国近十年才起步的超高层钢结构工程的代表作,表明我国高层钢结构施工技术在以往成功基础上又取得了重大的进步,地王大厦超高层钢结构安装施工技术达到了国内领先及国际水平。

7.2.3.2　超高层钢结构安装施工技术

在我国钢结构发展史上具有划时代意义的三个主要超高层钢结构工程深创发展中心大厦、上海国际贸易中心和深圳地王商业大厦。它们都具有共同的高层钢结构的工艺流程与特点（构件验收→吊装→质量控制→高强度螺栓→焊接及其检测→压型钢板与熔焊栓钉）。超高层钢结构安装施工技术主要体现在以下 7 个方面①构件进场,验收与堆放;②塔吊的选择、布置及装拆;③吊装;④测量控制;⑤焊接;⑥工期及质量控制;⑦安全施工。

下面结合深圳地王大厦主楼超高层钢结构的施工情况就这些问题讨论一下超高层钢结构施工技术。

（1）构件的进场、验收与堆放

场地狭小、施工条件差是当前施工工程普遍存在的困难,对于高层钢结构工程而言,相对紧张的工期内构件堆场要求更高更严,这个问题不处理好必将对吊装及整个工程施工造成严重影响。地王大厦施工初期,由于构件堆场较多,钢结构进场量大,需堆叠 2～3 层,如没有周密的进场计划,势必造成现场构件进场顺序的混乱,其结果是需要的构件压在下面,不用的构件放在上面,不仅验收工作无法进行,而且存在着大量的翻料、找料等重复工作。后来在强化现场管理及构件进场计划的基础上,着重抓了堆场布置、构件的堆放顺序等工作,除根据吊装需要周密计划进场构件外,还根据吊装顺序和堆场规划特点将进场构件进行有序排列,既保证了验收工作的正常进行,也为吊装创造了良好的外部条件。

把好构件的验收关是施工的超高层钢结构工程中的关键工作之一。深圳地王大厦主楼共有钢构件 14 860 件,制造及运输过程中难免会出现这样或那样的问题,这些问题如不在地面加以消除,吊装到上面势必拖延安装的进度,对整个工期和质量控制也将产生严重影响。

（2）塔吊的选择、布置与装拆

塔吊是超高层钢结构工程施工的核心设备,其选择与布置要根据建筑物的布置、现场条件及钢结构的质量等因素综合考虑,并保证装拆的安全、方便、可靠。

根据地王大厦的地理位置、结构形状及大量的特殊构件（如重 47.5 t 的大型"A"字斜柱和 37 t/节的箱形柱等）选择两台澳大利亚产 M440D 大型内爬式塔吊并将其布置在核心墙 1# 和 5# 井道内,不仅满足了所有构件的垂直运输,而且为大量超重、超高及偏心构件的双机抬吊创造了条件。

M440D 型内爬式塔吊在国内尚属首次使用,成熟可借鉴的经验不多。施工中一改传统的塔吊互吊的爬升方案,采用了一套"卷扬机＋扁担"辅助系统较好地解决了二部塔吊的爬升难题,大大提高了塔吊的使用效率,加快了提升速度,为工期提前起了决定性作用;而大型内爬塔吊的拆除是一项技术复杂、施工难度大的工作,采用了"化大为小、化整为零"的方法,较好地解决了在国内视为难题的大型内爬塔吊的拆除难题,为国内同类工程运用内爬式塔吊提供了范例。

（3）吊装

吊装是钢结构施工的龙头工序,吊装的速度与质量对整个工程起举足轻重的作用。在深圳的地王大厦主体超高层钢结构施工中,通过采取"区域吊装"及"一机多吊"技术解决了工期紧与工程量大的矛盾。

通过采用"双机抬吊"和采用门型架不仅解决了高 53.79 m,长 63.20 m,跨度为

32.1 m、重达232 t的大型"A"斜吊的吊装难题,而且解决了主楼两根长85.61 m、重85.51 t 并处于超重、偏心、超高状态下大型桅杆的吊装难题。

(4)测量控制

在超高层钢结构施工中,垂直度、轴线和标高的偏差是衡量工程质量的重要指标,测量作为工程质量的控制阶段,必须为施工检查提供依据。

从钢结构施工流程可以看出,各工序间既相互联系又相互制约,选择何种测量控制方法直接影响到工程的进度与测量。在深圳地王大厦钢结构施工初期,总包单位的测量监理工程师提出采用"整体校正"的方法,即在柱子安装后再跟踪纠偏,梁装不上去时临时挂或搭在上面,待整节柱、梁、斜撑全部安装后再整体校正。由于构件的制作及核心的施工都存在着一定的误差,采用这种校正方法具有很大的盲目性,不仅造成大量的二次安装,而且柱梁安装后结构本身已具有一定的刚度,大大增加了校正的难度。后来我们及时将"整体校正"改为"跟踪校正",即在柱梁框架形成前将柱子初步校正并及时纠偏,大大减轻了校正难度,每节校正时间由原来10 d左右,缩短为2~3 d,即可交给下道工序作业,并实现了区域施工各工序间良性循环的目标。

为了使地王大厦主楼钢结构施工达到世界一流水平,项目还制订了比美国AISC规范标准更严格的质量控制指标:内向25 mm、外向20 mm,并摸索出一整套采用激光铅直仪进行"双系统复核控制"的新方法,为保证项目质量控制目标实现起了十分重要的作用。

(5)焊接

高层钢结构具有工期紧、结构复杂、工程量大、质量要求高的特点,而焊接作为钢结构施工的重要工序,其工序的选择与施焊水平对工程的"安全、优质、高速"的完成影响重大。

深圳地王大厦因其罕见的高宽比达1:9,所以设计中采用了大量的斜撑及大型"A"字斜柱。在总计60万米延长缝中,立焊、斜立焊约有8.6万延长米,共848组接头,占整个焊接工程量的1/7。此类结构不仅处于结构的重要部位,而且大都处于外向、斜向及悬空部位,安全操作与施工防护都比较困难。尤其是相对紧迫的工期与浩大的焊接工程量之间的矛盾,使我们一开始就面临着严峻的考验。尽管在深圳发展中心大厦,上海国贸中心大厦等钢结构工程施工中,采用CO_2气体保护半自动焊应用于立焊、斜立焊和俯角焊的新工艺,从根本上解决焊接施工的需要。

工艺选定后,编制出一整套切实可行的适用本工程特点的CO_2气体保护半自动焊接工艺及方法。组织焊接QC小组,在项目组的带动下进行了艰难的尝试,开展了一系列卓有成效的工作。

首先确定了攻关目标,运用关联图找出影响质量的原因,并应用ABC分析法进行系列分析,针对这些问题找出相应的对策措施;并建立了有效的质量保证体系,制定了完善的工艺指导书,经过反复实验,确定了运用于立焊、斜立焊的工艺参数;通过对焊丝的伸出长度、焊缝层间清理,焊枪施焊角度反复摸索,形成了一整套"挑压拖带转"的操作要领;为使焊接环境处于相对稳定状态,加强了施工防护措施和辅助措施。经过项目组和焊接QC小组全体人员的不懈努力,经过半月之久的失败、总结,小有成效研究;大有成效、巩固,到比较成熟、反复焊接,终于成功地解决了CO_2气体保护焊在超厚件立向、斜立向焊接头上的施焊工艺课题(已获得国家专利)。通过技术攻关、工艺的改进,焊接质量得到了逐步提高,工期大大提前,受到总包及业主的好评,产生了良好的社会效益和经济效益,并在社会上产生了良好的声誉。

（6）质量与工期控制

超高层钢结构不同于一般混凝土建筑的显著特点是：质量高、工期紧。质量与工期的保证依赖于科学的管理、严格的施工组织和新技术、新工艺、新设备的大胆应用。

深圳地王大厦主体钢结构 14 860 件，重 24 500 t，压型钢板 14 万平方米，熔焊栓钉 50 万套，焊缝总计 60 万延长米。而业主规定的工期仅 14.5 个月，并且工程按美国规范标准进行验收，工期短、工程量大、施工难度高属国内外罕见。

建立科学管理的组织体系，严格按项目管理法施工是保证工程"安全、优质、高速"进行的关键。为此，我们组建了地王项目经理部，实行项目经理负责制和全员合同管理。在组织形式上，实行定编定员、定岗位、定职责，提倡一专多能、一人多职、工段长与工人一道上前线。既起到了表率作用，又便于现场管理。从项目经理到劳资、安全、技术等职能部门到现场办公，及时了解、掌握工程的进度情况，解决有关的技术、质量、安全等问题，在整个项目管理形成了以项目经理为核心，集施工组织网络的安全质量保证体系和新技术攻关应用及 QC 小组为一体的短小精悍的施工队伍。同时各工段均实行了项目承包，明确了责、权、利并实行风险抵押制度，最大限度地调动了一线工人的积极性和责任感，为工程的大干快干奠定了基础。为了把中国人自己施工的第一座世界级摩天大厦建设成跨世纪的经典之作，项目组不仅制作了比美国规范标准更严格的质量控制目标，而且积极配合吊装、测量、焊接 QC 小组进行了攻关，"四新"技术在地王大厦主楼超高层钢结构安装施工中得到了充分的应用。在项目组的领导下，吊装 QC 小组改进了传统的"一机多吊"和"双机抬吊"技术，大大加快了吊装的进度；测量 QC 小组将传统的"整体测量"技术进行了改进，创新了"跟踪测量"和"双系统复核控制"技术，成功地将主楼垂直度总偏差控制为向内 25 mm，向外 17 mm，仅是美国规范标准 1/3，焊接 QC 小组经过艰苦的尝试，终于成功地突破了 CO_2 气体保护半自动焊应用于立焊、斜立焊的禁区，不仅提高了工效、保证了工期，而且所有焊缝经权威的第三方 100% 探伤，100% 合格，优良率达 94%。

在钢结构工程中，定型钢板铺设是一道工作量大及危险性大的工序，其铺设的快慢不仅直接影响工程的进度，而且在吊装、校正、高强度螺栓及焊接等一系列工序中给施工安全带来严重影响。为此采用两台国际先进水平的 CO_2 点焊机，不仅操作简单，时间短而已焊点光洁平滑、质量好工效是手工焊的五倍。地工大厦主楼超高层钢结构工程中所引进的澳大利亚 M440D 大型内爬吊、日本产 CO_2 气体保护半自动焊机及熔焊栓钉机等先进设备都在本工程施中发挥了重要作用。

（7）安全施工

安全施工是钢结构施工中的重要环节，超高层钢结构施工的特点是高空、悬空作业点多。地王大厦施工过程中，仅高强度螺栓就有 50 万颗，这些东西虽小，但如果从几百米高的地方掉下去，后果可想而知。为了杜绝安全事故，项目成立了安全监督小组，设立了专职安全员，严格管理，制定了周密完善的安全生产条例，对职工进行定期的安全教育，树立"安全第一"的思想。在严格管理的基础上，项目不惜花大量的人力、物力、财力进行严密的防护。采取搭设双层安全网及压型钢板提前铺设等新工艺，创造了地王大厦主体超高层钢结构施工 379 天，人员无一伤亡，构件无一坠落的奇迹。在中建总公司组织的深圳地工商业大厦超高层钢结构施工技术鉴定会上，专家们认为地王商业大厦超高层钢结构安装施工技术达到了国际先进水平。

7.2.4 大型钢结构整体安装计算机控制技术

7.2.4.1 概述

钢结构安装是建筑安装公司的主要业务之一。针对近年来高、重、大、特殊钢结构的不断涌现,传统的钢结构安装施工工艺与设备往往难以胜任,我国许多钢结构企业采用计算机、信息处理、自动控制、液压控制等高新技术与结构吊装技术相结合,自行开发了大型钢结构整体安装计算机控制技术,自行研制了大型钢结构整体安装计算机控制系统,完成了一系列重大钢结构工程,取得较好的经济效益和社会效益。同时也发展了我国钢结构施工技术,并使我国在大型、特殊钢结构工程施工领域赶超世界先进水平。

7.2.4.2 大型钢结构整体安装计算机控制技术原理

大型结构整体安装计算机控制技术的原理是"钢绞线承载、计算机控制、液压千斤顶集群作业"三大块的组合,现分述如下。

(1)钢绞线承载

液压千斤顶通过集束的钢绞线提升或牵引大型结构。

(2)计算机控制

施工作业由计算机通过传感器和信息传输电路进行智能化的闭环控制。

计算机控制主要是三项作用,首先是控制液压千斤顶集群的同步作业,其次是控制施工偏差,再次是对整个作业进行监控,实现信息化施工。计算机控制具有智能化功能,可以在施工过程中自动对施工系统进行自适应调整,进行故障的自动检测与诊断,并能模仿与代替操作人员的部分工作,提高施工的安全性和自动化程度。

(3)液压千斤顶集群作业

根据各作业点提升力的要求,将若干液压千斤顶与液压阀组、泵站等组合成液压千斤顶集群,大型结构整体提升时称为液压提升器,大型结构整体移位时称为液压牵引器。一般是1个作业点配置1套液压提升器或牵引器。液压千斤顶集群在计算机控制下同步作业,使提升或移位过程中大型结构的姿态平稳、负荷均衡,从而顺利安装到位。

千斤顶具有极强的推举力,利用电子计算机对成群千斤顶的液压力和行程进行同步分配与控制,以抖动钢绞线,并应用预应力锚具和"猴子爬杆"的原理,对钢绞线进行反复的收紧和固定,以达到数百吨、甚至数千吨的重物按预定要求平稳地整体提升安装就位。该技术作业安全可靠,提升重物可根据需要任意组合配置,提升或悬停随时都可控制,是新近开发的一种较理想的垂直提升安装工艺,

以液压千斤顶作为施工作业的动力设备。由于液压千斤顶可以灵活布置与组合,可以根据大型结构的特点和施工现场的条件,构成受力合理、动力足够的施工作业系统,因此可以用于各种大型、特殊、复杂的结构安装工程。已在上海东方明珠电视塔天线、北京西客站钢门楼、波音747四机库钢网架和上海大剧院屋盖大型工程中应用,取得良好的经济效益与社会效益。

7.2.4.3 控制系统

(1)系统功能

系统的主要作用是以液压作业方式进行大型结构的整体提升、整体移位等,并始终保持大型结构的合理姿态,使施工负载、稳定性、各项参数和偏差均符合设计要求。

控制系统的主要功能有千斤顶集群控制、作业流程控制、施工偏差控制、负载均衡控制、操作台实时监控以及单点微调控制等。

（2）系统构成

大型结构整体安装计算机控制系统由控制和执行两部分组成。

①控制部分

控制部分包括计算机子系统和电气控制子系统。控制部分的核心是计算机控制，外层是电气控制。计算机子系统通过电气子系统驱动液压执行系统，并通过电气子系统采集液压系统状态和作业点工作数据，作为控制调节的依据。电气子系统还要负责整个施工作业系统的启动、停车、安全联锁，以及供配电管理。

计算机子系统由下列模块组成：

a. 顺序控制　进行千斤顶集群动作控制和施工作业流程控制；

b. 偏差控制　进行结构姿态（高度、水平度、垂直度）偏差控制和施工负载均衡控制；

c. 操作台控制　对施工作业进行操作和监控，并完成工作数据的采集、存储、打印输出等；

d. 自适应控制　对施工作业系统进行自适应控制、故障诊断与检测等。

电气控制子系统由总控台、电液控制台、总电气柜、作业点控制柜、泵站控制箱，以及传感检测电路、液压驱动电路等组成。

②执行部分

执行部分包括液压子系统和支撑导向子系统。

液压子系统由下列部分组成：

a. 液压千斤顶集群　布置在各作业点，根据作业点要求，由若干台液压千斤顶、液压控制阀组构成；

b. 液压泵站　为液压千斤顶提供动力，一般 1 个或几个作业点配置 1 台液压泵站；

c. 钢绞线　采用高强度低松弛钢绞线。

支撑导向子系统用于大型结构整体安装过程中的支撑、导向或加固、稳定作用，例如整体提升中的提升柱、整体移位中的滑道、导轨，以及结构的临时加固设施等。

（3）系统的性能

①作业能力　施工作业系统的规模根据工程需要确定，通过组合液压千斤顶集群，作业能力可满足超大型工程的需要。已应用的工程中最大起重荷载 3 200 t，最大起重力 6 600 t，共使用 86 个液压千斤顶。

②作业点数　标准配置的系统最多可控制 30 个作业点（一般工程作业点为 4~8 个，迄今为止最大的工程中作业点为 26 个）。超过 30 个作业点时可以增设额外的控制模块来扩容。

③作业对象规模　原则上只受工程结构和施工现场条件限制。已应用的工程中，最大结构尺寸为 150 m×90 m×20 m，提升高度 29 m。

④控制策略　可同时控制作业对象的姿态偏差、速度偏差、压力（提升力或牵引力）偏差，并可根据各个工程的不同特点和要求，确定不同的多因素控制策略。

⑤控制精度　各作业点与基准点的高度或位移偏差可控制在 2~3 mm 以内。

⑥液压系统工作方式　液压千斤顶间歇伸缸和连续伸缸两种方式。前者用于垂直提

升;后者用于水平牵引,优点是作业稳定性好、作业速度快,但是液压千斤顶的配置数量较大。

⑦操作方式　具有自动作业、半自动作业、单点调整、手动作业等多种操作方式。

⑧可靠性、适应性　可以承受一般建筑施工现场的露天日晒、小雨、5 级风、连续作业、电磁干扰、电网波动等工况。

【工程案例】　应用实例与效益

案例 1:东方航空公司双机位机库 3 200 t 钢屋盖整体提升工程

钢屋盖网架的跨度 150 m,纵深 90 m,高 18 m,质量 3 200 t。采用"地面拼装、整体提升"的施工工艺,即在地面上将网架拼装好,然后整体提升到 25 t 高的砼柱顶上。不设临时的提升承载柱,利用机库 26 根永久结构柱的柱顶,设置液压千斤顶集群进行提升。由于机库东、西、北三面有柱,南面无柱,屋盖南端总量又占总质量三分之二,因此提升点分布和负载分布极不均匀,对网架变形控制和钢结构柱承载控制很不利,提升控制难度很大。

1996 年 6 月下旬,经过 4 天共 32 h 的提升作业,将 3 200 t 的钢屋盖网架从地面整体提升 25 m,顺利完成安装工程。

在提升过程中做到:①各吊点与基准点的高度差不超过 5 mm,确保了网架的变形小于设计限定值;②各吊点动载始终保持均衡(静载悬殊达 20 倍),确保了被用作提升承载柱的机库结构柱的荷载安全值;③屋架定位偏差小于 2 mm,施工质量优良。

该工程节约施工费用 710 万元,并且创造了两项国内记录:①一次提升跨度最大:150 m;②超大型屋盖整体提升不设辅助的提升承载柱。

案例 2:浦东国际机场航站楼钢屋盖区段整体移位施工

钢屋盖为连续三跨,跨度分别为 80 m,42 m 和 48 m,长度为 412 m,高 30 ~ 39 m,总重 1.6 万余吨。在钢屋盖安装之前,航站楼的现浇混凝土框架结构已先期完成,因而起重机无法进入跨内施工,难以用常规方法吊装,故采用"屋架节间地面拼装、柱梁屋盖跨端组合,区段整体纵向移位"的施工方案,即在地面拼装屋架,再将屋架和柱、梁等吊到砼结构楼面的边端组合成屋盖区段,然后应用本系统将区段向楼面中央水平移位到安装位置。

1998 年 2 ~ 8 月钢屋盖安装完成,其中钢屋盖区段移位 14 次(每次距离 50 ~ 200 m,质量 1 200 ~ 1 400 t),累计移位质量 2 万余吨,累计移位距离 2 200 m,累计移位时间 400 h。

在牵引过程中做到了:①屋盖滑移速度控制良好,加速度值小于设计限定值;②各牵引点与基准点的位移差不超过 10 mm,确保了屋盖滑移中的正确姿态,杜绝了"卡轨"可能性。

由于采用以屋盖水平滑移为主要特点的新工艺,钢屋盖的安装工程节约了建设投资 1 000万元。

案例 3:南阳鸭河口电厂干煤棚网架整体展开提升工程

网架横向跨度 108 m,纵向深度 90 m,高度约 39 m,质量 505 t,提升高度约 29 m。该网架结构分为铰接的 5 块,地面拼装后呈折叠状,通过整体提升,使它展开为无柱拱形网架。这种结构与施工方法在国内尚无先例,是一项重大创新。它首先由设计单位提出,得到业主和施工总包单位的支持,并由施工单位采用本系统予以实施。2001 年 5 ~ 6 月,经过 5 天共 40 h 的提升,顺利地将网架提升到位。提升过程中各提升点高度差控制在 3 mm 以内,施工偏差控制和安装定位质量均符合设计要求,在国内空间结构和钢结构行业有效大影响。

7.2.5　大型仓库的安装技术

【工程案例】　大直径熟料仓库顶圆台空间钢结构整体安装施工

1. 工程特点

某水泥(5 000 t/d)熟料生产线熟料库工程采用的大圆柱形库,为新型大圆台结构,是通过近几年开发的一种新型熟料库结构形式。结构尺寸大,工程量集中,主体结构施工难度大,钢结构安装技术要求高,常规施工方法工期较长,是大型水泥建设项目施工的关键工程。计划为 8 个月完成投产试车准备,工期紧迫,熟料库施工工期和按期交付安装成为总建设进度的关键控制点;同时,该工程的施工方法选择以及能否保证质量、安全、顺利完成交付也是建设方十分关心问题。

筒仓内径为 40 m,檐高 30.95 m,仓顶为圆台型空间钢结构,上底直径 12.8 m,下底直径 40 m,垂直高度为 11.7 m,质量约 120 t。圆台钢结构由 18 根 650 mm × 300 mm 的焊接 H 型钢斜梁支撑,水平支撑和斜撑节点全部采用 ϕ16 高强度螺栓连接,见图 7 - 11。

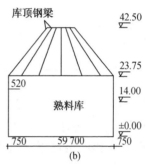

(a)　　　　　　　　　　　　　　(b)

图 7 - 11　大直径熟料库仓顶圆台体空间钢结构

(a)整体效果图;(b)熟料库剖面图

2. 施工方案

经研究有四种施工方案,在此基础上,经分析,将工期、变形控制、安装精度、安全、成本、难易性这些分值相加,从而得出每个方案的评价分。在对每个方案进行综合评价的基础上,通过各方案的比较。选出最佳方案,见表 7 - 1。

表 7 - 1　方案选定分析表

方案编号	方案类型	可行性(优缺点)分析	选择结论
1	钢结构地面整体组装,开架滑模系统抬升,倒链悬吊就位安装	(1)工期较短 (2)模板体系可有效加强 (3)库壁作业空间开敞,施工质量有保证 (4)环梁施工时必须加固抬升支撑和滑模系统	可选择

表 7 – 1(续)

方案编号	方案类型	可行性(优缺点)分析	选择结论
2	钢结构地面整体组装,独立提升系统提升	(1)工期能满足要求 (2)提升系统安全时间长 (3)提升系统需要全程加固,作业较繁琐,钢结构提升过程变形难控制 (4)钢结构空滑就位高程大,工期较长,就位控制和安全因素多	不选择
3	钢结构地面组装,门架滑模系统提升,千斤顶就位方法	(1)工期较长 (2)模板体系可有效加强 (3)提升系统和滑模系统全程不用加固 (4)结构空滑就位高程小,就位易于控制,速度快	选择
4	钢结构地面组装,开架滑模系统提升,穿心千斤顶倒置就位方法	(1)工期较长 (2)模板体系可有效加强 (3)施工全程支撑系统不需要加强 (4)千斤顶倒置占用时间多,操作麻烦	不选择

通过评价和对比分析,第 3 方案,即仓顶钢结构地面组装,门架滑模系统提供抬升动力,液压千斤顶正直就位的方法,为优选方案。

该方案优点:①钢结构可以和滑模组装同时进行施工,工期可以缩短。②钢结构地面组装质量容易保证。

3. 工艺流程

仓顶圆台体钢结构与库壁滑模一体化施工工艺流程分设计组装、滑升(施工)、就位四个阶段,见下图 7 – 12。

4. 工艺措施

(1)设计阶段

①对滑模系统和抬升钢结构,按照荷载分别进行计算,结构统一的原则进行整个支撑体系的设计,以达到滑升抬升系统承载均衡。

通过设计计算,本工程采用 GYD – 60 型千斤顶,48 × 3.5 支撑杆,16 门式低型提升架,抬升支座采用双提升架 4 千斤顶布置,其他部位为单架千斤顶,提升间距 < 1.2 m。

②为增强滑模系统整体刚度和钢结构抗水平变形能力,通过计算在每根结构斜梁下增设 $\phi16$ 径向抗水平推力拉杆,施加 500 kN 预张力。

③在滑模系统和钢结构组装完成后,将抬升支座与钢结构焊接,对滑模体与钢结构进行加强,完成一体化抬升滑升体系安装。

以上措施列入计算书和施工方案,在组装阶段得到落实。

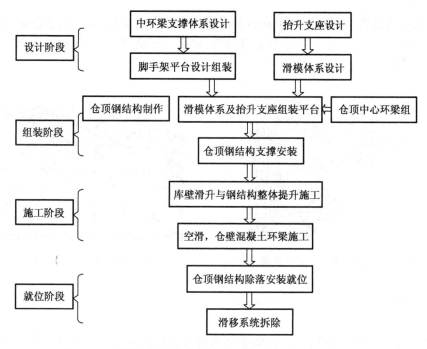

图 7-12 滑模与钢结构整体抬升安装一体化施工工艺流程图

（2）组装阶段

组装流程如下图 7-13 所示，组装阶段按以下要求实施。

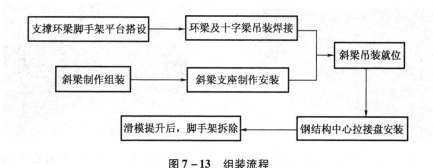

图 7-13 组装流程

①选择专业钢结构作业队，施工前针对钢结构特点，制定专项方案，并进行现场技术交底。钢结构构件下料依据计算机放样；环梁、斜梁柱标准跨距预装。

②环梁及井字梁组装，见图 7-14。①环梁组装平台采用扣件脚手架搭设，立杆和水平杆间距由计算确定，立面设剪力撑上下设垫板，上部加揽风绳，确定不发生位移；②环梁的中心点和十字控制轴线利用激光铅垂仪投测；③环梁分段制作，预拼装无误后，编号并弹好安装定位控制线；④按定位控制点、线，在组装平台上分段组装

7-14 井字梁组装

中心环梁、标梁。

③斜梁安放组装 为防止环梁和斜梁支座产生较大的位移,斜梁对称吊装,提升系统及提升支座见图7-15。斜梁对称吊装就位后,斜梁与环梁、斜梁与安放支座同时焊接,组装完成状态,见图7-16。

图7-15　提升系统及提升支座　　　图7-16　组装完成状态

(3)滑升阶段

按以下要求实施

①为增强模板系统刚度,在提升脚手架两侧操作平台各增设了加强围圈,径向设辐射拉杆,预加应力,增强整体性和抗变形能力。加强圈和辐射拉杆,见图7-17。

②本工程所有提升千斤顶在安装前,均做行程实验和调试,全部169个千斤顶,行程误差不超过1.0 mm。抗推力拉杆-滑升起步状态,见图7-18。

图7-17　加强圈和辐射拉杆　　　图7-18　抗推力拉杆-滑升起步状态

③开始滑升前,先进行试滑升。全部千斤顶同时升起5~10 cm,观察混凝土出模强度,符合要求即可将模板滑升到200 mm高,对所有提升设备和模板系统、钢结构变形和受力情况进行全面检查。

④混凝土浇筑遵循分层、交圈、变换方向的原则,使操作平台受力均匀。分层交圈即按每20 cm分层闭合浇筑,保证出模混凝土强度差异较小,防止摩擦阻力差异大,导致平台不能水平上升。变换方向即各分层混凝土按顺时针、逆时针变换循环浇筑,以免模板长期受同一方向的力发生扭转。

⑤当模板滑升到距仓顶3.0 m左右时,即放慢滑升速度,并进行准确的抄平和找正。在滑升到距顶标高最后一个行程以前,做好整个模板的抄平、找正,使顶部均匀地交圈,保证顶部标高及位置。

⑥滑升施工过程中,在操作平台上堆放的物料应均匀、分散,使操作平台受力均匀。滑模施工每滑升一次做一次偏移、扭转校正,每提升 1.0 m 重新进行一次抄平和垂直度校正。并控制千斤顶的相对高差不得大于 25 mm,相邻两个千斤顶的升差不得大于 15 mm。

整个滑升抬升施工过程中,进行全面监控,滑模系统的垂直度,扭转度符合《滑动模板工程技术规范》,千斤顶的相对高差全程未超过 10 mm,相邻两个千斤顶的升差未超过 5 mm。库体混凝土光滑平整。每步对抗推力水平拉杆进行检查,张力均衡,未发生过紧过松现象。直径变差变化 <5 mm。抬升状态,见图 7 - 19 和图 7 - 20。

图 7 - 19　抬升状态

图 7 - 20　钢结构整体抬升完成

(4)就位阶段　按以下要求实施:

①为保证钢结构仓顶安装精确,支座预埋螺栓采用整体预埋方案。用经纬仪放出螺栓组控制线,用水准仪测出标高,再根据已顶升的钢结构底座螺栓孔进行校核,准确无误后固定。整个过程设专人跟踪检查,随时纠正、调整位移偏差。

②钢结构降落时,分组对称进行,每次四根梁同时下放,依次进行,依次降落高度不大于 30 mm。将多个截面均匀、厚度为 30 mm 的硬木块放在槽钢上,木楔顶部距支座底约 30 mm。每次支座降落时撤掉一个木块,使降落高度控制在 30 mm,依次将每个支座均匀降落 30 mm 后,再进行下一轮降落循环。严格控制在结构允许范围内。降落操作,每次下降 10 mm 进行一次同步校测。

(5)同步性控制

同步性控制按下列要求进行。

①通过合理布置油路,采用一套控制系统。

②制定详细的作业岗位配置计划,岗位操作细则,作业监督工作标准、交接班验证制度、情况报告程序预案等。

③对关键岗位人员进行筛选和特别谈话,就施工方法,质量要求,安全措施要求,进行了集中讲解和交底。

④对各工种工作的人员进行操作细则交底、研讨,工作前进行了作业流程的模拟配合训练。钢结构整体降落过程,见图 7 - 21。

图 7 - 21　钢结构整体降落安装过程

7.2.6 大型储罐整体安装技术

7.2.6.1 大型储罐类型及其特点

随着现代工业的发展,储罐工程有过去几十立方的小型油罐发展到几百、几千立方的中大型油罐,直至几万立方的特大型油罐。又见图7-6~7-8。油罐是工业罐类的一种,它的载重越来越大,密性要求高,保温要求严。因此,制作工艺复杂。从事大型储油罐整体安装企业拥有专业的技术人员、施工经验丰富的工程队、自动化设备。严格按照国家容器标准制造。能进行产品开发并专业生产各种压力容器和制造金属结构工程。储罐按其制造材质可分为金属罐和非金属罐。在化工、石油化工和石油等工业中储存液化气以外的原料油主要采用金属储罐,即金属油罐。金属油罐可根据油品、用途、大小、所处位置、几何形状和不同结构形式等几方面来划分。

(1)按油品分类可分为原油储罐、燃油储罐、润滑油罐、食用油罐、消防水罐等。

(2)按用途分类可分为生产油罐、存储油罐等。

(3)按大小分类可分为100 m³以下的为小型储罐,多为卧式储罐;100 m³以上为中型储罐,根据需要可以为卧式也可以为立式储罐;1 000 m³以上为大型储罐,多为立式储罐;10 000 m³以上为特大型储罐,一般为立式储罐。

(4)按油罐所处位置划分可分为地上油罐、半地下油罐和地下油罐三种。

①地上油罐指油罐的罐底位于设计标高±±0.00及其以上;罐底在设计标高±0.00以下但不超过油罐高度的1/2,也称为地上油罐。

②半地下油罐是指油罐埋入地下深于其高度的1/2,而且油罐的液位的最大高度不超过设计标高±0.00以上0.2 m。

③地下油罐指罐内液位处于设计标高±0.00以下0.2 m的油罐。

(5)按油罐的几何形状可划分为:①立式圆柱形罐;②卧式圆柱形罐;③球形罐。

(6)按油罐的不同结构形式划分可分为:固定顶储罐、无力矩顶储罐、浮顶储罐和套顶储罐。

①固定顶储罐　固定顶储罐又可分为锥顶储罐、拱顶储罐、自支撑伞形储罐。

②无力矩顶储罐(悬链式无力矩储罐)　无力矩顶储罐是根据悬链线理论,用薄钢板制造的。其顶板纵断面呈悬链曲线状。由于这种形状的罐顶板只受拉力作用而不产生弯矩,所以称为无力矩顶油罐。

③浮顶储罐　浮顶储罐分为浮顶储罐、内浮顶储罐(带盖内浮顶储罐)。

a.浮顶储罐。浮顶储罐的浮顶是一个漂浮在储液表面上的浮动顶盖,随着储液的输入输出而上下浮动,浮顶与罐壁之间有一个环形空间,这个环形空间有一个密封装置,使罐内液体在顶盖上下浮动时与大气隔绝,从而大大减少了储液在储存过程中的蒸发损失。采用浮顶罐储存油品时,可比固定顶罐减少油品损失80%左右。

b.内浮顶储罐。内浮顶储罐是带罐顶的浮顶罐,也是拱顶罐和浮顶罐相结合的新型储罐。内浮顶储罐的顶部是拱顶与浮顶的结合,外部为拱顶,内部为浮顶。

内浮顶储罐具有独特优点,一是与浮顶罐比较,因为有固定顶,能有效地防止风、砂、雨、雪或灰尘的侵入,绝对保证储液的质量。同时,内浮盘漂浮在液面上,使液体无蒸汽空间,减少蒸发损失85%~96%;减少空气污染,减少着火爆炸危险,易于保证储液质量,特别适合于储存高级汽油和喷气燃料及有毒的石油化工产品;由于液面上没有气体空间,故减少罐壁罐顶的腐蚀，从而延长储罐的使用寿命。二是在密封相同情况下，与浮顶相比可以进一步降低蒸发损耗。内浮顶储罐的缺点：与拱顶罐相比，钢板耗量比较多，施工要求高；与浮顶罐相比，维修不便（密封结构），储罐不易大型化，目前一般不超过 10 000 m^3。

7.2.6.2　大型储油罐制作安装工艺及方法

国内外大型储罐的施工方法主要有正装法、倒装法。其中倒装法又分为水浮倒装法、抱杆倒装法、气顶倒装法、液压提升倒装法以及机械提升倒装法等。

(1)水浮正装法，是适用于大容量的浮船式金属储罐的施工，它是利用水的浮力和浮船罐顶结构的特点，给罐体组装提供方便。

(2)顺装法，顺装法与倒装法相反，自下而上一层层的拼装。

(3)液压顶升法（机械倒装法），是倒装法的一种形式。

(4)抱杆倒装法，同正装法相反，从上到下进行安装；

(5)械正装法，将罐壁预先制成的整幅钢板沿罐体设计的圆弧线展开，一边展开，一边焊接，自上而下一层层的拼装。

(6)充气升顶法，它是罐壁倒装法的另一种形式，它是利用鼓风机向罐内送入压缩风所产生的浮力顶上部罐体，罐壁有多层板组装而成，组装顺序与液压倒装顶升法相同。

7.2.6.3　油罐常用施工方法的比较

(1)一般来说，正装法适用于任何形式的储罐施工，但由于其脚手架工作量大，消耗材料多，高空作业多，施工效率低，除非是很特殊的情况，已很少采用。

正装法是将罐壁预先制成弧形板，它是整幅钢板沿罐体设计的圆弧线展开的，一边安装弧形板，一边焊接连接缝。组装顺序是：底板→第一层罐壁→第二层罐壁→……→最顶层罐壁→罐顶安装→附件安装→水压试验。

(2)倒装法的主要优点是减少了高空作业的工作量，从而节约脚手架材料，减少了高空作业，也使工作效率提高，但各种倒装法也各有优缺点。

①水浮倒装法一般适用于外浮顶罐，此法是最早施工方法，目前很少采用。

②机械提升倒装法一般采用手拉葫芦提升，体积在 1 000 m^3 左右的油罐也有采用立中心柱用卷扬机提升的，因受提升质量和手工操作不均匀性的限制，一般仅适用于 5 000 m^3 以下的储罐施工。

③气顶倒装法施工机械简单，相对来说施工费用较低，但由于受其风机的风压限制，一般 5 000 m^3 以下的储罐的施工，不宜采用气顶倒装法。从理论上说，储罐体积越大，其单位面积分布的质量就越小，采用气顶倒装法施工应该越容易，但由于气顶时其顶升速度需要人工控制，各方向的偏差需要人工调节，储罐越大，需要参与调节的人手越多，互相的配合越困难，施工危险性越大，因此，20 000 m^3 以上的储罐施工，也很少采用气顶倒装法。

④液压提升倒装法介于几种施工方法之间，其特点一是适应范围广，理论上可适用于任意大小的储罐，二是操作控制简单、可靠、危险性小，因此已经越来越多地被采用，其主要缺点是目前成套设备价格较贵，设备购置一次性投入较大。

7.2.6.4　特大型立柱式原油罐手拉葫芦倒装法安装工艺

随着现代工业的发展，大型或特大型油罐越来越多，万吨级以上的油罐大多采用浮顶结构形式。其施工方法多采用倒装法工艺，倒装法又以传统的手拉葫芦倒装法安装工艺最为经济、便捷。

【工程案例】 长江某港口石油化工码头扩建工程——Q9 油罐工程

（1）概况

该油罐为 50 000 m³ 的浮顶立柱式原油罐，罐底板直径为 60 200 mm，由中幅板和边缘板组成。中幅板为 Q235 钢，板厚 10 mm，边缘板厚为 Q345 钢，板厚为 14 mm，罐壁高度为 19 483 mm，由包边角钢和 11 层壁板组成，由上至下分别是 L100 × 100 × 10 角钢、三层 Q235δ10，一层 δ12、δ14、δ16、δ20、δ24、δ28、δ30、δ32。该工程油罐浮顶直径 59.6 m，它是由环形浮船和中央单盘板组成，浮船外侧高 900 mm，内侧高 600 mm，宽 4 400 mm。

（2）制作方案

①罐底板的预制与安装，在现场进行。

②罐壁板的预制分两部分，大厚板在厂内加工滚圆，再运到现场；中厚板在现场预制安装。

③壁板安装采用内立柱手拉葫芦倒装法施工，方法是在罐底板上沿罐壁圆周均布 40 根边立柱，边立柱通过拉杆与中心立柱对称连接，每根边立柱上挂一个 20 t 的手拉葫芦，通过手拉葫芦上的吊钩与壁板内胀圈上的吊耳板连接，利用手拉葫芦导链按设计行程将壁板提升。从最上层开始，只到最下层也是最厚层提升完毕。

④浮顶制作安装是先制作浮顶浮船的浮箱，再将浮箱装到已做好的罐壁内，吊装成内圈整体浮船。再预制单盘板，单盘版拼装成整体后与内浮箱通过不等边角钢连接成整个浮顶，即浮盘。

7.2.6.5 大型储油罐液压倒装法安装工艺

（1）概述

倒装法是目前大型储罐安装施工的常用方法，其工艺及配套设备有很多种，但其中最先进、最可靠、最具生命力的当数倒装法液压提升技术。储罐步进液压提升装置为国内首创，大型储罐倒装法用液压提升装置及工艺具有国际先进水平。该技术 1994 年被列为建设部科技成果重点推广项目；1995 年又列为国家级科技成果重点推广项目。通过多年的推广应用已形成了"大型储罐倒装法液压提升成套技术"的施工技术。

大型储罐倒装法（或钢桅杆、通信塔和钢尖塔等）用液压提升施工成套技术是以 SQD—160—100s.f 松卡式千斤顶（承载力 16 t，液压行程 100 mm）为主体，配以不同型号的液压泵站和液压管路系统等配件，组成大型储罐（或钢桅杆、通信塔和钢尖塔等）液压提升施工成套设备，可适用于大型储罐（拱顶罐、浮顶罐和内浮顶罐、钢桅杆、通讯塔和钢尖塔等）的提升施工。

（2）液压提升原理

利用液压提升装置（成套设备）均布于储罐内壁圆周处，先提升罐顶及罐体的上层（第一层）壁板，然后逐层组焊罐体的壁板。采用自锁式液压千斤顶和提升架、提升杆组成的液压提升机，当液压千斤顶进油时，通过其上卡头卡紧并举起提升杆和胀圈，从而带动罐体（包括罐顶）向上提升；当千斤顶回油时，其上卡头随活塞杆回程，此时其下卡头自动卡紧提升杆不会下滑，千斤顶如此反复运动使提升杆带着罐体不断上升，直到预定的高度（空出下一层板的高度）。当下一层壁板对接组焊后，打开液压千斤顶的上、下松卡装置，松开上下卡头将提升杆以及胀圈下降到下一层壁板下部胀紧、焊好传力筋板，再进行提升。如此反复，使已组焊好的罐体上升，直到最后一层壁板组焊完成，从而将整个储罐安装完毕。

（3）液压提升特点

采用倒装法液压提升施工大型储罐具有以下特点。

①液压提升平稳、安全、可靠。由于采用液压统一控制，并且可以进行单个或局部（几个）的调整，因而整个提升过程比较平稳。松卡式千斤顶自身的结构特点，决定了其自锁性良好，不会因停电而造成罐体或重物下滑或下坠，液压提升过程安全可靠。

②施工质量有保证。因松卡式千斤顶具有可调（微降）功能，提升高度可以较精确地控制。由于上述原因，因而罐体的焊接质量有保证。

③设备便于操作，施工环境好，工效高。

④设备的适应性强。该成套设备只要增减液压提升机（即松卡式千斤顶、提升架、提升杆等）的数量就可适用于几千立方米到几万立方米的不同容积的大型储罐（或钢桅杆、通信塔和钢尖塔等）的液压提升施工。

液压泵站可根据实际工况，设置在合理位置。对于大型储罐而言，液压泵站可置于罐体内，也可置于罐外或两个罐体中间（当两台罐体安装由一台泵站控制制时）进行施工控制。液压泵站分手动和自控两种，其施工适应性强、技术性能价格比优良的特点十分明显。

⑤工期短、成本低、经济效益好。由于成套设备的现代化程度高，提升速度快，因而施工成本低，经济效益好。

该项技术确实具有方便集中控制、操作简便、安全可靠（不下坠）、精确控制焊缝间隙和重物提升杆高度的优点，可确保工程质量，同时可以节省劳动力、降低成本，经济效益显著。

（4）液压提升装置（成套设备）

液压提升成套设备由以下三部分组成。

① BY160 型液压提升机：由 SQD—160—100s.f 松卡式千斤顶、提升架和提升杆（Φ32 圆钢）组成。

②液压控制系统：由液压控制柜（泵站）、高压胶管总成和液压系统配件组成。

③胀圈或必要的配件（可由施工单位自制）：胀圈、传力板、手压千斤顶等。

目前生产的 BY160 型液压提升机主要技术性能指标：

额定起质量：160 kN；

提升高度：2 m（其他另定）；

提升下滑量：小于 3 mm；

外形尺寸：510 mm × 370 mm × 3 520 mm。

7.2.6.6　大型天然气球罐现场安装的技术

（1）概述

目前我国在北京、上海、西安和重庆等人口密集型城市已建设天然气球罐约 40 座，容积从 3 000 m^3 至 10 000 m^3，见表 7 - 1。天然气球罐的设计压力一般为 1.0 ~ 1.6 MPa，工作温度为环境温度。由于我国城市人口密集，具有用气量大和不均衡的用气特点，球罐的最大工作压力和最小工作压力相差较大，球罐的容积较大，因此安装精度要求较高，通常不做焊后热处理。因此，科学地进行现场安装是球罐质量的重要保证。

表7-1　我国主要城市天然气球罐

城市名称	单台几何容积/m³	数量/座	制造国
北京	10 000	2	日本
	10 000	10	法国
重庆	10 000	2	日本
西安	10 000	4	法国
成都	5 000	3	法国
天津	5 000	5	日本
宝鸡	5 000	4	意大利
上海	3500	10	日本

(2)球罐的结构与材料

①标准规范和技术文件

a.法国《非直接火压力容器建造规范》CODAP—95;

b.美国 ASTM;

c.欧洲标准 BS;

d.设计图纸;

e.《现场吊装、焊接、安全手册》。

②结构特点与技术参数

球罐采用五带混合式结构,其中上极带 7 块、上温带 26 块、赤道带 28 块、下温带 26 块、下极带 7 块,总共 94 块球壳板。14 根支柱的分布形式为赤道正切,分上支柱和下支柱 2 段。上支柱、人孔和工艺接管均在法国工厂进行了焊接和后热处理,而上、下支柱的对接和组焊在现场进行。球壳板的宽度约 3 m,长度为 8 ~ 10 m。最大的球壳板是赤道板,尺寸为 10 458.1 mm × 2 997.6 mm。由于球壳板的尺寸大、数量少,焊缝相应减少,每台球罐的焊缝长度为 1 085 m,这样使焊接、无损检测的工作量相应减少,提高了球罐整体的安全性。球罐的主要技术参数见表 7 - 2。

表7-2　天然气球罐的主要技术参数

设计规范	CODAP - 95	设计温度/℃		最大值	+44
容器类别	A 类			最小值	-21
结构形式	五带混合式	名义厚度/mm			35/36/37
支柱根数	14	腐蚀余量/mm			2
几何容积/ m³	10 000	材料	板材		SA537CL. 1
总质量/t	805				
焊缝长度/m	1 085		锻件		A52FP
设计压力/MPa	1.05				
工作压力/MPa	0.25 ~ 0.95		焊条		E7018G
气压试验压力/MPa	1.21				

③球壳板材料和焊接材料

a.球壳板材料

球壳板为直接受压元件,质量比例占 90%。球壳板必须采用压力容器专用钢板,不能使用普通结构钢,必须执行相应的压力容器钢板的技术要求。该 4 台 10 000 m³ 天然气球罐球壳板的材料是 SA537CL.1 mod,在美国 ASTM 标准中钢号 SA537CL.1 的基础上,提高了屈服强度的下限,碳当量(Ceq)为 0.39 ~ 0.42。该材料为正火状态,具有较好的强度和低温冲击韧性。低温冲击试验温度为 −55 ℃,焊后不需要进行整体热处理。

b.焊接材料

球罐的焊接采用手工焊条电弧焊,焊条均从法国进口。焊条牌号是 E7018,规格为 $\phi3.2,\phi4.0,\phi5.0$。药皮类型为铁粉低氢钾型,熔敷率较高,适合全位置焊接,电流种类为直流反接,用于球壳板点焊、对接焊、辅助焊接、焊缝返修、局部修补等。

(2)现场安装

①球罐的拼装方法

a.分片组装法 其优点是施工准备工作量少,组装速度快,组装应力小,而且组装精度易于掌握,不需要很大的吊装机械,也不需要太大的场地。缺点是高空作业量大、需要相当数量的夹具。全位置焊接技术要求高,而且施焊条件差,劳动强度大。

b.拼大片组装法 由于在地面上进行组装焊接,减少了高空作业,并可以采用自动焊进行焊接,从而提高了焊接质量。

c.环带组装法 各环带纵缝的组装精度高,组装的约束力小,减少了高空作业和全位置焊接,施工进度快,提高了工效。同时也减少了不安全因素,并能保证纵缝的焊接质量。环带组装法一般适用于中、小型罐的安装。

d.拼半环组装法 该法高空作业少,安装速度快,但需用吊装能力较大的起重机械等,故仅适用于中、小型球罐的安装。

e.分带分片混合组装法 该法适用于中、小型球罐的安装。在施工中较常用的是分片组装法和环带组装法。

②球壳板和零部件的验收

部分球壳板和零部件在工厂制造完成后,海运至港口码头,再用汽车陆运至施工现场,建设方、供货方、安装方共同按照图纸并参照 GB 50094 进行验收。

a.球壳板几何尺寸检查

由于球壳板较大,外方也没有提供胎具,如果按照中国标准测量球壳板弦长,则很难判断出实际的几何尺寸,因此选择测量球壳板四边和对角线的弧长。经过测量发现部分球壳板的尺寸超差,见表 7 − 3、表 7 − 4,4 台球罐分别称为 A,D,C,D 球罐,经过现场共同测量和技术谈判,外国公司承认此问题并做出承诺和赔偿。

b.球壳板测厚

安装单位对每张球壳板抽 5 个点进行测厚,经统计实测值都略大于图纸要求厚度,全部合格。

③球壳板无损检测

安装单位对每张球壳板进行了超声波检测,对坡口进行了渗透检测抽查,未发现白点、裂纹和其他超标缺陷。

表7-3 A,B球罐球壳板几何尺寸的检查结果

项目	A球罐			B球罐		
	尺寸超标板数	最大超差/mm	合格率/%	尺寸超标板数	最大超差/mm	合格率/%
赤道带	0	±3	100	0	±3	100
上温带						
下温带						
上极带						
下极带						

表7-4 C,D球罐球壳板几何尺寸检查结果

项目	C球罐			D球罐		
	尺寸超标板数	最大超差/mm	合格率/%	尺寸超标板数	最大超差/mm	合格率/%
赤道带	11	-9.1		10	-5.1	
上温带	10	-6.6		9	-4.6	
下温带	23	-8.7	58.8	12	-6.6	41.5
上极带	4	-7.3		3	+10.9	
下极带	7	-7.3		5	+8.9	

（3）球罐的组装

组装是球罐安装的重要环节,大型非后热处理球罐的组装工艺和组装精度是保证球罐质量的重要前提。要从工艺设计上考虑到避免应力组装或强行组装,降低焊接残余应力。10 000 m³ 球罐采用分片散装法组装工艺。采用50 t和100 t的2台吊车对称吊装球壳板,中心柱用斜拉的钢丝绳固定在球罐基础上,用于固定赤道板、温带板和极带板。首先吊下段支柱并初测垂直度,再吊装赤道带,以后依次是下温带、下极带(不装中心板)、上温带和上极带。

（4）球罐的焊接

采用手工焊条电弧焊接,焊接工艺依据外方提供的焊接工艺评定试验报告制定。在现场技术人员的指导下,由2家施工单位选择有经验的焊工按照提供的焊接工艺在法方提供的WPQ试板上施焊,重新进行了焊接工艺评定,分为立焊、横焊、平角仰焊、角焊4种,编写了焊接工艺指导书。

①焊接工艺参数

现场焊接工艺指导书中的焊接工艺体现了较小线能量输入的设计指导思想,目的是为了保证较好的低温冲击韧性和较小的焊接残余应力,具体参数见表7-5。

表7-5　焊接工艺参数

工艺参数	立焊		横焊		平角仰焊		
焊条直径/mm	3.2	4.0	3.2	4.0	3.2	4.0	5.0
焊接电流/A	121~128	150~155	100~155	135~160	112~120	140~180	200~215
焊接电压/V	20~21	20~21	20~22	20~22	20~22	20~21	21~22
焊接速度 /(cm·min^{-1})	4.41~3.1	6.0~8.3	5.0~5.7	12.4~26.7	5.5~13.2	8.8~21.4	9.8~34.8
线能量 /(kJ·cm^{-1})	11.6~36.7	19.5~37.0	21.0~24.3	17.0~17.7	11.0~27.7	7.3~20.8	7.7~30.5
预热温度/℃	125±25						
层间温度/℃	≤250						

②坡口形式

根据法国 CODAP 标准,球罐的坡口为 X 型,尺寸见图 7-22。上大环缝以上的球罐内口为大坡口,球罐外口为小坡口;上大环缝以下的球罐内口为小坡口,球罐外口为大坡口。

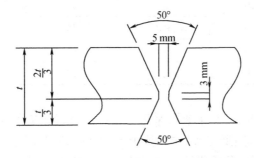

图7-22　球罐焊接坡口形式

③施焊顺序与要点

合理的施焊顺序可以减小焊接应力,使之均匀分布,能有效控制焊接变形,能防止或延迟裂纹或冷裂纹的产生。球罐的施焊顺序的原则为"先点焊后焊接,先大坡口后小坡口,先纵缝后横缝"。施焊要点如下。

a.点焊

点焊采用与球壳板相同的焊接工艺。使用法国提供的 E7018—G 手工电弧焊条。点焊的焊缝长度不小于 100 mm,点焊间距为 400 mm,在焊缝坡口的小坡口(气刨面)侧进行。

b.预热

预热温度为 100~150 ℃,预热范围为焊缝两侧 150 mm。

c.层间温度

层间温度要求不高于 250 ℃,不低于预热温度。

d.焊接顺序

按照先纵缝后横缝的焊接顺序进行施焊。纵缝施焊时先焊接赤道带纵缝,再焊接上、下温带纵缝,最后焊接上下极带纵缝:横缝施焊时先焊接赤道带大环缝,再焊接上、下温带小环缝,最后对上、下极带环缝进行焊接。焊接时都采用分段退焊法进行焊接。

e. 焊工分布

球罐赤道带由 28 块球壳板组成,纵缝共有 28 条。上、下温带各由 26 块球壳板组成,纵缝各有 26 条。在施工第 1 台球罐时,施工单位安排了 28 名焊工对赤道带纵缝进行同时对称焊接,发现比较难管理,控制焊接参数也困难。后来按照焊缝总数的一半安排焊工,进行同时对称焊接,效果很理想,焊接变形也得到了较好的控制。

(5)焊接结果

①焊接一次合格率　由于严格控制了焊接环节,对焊接材料进行了严格管理,对焊接输入线能量进行了严格控制,成功地执行了焊接工艺指导书,4 台球罐的焊接一次合格率平均为 98%。

②焊后几何尺寸　球罐组装焊接完成后,根据 CODAP 标准和图纸对球罐的角变形、错边量、椭圆度、支柱垂直度进行了严格检查,结果见表 7-6。

表 7-6　焊后几何尺寸检查结果

项目	角变形/mm	错边量/mm	椭圆度/mm	支柱垂直度最大值/mm
CODAP	≤10	≤3	≤80	≤30.8
球罐 A	≤10	≤3	36	15.0
球罐 B	≤10	≤3	35	10.0
球罐 C	≤10	≤3	13	27.0
球罐 D	≤10	≤3	10	28.0

根据《现场吊装、焊接、安全手册》,采用 1.5 m 的样板测量角变形,允许公差为 8 mm。焊后测量发现多处超出该允许公差,主要位于上、下极和环缝,个别带的纵缝也有超出该允许公差的情况。经过谈判,参照我国标准 GB50094 采用 1 m 样板对超标部位重新测量,角变形都不超过 10 mm,予以接受。

(6)气压试验

根据外方提供的《现场吊装、焊接、安全手册》,进行气压试验,缓慢升压,分 5 个阶段进行停压检查。当达到 1.21 MPa 时,先保压 30 min,然后降至 1.16 MPa,对球罐全部对接焊缝、密封面进行检查,无异常变形,无泄漏,无异常响声。升压曲线见图 7-23。

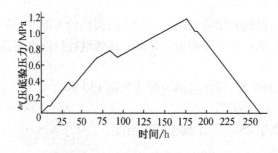

图 7-23　球罐气压试验的升压曲线

气压试验结束后,对所有焊缝的内外表面进行磁粉检查时,发现原厂加工的支柱顶部盖板与壳板焊接的角焊缝上出现了断续纵向表面裂纹,经过分析是法方设计存在问题。虽然支柱顶部盖板是非受压部分,但在原设计时未考虑到采用圆滑的曲线来缓解和减小局部应力,造成了较大的局部应力集中。之后确定了处理方案,彻底打磨掉连接的角焊缝,外在顶部盖板上开 T 字槽,以消除该处的应力,再进行封堵和玻璃钢整体密封。建设方对处理方案给予认可并做出赔偿。

球罐安装工艺采用分片吊装整体调整的方法,先不焊接上下两段支柱,以赤道带为基础对各带依次吊装组装成整球,壳板之间用夹具锁住。调整各项几何尺寸符合规范后再点焊定位,全球罐焊完时在球罐焊缝充分收缩后,再调整上下两段支柱符合规范并焊接。这种安装工艺目的是尽量避免应力集中,降低了焊接残余应力,使焊缝得到了充分的自由收缩。由于在纵缝焊完后才调整点焊环焊缝,环焊缝和上、下极的角变形和错边较难控制。

球罐的焊接采用直流反接手工焊条电弧焊,焊条均从外国进口,属于碱性焊条,熔敷率较高,飞溅少。施焊时,按照先纵缝后横缝的顺序进行对称退步焊,严格控制焊接电流和焊接速度,保证了较小线能量的输入,4 台球罐的焊接一次合格率较高。

7.2.7 船舶结构整体吊装技术

近年来,我国船舶建造设施工能力、规模得到大幅提高,技术水平也大幅提高。要高质量、高效率按期完成新船建造任务,缩短造船周期,必须依靠新工艺、新技术。而上层建筑整体吊装技术的运用,则可以大大缩短造船周期,降低造船成本。通常上层建筑由 5~6 层甲板及内外围壁构成,每一层甲板及其下围壁组成 1 个或 2 个分段,再加上烟囱等分段,共计有 9~12 个分段。传统造船是以分段建造为主,将各个分段分别吊装到船台大合拢。船台周期较长,同时船尾所在的船台局部承压大,船舶下水后再进行舾装、内装. 上层建筑中包含较多的舾装、管装和电装件,生活设施多、居住舱室内装修时间长,码头舾装时间长。

上层建筑整体吊装是将船体主甲板以上的上层建筑部分作为一个区域,先行在陆地上(搭载平台)进行分段合拢,形成一个大的总体区域,同时进行预舾装(设备进舱、管道和电缆铺设、内装和涂装等)作业,待上层建筑区域舾装结束后,进行水上吊装与主船体合拢,实现缩短船台周期,特别是码头舾装周期,从而缩短造船总周期. 一般来说,上层建筑整体吊装可以缩短造船周期 1 个多月的时间,大大提高了劳动生产率,降低造船成本。因此对上层建筑实施整体吊装水上合拢,对提高船台效率和缩短码头周期以及改善作业条件具有重要意义。要实行上层建筑整体吊装,必须考虑以下几个方面因素:上层建筑外形尺寸、质量、重心位置;结构强度、刚度;工厂设备的吊运能力;快速定位装置;安全可靠性等。根据现有浮吊的起重能力和上层建筑整体质量、重心进行分析,对上层建筑实现整体吊装并成功进行水上合拢。

【工程实例】 ——53 000DWT 散货船上层建筑整体吊装工艺设计

7.2.7.1 上层建筑基本情况

(1)上层建筑整体吊装范围

53 000 DWT 散货船上层建筑共有 7 层甲板,自下而上分别是第 1 居住甲板、第 2 居住甲板、第 3 居住甲板、第 4 居住甲板、第 5 居住甲板、第 6 居住甲板(驾驶甲板)和罗经甲板。此次吊装范围包括以上 7 层结构和烟囱。整个上层建筑长约 16.0 m,宽约 32.3 m,高约 20.0 m,上层建筑主体尺寸见图 7-24。

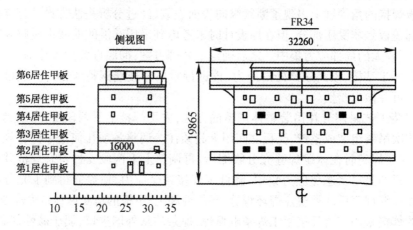

图 7 - 24　上层建筑主体尺寸

（2）上层建筑整体吊装技术方案

53 000DWT 散货船上层建筑整体吊装总质量约为 670 t，整体吊装选用 1 000 t 浮吊，吊高 75.1 m，扒幅 26.1 m，采取侧吊方式，大致估算具备上层建筑整体吊装的硬件能力。实施整体吊装方案所涉及的技术问题重点在于上层建筑结构强度校核、吊耳设计、布置、吊耳所在位置局部结构加强、索具选取及吊装方案设计等方面。

①吊耳设计

吊耳的设计需要计算起吊物件重心位置，确定吊耳位置。吊耳设计与布置见图 7 - 25。根据起吊物的质量，确定吊耳的结构及强度。上层建筑整体吊装的总质量、重心可根据规范逐项累计算出，由此确定吊耳位置及结构形式和局部加强措施。

a. 吊耳位置

吊耳为保证起吊过程中上层建筑整体受力平衡，根据浮吊情况，并确保吊耳受力能在上层建筑结构中由主要围壁板、纵桁及横隔板传递，防止薄弱部位变形，吊耳布置在驾驶甲板两侧、距舯 12 000 外围壁板正上方，共设 4 个吊耳组，其下有纵桁及横隔板、肘板加强，左右舷对称布置，吊点位置为 FR21（艉吊耳）、FR32（艏吊耳）处，保证吊钩受力与重心在同一直线上。吊耳布置见图 7 - 25 中左侧图示。

b. 吊耳结构

吊耳结构根据起吊受力情况进行设计，吊耳板厚 22 mm，内外各加一块腹板（厚16 mm）加强，每个吊耳组有 4 个吊孔。艏、艉吊耳的结构分别见图 7 - 25 中右边艏吊耳图和艉吊耳图所示。

c. 吊耳强度计算

起吊时，吊耳承受拉力，而吊耳与上层建筑间由焊缝传递力，吊耳受力最恶劣部位在吊钩位置与焊缝位置。吊钩位置受拉伸和挤压，设计中以抗拉伸应力进行计算，而以挤压应力作为校核，由此计算出吊钩处板厚。吊耳受力经焊缝传递给上层建筑结构，焊缝处受拉伸应力，由吊耳受力计算板的厚度，根据板厚可计算焊脚高度。再根据焊缝的抗拉强度计算焊缝长度，布置焊缝。

②上层建筑结构强度校核

上层建筑整体结构强度校核,在整体吊装时是最核心也是最复杂的部分,由于安装吊耳的部位承受整个上层建筑总体质量,如果该部位强度不够,则会产生局部屈服,导致塑性变形,严重情况下会出现撕裂;同时,对上层建筑整体而言,吊耳部位拉力向上,而上层建筑重力方向向下,使结构产生附加弯矩,弯矩超过结构所能承受的负荷时,结构会产生弯曲变形,严重时,弯矩产生的塑性变形无法恢复;此外,结构的弯曲变形会造成内部部分相对薄弱部位产生破坏等。

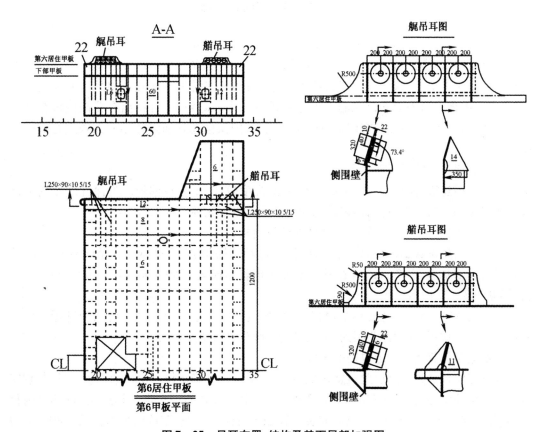

图 7-25　吊耳布置、结构及其下局部加强图

因此,吊装时对上层建筑结构的强度校核关键在于加强吊耳部位强度,以防撕裂和控制结构变形两个方面。上层建筑吊装过程主要考虑受静力作用,为简化计算过程,忽略门洞等影响,将各下层甲板、内部舱壁等视为隔板,且以最不利载荷状况计算,有利于吊装过程的安全设计。其中,吊耳部位承受集中载荷,可直接进行静力受力分析计算,然后据此进行吊耳部位结构强度设计及焊缝长度设计。而对上层建筑其他部位在吊装过程中受力变形较复杂的情况,可上层建筑建立简化的有限元模型,采用 PLAN42 进行网格划分,将结构质量转化为均布载荷加载于箱形结构上,然后进行有限元静力求解。为清楚显示图形,截取吊耳所在甲板(第 6 甲板)的变形情况,见图 7-26 所示,可以看出,由于吊耳位置向上受力产生的垂直向上的变形与由重力作用向下方向的变形。

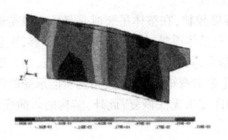

图 7 – 26   第 6 甲板变形幅度

分析表明上层建筑由于吊装引起的大部分结构相对变形不大,不会破坏内装,有限元计算结果表明结构强度满足要求。各层甲板及围壁上的应力分布以及吊耳附近围壁上和驾驶甲板上应力最大,越往下层甲板应力越小,局部区域需进行加强。如吊耳所在局部区域、最下层甲板下的围壁下口靠船中附近需进行加强。此外,还可得出有孔洞位置存在应力集中情况,但各层水密门、窗门自身的金属门框,因窗框起到加强作用而无须进行额外的加固。

③上层建筑结构局部加强

根据上层建筑有限元分析结果,围擘板的强度较弱,甲板板偏薄。为保证吊点的力能很好地传递到下层甲板,对结构采取的加强措施有以下几种。

a. 吊耳加强。在吊耳内外两侧各增加防倾肘板;

b. 吊耳所处位置结构加强。吊耳所处位置的外围壁增厚至 22 mm,并延伸至下层甲板;驾驶甲板局部加厚至 12 mm,且在其下增加纵桁材和横梁 L250 × 90 × 10 – 5/15 和横向肘板,详见图 7 – 25 所示。

c. 上层建筑围壁最下口(自由边)四周用槽钢加强。通过对加固后的结构进行有限元分析,其变形可控制在弹性范围内,证实结构加强设计理论上可行。

④快速定位装置——定位销的布置

设置定位销是为了上层建筑整体能与主船体快速、准确定位。定位销设置 3 只,分别安装在主甲板的中心线上、左右舷 FF 有 2 处,其中中心线处的一只定位销最高,较其他两只分别高出 200 mm 和 100 mm。具体安装位置如图,见图 7 – 27,定位销采用直径为 80 mm 的圆钢制成;定位耳板的孔为直径 85 mm,安装在上层建筑下部外围壁上。安装时确保定位耳板中心与定位销中心位置一致,使上层建筑能准确、快速定位。

⑤索具配置与布置校核

计算出主、副索具许用载荷、长度,配备相应的索具. 检查连接卸扣情况,检查其许用载荷是否在设计范围内。主索:利用 1 000 t 浮吊原有的索具,21 m,4 根,单根许用载荷不小于 200 t. 副索 1:20 m,4 根,单根许用载荷不小于 120 t;副索 2:20 m,4 根,单根许用载荷不小于 52 t。校核吊点位置和索具布置,驾驶室和索具之间有足够的空间,索具不会与驾驶室刮擦。校核吊具和吊高位置,如图 7 – 28 所示。侧吊时,浮吊吊高上限为 75.1 m,浮吊船头距离舷侧有足够的空间;按下水后船尾吃水 3.5 m 计算,以及浮吊起吊 670 t 物件时的工况,浮吊基本保持平衡,考虑到第 1 层甲板下管子设备等已经预装到位,此时整吊物件下口距离主甲板有足够的富裕空间。

在综合考虑造船行业吊装运输能力、技术水平,在建造 53 000 DWT 系列散货船的过程

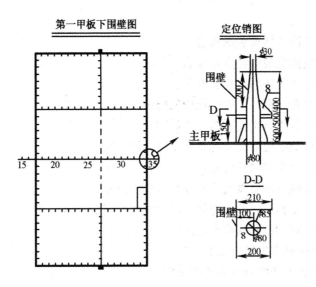

图7-27　定位销布置及结构图

中,在不断完善上层建筑分段设计、吊装工艺方案的同时,上层建筑整体吊装技术方案趋于成熟,最后成功地实现上层建筑整体吊装,大大缓解了船台紧张状况,同时缩短码头舾装周期近1个月的时间,为扩大造船总量赢得宝贵的时间。通过精心设计,吊装实践证明,上层建筑整体吊装工艺设计相当成功,取得圆满效果。通过生产实践,证明依靠新工艺或工艺技术创新所带来的巨大效益,该上层建筑整体吊装技术的运用,对后续船舶上层建筑整体吊装和其他船舶实施上层建筑整体吊装具有较强的指导和借鉴意义。

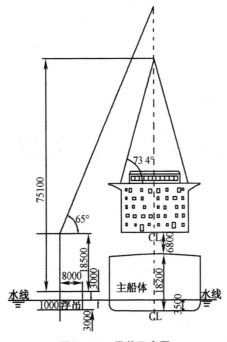

图7-28　吊装示意图

【思考题】

1. 简述大型钢结构整体安装的概念
2. 大型钢结构整体安装的特点是什么？
3. 大型钢结构整体安装的优点有哪些？
4. 简要说明大型独立钢柱结构广告牌的整体安装工艺要点。
5. 举例说明大型整体结构安装的工艺流程。
6. 简要说明大型钢结构的桅杆起重机整体安装工艺。
7. 简要说明超高层大型钢结构的自装施工技术。
8. 简要说明大型钢结构整体安装的计算机控制技术。
9. 简要说明大直径熟料顶圆台空间钢结构的整体安装技术。
10. 大型储罐有哪些类型,其特点如何？
11. 大型储油罐的制作安装方法有哪些？
12. 说明储罐安装方法的特点和适用范围。
13. 简要说明立柱式储油罐的手拉葫芦倒装法安装工艺。
14. 简要说明立柱式储油罐的液压控制倒装法安装工艺。
15. 简要说明大型天然气球罐现场安装工艺。
16. 简要说明大型船舶上层建筑整体吊装工艺。

【作业题】

1. 编写大型独立钢柱结构广告牌的整体安装工艺。
2. 编写 10 000 m² 储罐的现场安装方案(采用气体顶吹倒装法)。

附录1　单层钢结构安装施工工艺标准

1.适用范围

本工艺标准适用于单层钢结构的主体结构、檩条及墙架等次要构件、钢平台、钢梯、防护栏杆等安装工程。

2.施工准备

(1)材料

合格零部件、构件、连接材料、各种规格垫铁等其他材料。

(2)主要机具

吊装机械、吊装索具、电焊机、手持电砂轮、电钻、垫木、垫铁、扳手、撬棍、扭矩扳手、气焊、钢板尺、角尺、塞尺、锤子、钢丝刷等。

(3)作业条件

①按构件明细表,核对进场构件的数量,查验出厂合格证及有关技术资料。

②检查构件在装卸、运输及堆放中有无损坏或变形。损坏和变形的构件应予矫正或重新加工。被碰损的防锈涂料应补涂,并再次检查办理验收手续。

③对构件的外形几何尺寸、制孔、组装、焊接、摩擦面等进行检查,做出记录。

④钢结构构件应按安装顺序成套供应,现场堆放场地能满足现场拼装及顺序安装的需要。

⑤构件分类堆放,刚度较大的构件可以铺垫木水平堆放。多层叠放时垫木应在一条垂线上。

⑥编制钢结构安装施工组织设计,经审批后,进行技术交底。

⑦检查安装支座及预埋件,取得经总包确认合格的验收资料。

(4)作业人员:起重工、铆工、钳工、气焊、机械工等等。

3.操作工艺

(1)　工艺流程

(2)作业准备

①复验安装定位所用的轴线控制点和测量标高使用的水准点。

②放出标高控制线和屋架轴线的吊装辅助线。

③复验钢结构支座及支撑系统的预埋件,其轴线、标高、水平度、预埋螺栓位置及露出长度等,超出允许偏差时,应做好技术处理。

④检查吊装机械及吊具,按照施工组织设计的要求搭设脚手架或操作平台。

⑤吊装时,为防止构件变形、失稳,必要时应采取加固措施。

⑥测量用钢尺应与钢结构制造用的钢尺校对,并取得计量法定单位检定证明。

(3)主体钢结构吊装就位

①根据钢结构的重心和结构特点,选择合适吊装机械和吊点;检查无误后起吊。

②松开吊钩前初步校正;对准支座中心线或定位轴线就位,调整钢结构垂直度,并检查测向弯曲,并临时固定。

③同样方法吊装其他结构就位好后,可能的情况下利用已就位的结构校正固定,并安装部分连接构件,使主体结构形成一个具有空间刚度和稳定的整体。

(4)构件连接与固定

①构件安装采用焊接或螺栓连接的节点,需检查连接节点,合格后方能进行焊接或紧固。

②安装螺栓孔不允许用气割扩孔,永久性螺栓不得垫两个以上垫圈,螺栓外露丝扣长度不少于2~3扣。

③安装定位焊缝不需承受荷载时,焊缝厚度不少于设计焊缝厚度的2/3,且不大于8 mm,焊缝长度不宜小于25 mm,位置应在焊道内。安装焊缝全数外观检查,主要的焊缝应按设计要求用超声波探伤检查内在质量。上述检查均需做出记录。

④钢结构支座、支撑系统的构造做法需认真检查,必须符合设计要求,零配件不得遗漏。

4.质量标准

(1)基础和支撑面

①主控项目

a.建筑物的定位轴线、基础轴线和标高、地脚螺栓的规格及其紧固应符合设计要求。

检查数量:按柱基数抽查10%,且不应少于3个。

检验方法:用经纬仪、水准仪、全站仪和钢尺现场实测。

b.基础顶面直接作为柱的支撑面和基础顶面预埋钢板或支座作为柱的支撑面时,其支撑面、地脚螺栓(锚栓)位置的允许偏差应符合附录表1-1的规定。

检查数量:按柱基数抽查10%,且不应少于3个。

检验方法:用经纬仪、水准仪、全站仪、水平尺和钢尺实测。

c.采用坐浆垫板时,坐浆垫板的允许偏差应符合附录表1-2的规定。

附录表1-1 支撑面、地脚螺栓(锚栓)位置的允许偏差(mm)

项目		允许偏差
支撑面	标高	±3.0
	水平度	l/1000
地脚螺栓(锚栓)	螺栓中心偏移	5.0
预留孔中心偏移		10.0

附录表 1 - 2　坐浆垫板的允许偏差（mm）

项目	允许偏差
顶面标高	0.0, -3.0
水平度	L / 1000
位置	20.0

检查数量:资料全数检查。按柱基数抽查 10% ,且不应少于 3 个。

检验方法:用水准仪、全站仪、水平尺和钢尺现场实测。

d. 采用杯口基础时,杯口尺寸的允许偏差应符合附录表 1 - 3 的规定。

检查数量:按基础数抽查 10% ,且不应少于 4 处。

检验方法:观察及尺量检查。

附录表 1 - 3　杯口尺寸的允许偏差（mm）

项目	允许偏差
底面标高	0.0, -5.0
杯口深度 H	±5.0
杯口垂直度	H/100,且不应大于 10.0
位置	10.0

②一般项目:地脚螺栓(锚栓)尺寸的偏差应符合表附录表 1 - 4 的规定。地脚螺栓(锚栓)的螺纹应受到保护。

检查数量:按柱基数抽查 10% ,且不应少于 3 个。

附录表 1 - 4　地脚螺栓(锚栓)尺寸的允许偏差（mm）

项目	允许偏差
螺栓(锚栓)露出长度	+30.0, 0.0
螺纹长度	+30.0, 0.0

检验方法:用钢尺现场实测。

(2)安装和校正

①主控项目

a. 钢构件应符合设计要求和本规范的规定。运输、堆放和吊装等造成的钢构件变形及涂层脱落,应进行矫正和修补。

检查数量:按构件数抽查 10% ,且不应少于 3 个。

检验方法:用拉线、钢尺现场实测或观察。

b. 设计要求顶紧的节点,接触面不应少于 70% 紧贴,且边缘最大间隙不应大于 0. 8 mm。

检查数量:按节点数抽查 10% ,且不应少于 3 个。

检验方法：用钢尺及 0.3 mm 和 0.8 mm 厚的塞尺现场实测。

c.钢屋(托)架、桁架、梁及受压杆件的垂直度和侧向弯曲矢高的允许偏差应符合附录表 1-5 的规定。

附录表 1-5　钢屋(托)架、桁架、梁及受压杆件垂直度和侧向弯曲矢高的允许偏差（mm）

项目	允许偏差		图例
跨中的垂直度	h/250,且不应大于 15.0		
侧向弯曲矢高 f	l≤30 m	l/1000,且不应大于 10.0	
	30 m<l≤60 m	l/1000,且不应大于 30.0	
	l>60 m	l/1000,且不应大于 50.0	

检查数量：按同类构件数抽查 10%,且不应少于 3 个。

检验方法：用吊线、拉线、经纬仪和钢尺现场实测。

d.单层钢结构主体结构的整体垂直度和整体平面弯曲的允许偏差应符合附录表 1-6 的规定。

检查数量：对主要立面全部检查。对每个所检查的立面,除两列角柱外,尚应至少选取一列中间柱。

检验方法：采用经纬仪、全站仪等测量。

附录表 1-6　整体垂直度和整体平面弯曲的允许偏差（mm）

项目	允许偏差	图例
主体结构的整体垂直度	H/1000,且不应大于 25.0	
主体结构的整体平面弯曲	L/1500,且不应大于 25.0	

②一般项目

a. 钢柱等主要构件的中心线及标高基准点等标记应齐全。

检查数量:按同类构件数抽查10%,且不应少于3件。

检验方法:观察检查。

b. 当钢桁架(或梁)安装在混凝土柱上时,其支座中心对定位轴线的偏差不应大于10 mm;当采用大型混凝土屋面板时,钢桁架(或梁)间距的偏差不应大于10 mm。

检查数量:按同类构件数抽查10%,且不应少于3榀。

检验方法:用拉线和钢尺现场实测。

c. 钢柱安装的允许偏差应符合附录表1-7的规定。

检查数量:按钢柱数抽查10%,且不应少于3件。

检验方法:见附录表1-7。

d. 钢吊车梁或直接承受动力荷载的类似构件,其安装的允许偏差应符合表附录表1-8的规定。

检查数量:按钢吊车梁数抽查10%,且不应少于3榀。

检验方法:见附录表1-8。

附录表1-7 单层钢结构中柱子安装的允许偏差 (mm)

项目			允许偏差	图例	检验方法
柱脚底座中心线对定位轴线的偏移			5.0		用吊钱和钢尺检查
柱基准点标高	有吊车梁的柱		+3.0 -5.0		用水准仪检查
	无吊车梁的柱		+5.0 -8.0		
弯曲矢高			H/1200, 且不应大于15.0		用经纬仪或拉线和钢尺检查
柱轴线垂直度	单层柱	H≤10 m	H/1 000		用经纬仪或吊线和钢尺检查
		H>10 m	H/10 00, 且不应大于25.0		
	多节柱	单节柱	H/1 000, 且不应大于10.0		
		柱全高	35.0		

附录表 1-8 钢吊车梁安装的允许偏差（mm）

项目		允许偏差	图例	检验方法
梁的跨中垂直度 Δ		H/500		用吊线和钢尺检查
侧向弯曲矢高		l/1500，且不应大于 10.0		用拉线和钢尺检查
垂直上拱矢高		10.0		
两端支座中心位移 Δ	安装在钢柱上时，对牛腿中心的偏移	5.0		
	安装在混凝土柱上时，对定位轴线的偏移	5.0		
吊车梁支座加劲板中心与柱子承压加劲板中心的偏移 Δ1		t/2		用吊线和钢尺检查
同跨间内同一横截面吊车梁顶面高差 Δ	支座处	10.0		用经纬仪、水准仪和钢尺检查
	其他处	15.0		
同跨间内同一横截面下挂式吊车梁底面高差 Δ		10.0		
同列相邻两柱间吊车梁顶面高差 Δ		l/1500，且不应大于 10.0		用水准仪和钢尺检查
相邻两吊车梁接头部位 Δ	中心错位	3.0		用钢尺检查
	上承式顶面高差	1.0		
	下承式底面高差	1.0		
同跨间任一截面的吊车梁中心跨距 Δ		±10.0		用经纬仪和光电测距仪检查跨度小时，可用钢尺检查
轨道中心对吊车梁腹板轴线的偏移 Δ		t/2		用吊线和钢尺检查

e.檩条、墙架等次要构件安装的允许偏差应符合附录表1-9的规定。

检查数量:按同类构件数抽查10%,且不应少于3件。

检验方法:见附录表1-9。

f.钢平台、钢梯、栏杆安装应符合现行国家标准《固定式钢直梯》GB4053.1、《固定式钢斜梯》GB4053.2、《固定式防护栏杆》GB4053.3 和《固定式钢平台》GB4053.4 的规定。钢平台、钢梯和防护栏杆安装的允许偏差应符合附录表1-10的规定。

检查数量:按钢平台总数抽查10%,栏杆、钢梯按总长度各抽查10%,但钢平台不应少于1个,栏杆不应少于5 m,钢梯不应少于1跑。

检验方法:见附录表1-10。

附录表1-9　墙架、檩条等次要构件安装的允许偏差（mm）

项目		允许偏差	检验方法
墙架立柱	中心线对定位轴线的偏移	10.0	用钢尺检查
	垂直度	H/1000,且不应大于10.0	用经纬仪或吊线和钢尺查
	弯曲矢高	H/1000,且不应大于15.0	用经纬仪或吊线和钢尺检查
抗风桁架的垂直度		h/250,且不应大于15.0	用吊线和钢尺检查
檩条、墙梁的间距		±5.0	用钢尺检查
檩条的弯曲矢高		L/750,且不应大于12.0	用拉线和钢尺检查
墙梁的弯曲矢高		L/750,且不应大于10.0	用拉线和钢尺检查

注:H 为墙架立柱的高度;

　　2h 为抗风桁架的高度;

　　3L 为檩条或墙梁的长度。

附录表1-10　钢平台、钢梯和防护栏杆安装的允许偏差（mm）

项目	允许偏差	检验方法
平台高度	±15.0	用水准仪检查
平台梁水平度	l/1000,且不应大于20.0	用水准仪检查
平台支柱垂直度	H/1000,且不应大于15.0	用经纬仪或吊线和钢尺检查
承重平台梁侧向弯曲	l/1000,且不应大于10.0	用拉线和钢尺检查
承重平台梁垂直度	h/250,且不应大于15.0	用吊线和钢尺检查
直梯垂直度	l/1000,且不应大于15.0	用吊线和钢尺检查
栏杆高度	±15.0	用钢尺检查
栏杆立柱间距	±15.0	用钢尺检查

g.现场焊缝组对间隙的允许偏差应符合附录表1-11的规定。

检查数量:按同类节点数抽查10%,且不应少于3个。

检验方法:尺量检查。

附录表 1 – 11　现场焊缝组对间隙的允许偏差（mm）

项目	允许偏差
无垫板间隙	+3.0, 0.0
有垫板间隙	+3.0, −2.0

h. 钢结构表面应干净，结构主要表面不应有疤痕、泥沙等污垢。

检查数量：按同类构件数抽查 10%，且不应少于 3 件。

检验方法：观察检查。

（3）质量记录

①设计变更、洽商记录；

②施工检查记录；

③钢结构（单层钢结构安装）分项工程检验批质量验收记录。

（4）特殊工序或关键控制点的控制，见附录表 1 – 12。

附录表 1 – 12　特殊工序或关键控制点的控制

序号	特殊工序/关键控制点	主要控制方法
1	构件检验	观察或用拉线、钢尺检查，检查钢构件出厂合格证
2	基础检验	检查复测记录和混凝土试块强度试验报告

5. 应注意的质量问题

（1）螺栓孔眼不对：不得任意扩孔或改为焊接，安装时发现上述问题，应报告技术负责人，经与设计单位洽商后，按要求进行处理。

（2）现场焊接质量达不到设计及规范要求：焊工必须有上岗合格证，并应编号，焊接部位按编号做检查记录，全部焊缝经外观检查，凡达不到要求的部位，补焊后应复验。

（3）不使用安装螺栓，直接安装高强度螺栓；安装时必须按规范要求先使用安装螺栓临时固定，调整紧固后，再安装高强度螺栓并替换。

（4）支座连接构造不符合设计要求：钢结构安装完进行最后全面检查验收时，如支座构造不符合设计要求，不得办理验收手续。

6. 成品保护

（1）安装好的钢结构及构件不准撞击；其上有重物，应缓慢下落。

（2）不准随意在安装好的钢结构上开孔或切断构件，不得任意割断已安装好的永久螺栓。

（3）利用已安装好的钢结构悬吊其他构件和设备时，应经设计同意或校核批准，并采取必要的防护措施。

（4）吊装损坏的涂层应补涂，以保证漆膜厚度符合规定的要求。

7. 职业健康安全与环境管理

（1）施工过程危害辨识及控制措施，见附录表 1 – 13。

附录表 1 – 13 危害辨识及控制措施

序号	作业活动	危险源	主要控制措施
1	吊装作业	机械伤害、物体打击	设置安全警戒区域,无关人员禁止入内 按程序审批吊装方案,并进行认真技术交底

注:表中内容仅供参考,现场应根据实际情况重新辨识。

（2）施工过程环境因素辨识及控制措施,附录表 1 – 14。

附录表 1 – 14 环境因素辨识及控制措施

序号	作业活动	可能的环境影响	主要控制措施
1	噪声	扰民,损伤听力,影响人体内分泌而引发各种疾病,影响语言交流	采取隔音措施

注:表中内容仅供参考,现场应根据实际情况重新辨识。

附录2 多层及高层钢结构工程的制作与安装工艺规范

1. 一般要求

(1)多层及高层钢结构的制作和安装应按照施工图进行,并应遵守《钢结构工程施工及验收规范》GB50205—95、《高层建筑钢结构设计与施工规程》JGJ99—98及其他有关规范和规程的规定。制作和安装单位在施工前应编制制作工艺和安装工程施工组织设计,施工过程中必须严格按照规定的要求组织施工。

(2)多层及高层钢结构制作和安装工作,必须在具有多层及高层钢结构吊装和制作的责任工程师和责任工艺师的指导下进行。对参加制作和安装的人员,必须进行各项专业培训,经培训达到要求者方能进行操作。

(3)施工详图编制后,应提交原设计工程师负责审批,或由合同文件中明确规定的监理工程师审批。由于材料代用、工艺或其他原因需修改施工图时,必须向原设计单位申报,经同意并签署文件后,修改图才能生效。

(4)构造复杂的构件制作时,应充分考虑各方面因素的影响,必要时要进行工艺性试验。

(5)多层及高层钢结构安装前,必须对构件进行详细检查,构件外形尺寸,螺孔位置及直径,连接件位置及角度,焊缝、栓钉、高强度螺栓节点,摩擦面加工质量等均应达到施工图的技术要求。

2. 制作

(1)多层及高层钢结构用的钢材和连接材料如焊条、焊丝、焊剂、高强度螺栓、普通螺栓、栓钉和涂料等应符合国家标准和设计图的规定,应有产品质量合格证明书,否则,不能在工程中使用。首次采用的钢材必须进行焊接工艺试验,符合设计要求后方可采用。对材料的质量有疑义时,应取样检验,取样方法与检验结果应符合国家标准的规定和设计文件的要求。

(2)构件加工时,下料、切坡口、焊接矫正等工序,均应采用不损伤材料组织的方法。

(3)多层及高层钢结构的焊接工作必须在焊接工程师的指导下进行,焊接工作开始前必须编制焊接工艺,并采取相应措施使结构的焊接变形和焊接残余应力减到最小。厚板焊接时,应注意严格控制焊接顺序,防止产生在厚度方向上的层状撕裂。

(4)构件的组装工作应在坚固的平台或装配胎具内进行,保证各个零件互相间的标准尺寸。

(5)成品出厂前应进行外观、尺寸、螺栓、接头角度、焊缝、栓钉、摩擦面等的质量检验。

3. 安装

(1)多层及高层钢结构安装前,应对建筑物的定位轴线、平面封闭角、底层柱位置线、钢筋混凝土基础的标高、混凝土强度以及构件的质量进行检查,合格后才能开始安装工作。

(2)多层及高层钢结构的安装必须按建筑物的平面形状、结构形式、安装机械的数量等因素划分安装流水区段,编制安装程序,安装中必须严格执行。为了减少安装偏差和焊接应力,平面上应从建筑物中间向四周扩散安装,在立面上应从下部逐件往上安装。

(3)多层及高层钢结构每一层柱子的定位轴线,必须从地面控制线引上来,避免从下层柱的轴线引上来,以免产生积累误差。

(4)采用内爬、外附塔式起重机安装多层及高层钢结构时,应将机械质量、提升荷载、附着荷载、最大工作荷载、非工作状态荷载、地震荷载等对钢结构的影响进行必要的计算,并采用相应的措施,保证安装时结构和机械的安全。

(5)地脚螺栓的位置必须埋设准确,露出部分的丝扣应满足安装要求。

(6)钢结构的安装吊点必须进行计算,防止在吊装中构件产生永久变形。

(7)柱、梁、楼梯等构件的连接板应附在构件上一起起吊,尺寸较大、质量较重的连接板,可用铰链固定在构件上,翻转过来就能安装。

(8)多层及高层钢结构在安装外侧墙板时,应根据建筑物的平面形状对称安装,使建筑物各侧面均匀加载。

(9)多层及高层钢结构在一个单元的安装、校正、栓接、焊接全部完成并检验合格后,再开始下一个单元的安装。当天安装的构件,要形成空间稳定体系,保证结构的安全。

(10)柱、主梁等大型构件安装时,应将位置校正准确后立即进行永久固定,以保证建筑物的安装质量。

(11)多层及高层钢结构安装时,楼面上临时堆放的施工荷载必须限制,不得超过梁和压型钢板的承载力。

(12)多层及高层钢结构安装测量时,要注意日照等影响引起的偏差。

(13)需要在雨、雪大风等情况下焊接时,应采取防护措施。

(14)经检查不合格的焊缝,应清除重焊,直到达到要求为止。

(15)高强度螺栓及摩擦面在施工前应进行检验,符合要求后方能安装。

(16)高强度螺栓和栓焊混合连接的节点,焊接时产生的热影响不应使高强度螺栓连接产生松弛。

(17)栓钉焊接前应先进行试验,取得正确的数据后,才允许在结构上焊接。穿透压型钢板的栓钉焊,钢板与构件必须密贴焊接处的板面应清除油漆和污染,压型钢板重叠处进行栓焊时,允许在压型钢板上先开洞。

(18)多层及高层钢结构安装工程竣工验收应提交下列文件:

①钢结构施工图,设计更改文件,并在施工图中注明修改部位;

②钢结构制造合格证;

③安装用材料的质量证明文件;

④测量检查记录,焊缝质量检查记录,高强度螺栓安装质量检查记录,栓钉焊质量检查记录;

⑤各种试验报告技术资料;

⑥隐蔽工程分段验收记录;

⑦安装过程中建设单位、设计单位、构件制造厂、钢结构安装单位达成的各种技术文件。

4.安全措施

(1)在柱、梁安装后而未设置压型钢板的楼板时,为便于人员行走和施工方便,需在钢梁上铺设适当数量的走道板。

（2）在钢结构吊装期间，为防止人员、物料和工具坠落或飞出造成安全事故，需铺设安全网，安全网分为平网和竖网。

安全平网设置在梁面以上 2 m 处，当楼层高度小于 4.5 m 时，安全平网可隔层设置。安全网要在建筑平面范围内满铺。

（3）为便于接柱施工，并保证操作工人的安全，在接柱处要操作平台，平台固定在下节柱的顶部。

（4）钢结构施工需要许多设备，如电焊机、空气压缩机、氧气瓶、乙炔瓶等，这些设备需随着结构安装而逐渐升高。为此，需在刚安装的钢梁上设置存放施工设备用的平台。固定平台钢梁的临时螺栓数要根据施工荷载计算确定，不能只投入少量的临时螺栓。

（5）为便于施工登高，吊装钢柱前要先将登高钢梯固定在钢柱上。为便于进行柱梁节点紧固高强度螺栓和焊接，需在柱梁节点下方安装挂篮脚手。

（6）施工用的电动机械和设备均须接地，绝对不允许使用破损的电线和电缆，严防设备漏电。施工用电器设备和机械的电缆，须集中在一起，并随楼层的施工而逐节升高。每层楼面须分别设置配电箱，供每层楼面施工用电需要。

（7）高空施工，当风速达 10 m/s 时，有时吊装工作要停止。当风速达到 15 m/s 时，一般应停止所有的施工工作。

（8）施工期间应该注意防火，配备必要的灭火设备和消防人员。

参 考 文 献

1. 参考书籍

(1)罗仰祖. 建筑钢结构安装工艺师[M]. 北京:中国建筑工业出版社,2007.

(2)本书编委会. 钢结构工程制作安装便携手册[M]. 北京:中国建材工业出版社,2007.

(3)尹显奇. 钢结构制作安装工艺手册[M]. 北京:中国计划出版社,2006.

(4)中国钢结构协会. 建筑钢结构施工手册[M]. 北京:中国计划出版社,2002.

(5)周海涛. 钢结构施工数据手册[M]. 太原:山西科学技术出版社, 2006.

(6)本书编委会. 轻型钢结构制作安装便携手册[M]. 北京:中国建材工业出版社,2012.

(7)顾纪清. 实用钢结构工程安装技术手册[M]. 上海:上海科学技术出版社,2004.

2. 参考标准

(1)钢结构设计规范(GBJ17—88)

(2)钢结构工程施工与质量验收规范(GB50205—2001)

(3)建筑工程施工质量验收统一标准(GB50300—2001)

(4)高层民用建筑钢结构技术规程(JGJ99—88)

(5)建筑钢结构焊接规程(JGJ81—91)

(6)钢结构高强度螺栓连接设计、施工及验收规范(JGJ82—91)

(7)多、高层民用建筑钢结构节点构造详图(01SG519)

(8)建筑钢结构焊接技术规程及相关钢结构施工手册 JGJ 81—2002

注:以上标准均以新修改的标准为准。

3. 参考网站

(1)http://www.cncscs.org/

(2)http://www.cncscs.com/

(3)http://www.smca.com.cn/

(4)http://www.cngjg.com/

(5)http://www.zhejianggx.com/

(6)http://www.aisc.org/

(7)http://cqsbc.com/

(8)http://steelwin.chinatsi.com/

参 考 文 献